“十三五”普通高等教育本科系列教材

U0261619

现代电力系统中的电力电子技术

主 编 王 琦 孙黎霞
编 写 姜宁秋 秦 川 王 维
主 审 鞠 平

中国电力出版社
CHINA ELECTRIC POWER PRESS

内 容 提 要

本书为“十三五”普通高等教育本科系列教材。

电力电子技术的诞生和发展推动了电力系统的进步，电力电子技术的应用已经渗透到电力系统的各个环节，电力系统中电力电子装置的比例越来越高。本书正是在这样的背景下编写的。全书共分为五章，分别是概述、电力电子变换器及其控制、发电系统中的电力电子技术、高压直流输电系统和柔性交流输电系统。本书重点介绍了发电和输电系统中相关电力电子技术的应用原理和实际案例。

本书可作为高等院校电气工程及其自动化专业和相关专业本科生教材或研究生教材，也可作为从事电力系统设计、电力电子装备研制和运行管理的工程师的参考用书。

图书在版编目（CIP）数据

现代电力系统中的电力电子技术 / 王琦，孙黎霞主编 . —北京：中国电力出版社，2019.12（2023.1 重印）

“十三五”普通高等教育本科规划教材

ISBN 978-7-5198-4036-5

Ⅰ . ①现…　Ⅱ . ①王…②孙…　Ⅲ . ①电力电子技术－应用－电力系统－高等学校－教材　Ⅳ . ① TM7

中国版本图书馆 CIP 数据核字（2019）第 252452 号

出版发行：中国电力出版社
地　　址：北京市东城区北京站西街 19 号（邮政编码 100005）
网　　址：http://www.cepp.sgcc.com.cn
责任编辑：牛梦洁
责任校对：黄　蓓　李　楠
装帧设计：郝晓燕
责任印制：吴　迪

印　　刷：三河市百盛印装有限公司
版　　次：2019 年 12 月第一版
印　　次：2023 年 1 月北京第二次印刷
开　　本：787 毫米 ×1092 毫米　16 开本
印　　张：13.25
字　　数：331 千字
定　　价：40.00 元

版权专有　侵权必究

本书如有印装质量问题，我社营销中心负责退换

前　言

电力电子技术是一门涵盖电力、电子和控制的综合性学科。电力系统中的变换装置越来越多，已经渗透到电力系统的“源—网—荷—储”的各个环节，交互作用越来越复杂，对传统电网运行特性的影响越来越明显，给电力系统的现代化发展带来了巨大的生命力。

在电力系统电力电子化这一大背景下，如何用新视角、新理论和新方法解决新形势下的新问题，确保电力电子化的电力系统能够安全、稳定、高效地长期运行，是急需解决的问题。为了更好地推动电力电子技术在电力系统中的应用和发展，本书以电力电子技术四大变流技术基本理论为基础，从发电环节和输电环节分别介绍了电力电子技术在电力系统中的应用原理和案例。例如，在发电环节，本书介绍了不同类型发电系统（大型传统发电机的励磁系统、风力以及太阳能等新能源发电系统）的变流环节；在输电环节，重点介绍了高压直流输电系统和柔性交流输电系统的应用。本书在内容的安排上，尽可能避免非常复杂的理论推导，侧重于应用技术和应用方法的分析，并结合实际案例进行讲解.

本书包括电力系统的形成和发展、电力电子变换器及其控制、发电系统中的电力电子技术、高压直流输电系统以及柔性交流输电系统等五章内容。其中，前两章是电力电子技术在电力系统应用的理论部分，主要包括四种基本变换电路和多电平变换电路的基本原理及控制，以及组合电路的基本应用；第三章是发电系统中的电力电子技术，重点讲述同步发电机的励磁系统、太阳能光伏发电系统及风力发电系统；第四章为高压直流输电系统，侧重于换流器的换相失败分析及控制，各种滤波设备的特性分析、设计及配置；第五章为柔性交流输电系统，重点讲述常用的 FACTS 设备，如 SVC、STATCOM、SSSC 和 UPFC，并结合实际进行详细分析。

本书由南京师范大学王琦和河海大学孙黎霞担任主编。第一章和第三章由南京师范大学王琦和姜宁秋编写，第二章由南京师范大学王维编写，第四章和第五章由河海大学孙黎霞和秦川编写。全书由王琦和孙黎霞统稿。

本书由河海大学鞠平教授审阅，在审阅的过程中，鞠平教授提出了很多宝贵意见和建议，在此表示衷心感谢。

限于编者水平，书中难免有不足或者可改进之处，尚希读者不吝指正。

目　录

第一章　概　述

第一节　电力系统的形成和发展

一、电力系统的组成与功能

发电、输配电和消费电能的各种电气设备按照一定规律连接在一起而组成的整体称为电力系统。电力系统由发电系统、输配电系统和用电系统三大部分组成。

（1）发电系统：发电系统是将各种天然能源转变为电能的系统。天然能源也称为一次能源，如煤炭、石油、天然气、水力、风力、太阳能、化学能、核能等。

（2）输配电系统：输配电系统又称为电网，由电源的升压变电站、输电线路、负荷中心变电站、配电线路等构成。它的功能是将电源发出的电能升压到一定等级后输送到负荷中心变电站，再降压至一定等级后，经配电线路与用户连接。

（3）用电系统：在用电设备处，电网的电能经调控或再经电压、频率等变换后对用电设备（负载或负荷）供电，用电设备再将电能转变为最终所需要的其他形式的能源（机械能、热能、化学能、光能等）。所以各行业中的各种自动化设备、信息系统都依赖于具有一定品质、特性的电能供电。

电力系统的功能是将自然界的一次能源通过发电动力装置转化成电能，经输电、变电和配电将电能供应到各用户。

电力系统和动力设备组成了动力系统，动力设备包括锅炉、汽轮机、水轮机、风力机等。图 1-1 给出了电力系统和动力系统示意图。

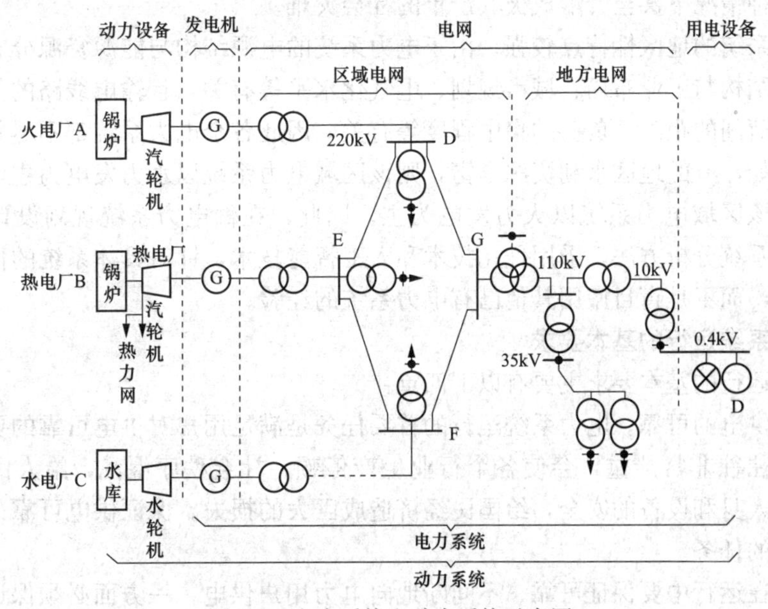

图 1-1　电力系统和动力系统示意图

二、电力系统的特点

电能作为一种商品，它的生产、输送、分配及使用和其他工业产品相比有明显的不同，主要表现在以下四个方面：

（1）电能不能大量储存。可以说电能的生产、输送、分配及使用是同时完成的，即发电厂在任何时刻生产的电能恰好等于该时刻用户消耗的电能和输送、分配过程损耗的能量之和。任何一个环节出现故障，都将影响整个电力系统的正常工作。虽然蓄电池和电容器等储能元件能够储存少量电能，但对于整个电力系统的能量来说是微不足道的。

尽管人们对电能的存储进行了大量的研究，并在一些新的存储方式上取得了某些突破性进展，但是仍然未解决经济、高效、大容量电能的存储问题。电能不能存储是电能生产的最大特点。

（2）过渡过程非常短暂。电能是以电磁波的形式传播的，其传播速度为 3×10^{5}km/s。由于电力系统存在大量电感、电容元件（包括导体和设备的等值电感和电容），当运行状态发生变化或发生故障时会产生电磁和机电方面的过渡过程。例如，用户用电设备的操作，各种电动机的启停或负荷增减是很快的，变压器、输电线路的投入运行和切除都是瞬间完成的。当电力系统出现异常状态，如短路故障、过电压等过程更为短暂，只能以微秒或毫秒来计量时间。过渡过程非常短暂，同时过渡过程将以电能的传播速度迅速波及系统的其他部分。因此设备正常运行的调整和切换操作，以及故障的切除，必须采取各种自动装置、运动装置、保护装置和计算机技术来迅速而准确地完成。

（3）电能生产与国民经济和人民生活关系密切。由于电能是洁净的能源，具有使用灵活、易于转换、控制方便等优点，因此成为国民经济的主要动力源。现代工业、农业、交通运输及通信等均广泛使用电能作为动力，电力系统被视为各工业企业的“动力车间”。此外，随着科技的进步和人民生活水平的逐步提高，生活电器的种类不断增多，生活用电量日益增加，电能的供应不足或电力系统突发故障将给国民经济造成巨大损失，给人民生活带来极大的不便，在某种情况下甚至会酿成极其严重的社会灾难。

（4）电力系统的地区性特点较强。由于电力系统的电源结构与能源资源分布情况和特点有关，而负荷结构与工业布局、城市规划、电气化水平等有关，且输电线路的等级、线路配置则与电源负荷间的距离、负荷的集中程度等有关，因此各个电力系统都不尽相同，有些还很不一样。例如，有的地区水利资源丰富，则该区域电力系统以水力发电为主，有的地区煤资源丰富，则该区域电力系统以火力发电为主。因此，在做电力系统规划设计与运行管理时，应该采用系统分析方法，采用优化技术和人工智能技术，针对具体系统的情况和特点进行设计与管理，而不是盲目搬用其他已有电力系统的经验。

三、电力系统运行的基本要求

电力系统运行的基本要求主要有以下四点：

（1）保证供电的可靠。电力系统运行的首要任务是满足用户对供电可靠的要求。中断供电造成的后果往往非常严重，会使各个行业生产停顿、社会秩序混乱，给人民生活带来不便，甚至危及人身和设备的安全，给国民经济造成巨大的损失。保证供电可靠是电力系统运行中极为重要的任务。

电力系统在运行中要保证可靠、不间断地向电力用户供电，一方面必须保证设备运行可靠，元件设备发生故障不仅直接造成供电中断，而且可能发展成为全局性的事故；另一方面要提高运行、管理水平，防止误操作的发生，在事故发生后应尽快采取措施以防止事故扩大。

（2）保证良好的电能质量。电能的质量指标主要有电压、频率和波形。随着经济的发展和人们生活水平的提高，人们对电能质量的要求越来越高。

1）电压。系统电压过高或过低，对用电设备运行的技术和经济指标有很大影响，甚至会损坏设备。用电设备的工作情况与电压的变化有着密切的关系，故在运行中必须规定电压的允许变化范围，这就是电压的质量标准。据统计，目前世界上许多国家规定电压的允许变化范围为额定电压的±5%，少数国家规定的电压允许变化范围为额定电压的±10%或±3%。衡量电压的质量指标通常包括供电电压允许偏差、电压允许波动和闪变、三相供电电压允许不平衡度。

2）频率。频率的高低影响电动机的出力，会影响造纸、纺织等行业的产品质量，影响电子钟和一些电子类自动装置的准确性，使某些设备因低频振动而损坏。目前世界各国对频率变化的允许偏差的规定不一样，有些国家规定为不超过±0.5Hz，也有一些国家规定不超过±(0.1～0.2)Hz。我国规定频率的允许变化范围为50±(0.2～0.5)Hz。根据频率的质量指标，要求同一电力在任何一瞬间的频率值必须保持一致。在系统稳定运行的情况下，频率取决于发电机组的转速，而机组的转速则主要取决于发电机组输出功率和输入功率的平衡情况。因此，要保证频率的偏差不超过规定值，首先应当维持电源与负荷间的有功功率平衡，其次应采取一定的调频措施，即通过调节使有功功率保持平衡，从而维持系统频率的偏差在规定的允许限值内。

3）波形。电力系统供给的电压或电流一般是较为标准的正弦波。因此，首先要求发电机发出符合标准的正弦波；其次在电能变换、输送和分配过程中不应使波形发生畸变；此外，还应注意消除电力系统中具有非线性特性的用电设备产生的谐波。当电源波形不是标准的正弦波时，必然包含着多种高次谐波成分，这些谐波分量将影响发动机的效率和正常运行，还可能使系统发生谐振而危害电气设备及其安全运行。此外，谐波分量还将影响电子设备的正常工作，从而造成通信线路干扰及其他不良后果。

（3）保证电力系统的经济性。电能是国民经济各生产部门的主要动力，电能生产消耗的能源在我国能源总消耗中占的比重很大，因此提高电能生产的经济性具有十分重要的意义。

在电能的生产过程中降低能源消耗，在传输过程中降低损耗是电力系统需要解决的重要问题。常采用的措施有：采用节能的大机组；提高超高压和特高压输电的比重；合理发展电力系统，选用经济的运行方式；通过无功补偿降低线路损耗；采用低损耗变压器等。

（4）满足节能和环保的要求。电力系统的运行应能满足节能与环保的要求，如实行水电、火电联合经济运行，最大限度地节省燃煤和天然气等一次能源，将火力发电释放到大气中的二氧化硫、二氧化氮等有害气体量控制在最低水平，大力发展风力发电、太阳能发电等可再生能源发电，实现可持续发展。

四、电力系统的发展

在电能应用的初期，电力通常经过小容量发电机单独向灯塔、轮船、车间等供电。这已经可以看作是一种简单的住户式供电系统。直到白炽灯发明后，才出现了中心电站式供电系统，如1882年T.A.托马斯·阿尔瓦·爱迪生在纽约主持建造的珍珠街电站。它装有6台发电机（总容量约670kW），用110V电压供1300盏电灯照明。19世纪90年代，三相交流供电系统研制成功，并很快取代了直流输电系统，成为电力系统大发展的里程碑。

20世纪以后，人们普遍认识到扩大电力系统的规模可以在能源开发、工业布局、负荷调整、系统安全与经济运行等方面带来明显的社会经济效益。于是，电力系统的规模迅速增长。世界上覆盖面积最大的电力系统是苏联的统一电力系统。它东西横越7000km，南北纵贯3000km，覆盖了约1000万km^2的土地。

我国的电力系统从20世纪50年代开始迅速发展。到1991年底，电力系统装机容量为14600万kW，年发电量为6750亿kWh，均居世界第四位。输电线路以220kV、330kV和500kV为网络骨干，形成4个装机容量超过1500万kW的大区电力系统和9个超过100kW的省电力系统，大区之间的联网工作也已开始。

纵观全世界，电力系统的发展根据其主要特征（包括技术特征及其他宏观特征），可以分成三个阶段：

第一阶段，20世纪50年代以前，称为第一代电网。第一代电力系统主要的特点是输电电压等级特别低，电网规模很小。

第二阶段，20世纪50年代以后，电力系统发展很快，整个电力系统的发展从小规模向大规模发展，技术有所提升，电压等级有所提高。总的特点是大机组、超高压、大电网、交直流与互联电网。实际上它是不可持续的，因为它主要还是以化石能源为主，存在资源和环境等问题，所以被认为是一个不可持续的发展模式。

第三阶段，20世纪90年代开始现代电力系统形成发展趋势，即以可再生能源逐步替代化石能源，实现可再生能源等清洁能源在一次能源生产和消费中占更大份额，推动能源转型，建设清洁低碳、安全高效的现代能源系统，这是能源革命的主要目标。此外，网络是骨干电网和局部电网及微电网的结合。总的来说，第三代电力系统的特点是基于可再生能源和清洁能源、骨干电网与分布式电源结合、主干电网与局域网和微网结合。第三代电力系统是可持续的综合能源电力发展模式。

大规模利用可再生能源和智能化是现代电力系统的主要特征。表1-1给出了三代电力系统的发展历程。

表1-1　三代电力系统发展历程

项目	第一代电力系统 19世纪末至20世纪50年代	第二代电力系统 20世纪50年代至20世纪末	第三代电力系统 21世纪初至21世纪中叶
主要特征	小机组（燃煤、油气、小水电）； 低电压（220kV以下）； 小电网（城市电网、孤立电网）	大机组（化石、核电、水电）； 超高压（750kV以下）； 大电网（交直流互联电网）	可再生能源和清洁能源发电； 骨干电源和分布式电源结合； 主干电网和局域网、微网结合
输电方式	220kV以下架空线和电缆输电	超高压交直流输电，架空线为主	大容量、低损耗、环境友好的输电方式
安全可靠性	电网安全和供电可靠性低	安全性和可靠性提高，大电网停电风险依然存在	供电可靠性大幅提高，基本排除用户的意外停电风险
控制保护	简单保护和手动控制	快速保护和优化控制，输变电设备故障的快速切除	智能的电网控制、保护系统，智能输变电设备和网络自愈
发展模式	初级阶段的发展模式	高度依赖化石能源，不可持续的发展模式	基于可再生能源和洁净能源，可持续发展的综合能源电力发展模式

第二节 现代电力系统的特点

第三代电力系统即现代电力系统，是第一、二代电力系统的传承和发展。从第一代电力系统到第三代电力系统发展的内在动力是电能供需的变化，对于第三代电力系统而言，其主要驱动力是电源结构的变化。这种变化是伴随着能源转型发生的，原因在于化石能源的有限性、环境保护的要求日益严格，以及在信息通信技术高速发展的推动下，对系统运行和用户服务自动化、智能化水平的更高要求。近十年来电力系统的发展，特别是风电、太阳能光伏发电的快速发展，西电东送特高压直流输电线路的大规模建设，用户端分布式能源多能互补综合能源和能源互联网的兴起，使现代电力系统的特征更加凸现。现代电力系统的特征主要有以下五个方面。

一、高渗透率可再生能源的电力系统

国家能源局的数据显示，截至 2019 年 6 月底，我国光伏发电累计装机 18559 万 kW，风电累计并网装机容量达到 1.93 亿 kW。截至 2019 年 6 月底，全国 6000kW 及以上发电装机中，非化石能源装机占比达 37.2%，同比提高 1.2 个百分点；非化石能源发电量占比 27.3%，同比提高 2.1 个百分点。可再生能源利用水平显著提高，2019 年上半年可再生能源发电量达 8879 亿 kWh，同比增长 14%。截至 2019 年 6 月底，全国装机构成如图 1-2 所示。

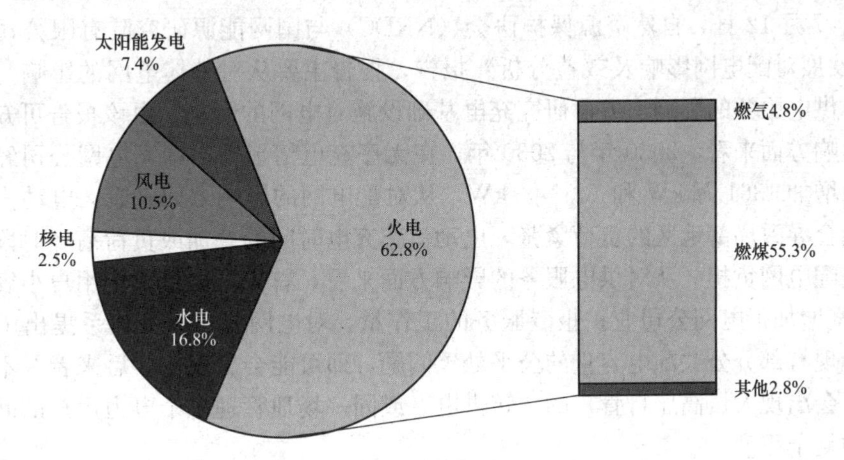

图 1-2 2019 年 6 月我国装机构成图

目前，我国电网可再生能源的高渗透率主要体现在西部和北部地区。以甘肃为例。截至 2018 年 12 月底，甘肃发电总装机容量达 5113 万 kW，其中风电 1282 万 kW，占总装机容量的 25.08%；光伏发电 839 万 kW，占总装机容量的 16.42%；新能源装机占比 41.5%，是一个很典型的高渗透率电网。其他省份的可再生能源系统比例虽然不高，但是绝对值也很大，如山东、江苏等。未来，从技术角度来看可再生能源系统的比例还会继续增加。

二、高比例电力电子装置的电力系统

现代电力系统中有大量的电力电子设备，其中最重要的是近年来高速发展的直流输电系统。2016 年末，我国有 29 项直流输电工程运行，其中包括 7 项特高压直流、4 项背靠背直流、4 项柔性直流（VSC-HVDC）输电工程。2017 年还建成了锡盟（锡林郭勒盟）至泰州、酒泉至湖南、晋北至南京、扎鲁特至青州等特高压直流输电工程。其中，华东和华南作为我国两大负荷集中区，也是直流输电工程建设的重点，截至 2018 年末，分别有 15 条和 10 条

直流输电线路落点在这两个区域。此外，随着未来西部可再生能源开发力度的加大和西电东送需求的增加，在我国西部通过水电、风电、光伏、具备灵活调节能力的清洁煤电等各种能源跨地区、跨流域的优化补偿调节，进一步整合以可再生能源为主的清洁电力，实现向中东部负荷中心高效远距离输送的目标。

此外，伴随可再生能源的发展，大量风电光伏电力电子变换器接入电网，如直驱式风电机组变流器、光伏电站和分布式光伏逆变器、非水储能电站和分布式储能逆变器等。除了集中式接入的大型风电和光伏系统外，还有越来越多的小容量、分布式风电和光伏系统投运。目前，由于西部集中式风电和光伏系统受到弃风、弃光的影响，发展暂时遇到障碍；分布式风电和光伏系统在中东部地区得到较大发展；正在推行的光伏扶贫政策，也大大增加了接入电力系统的电力电子设备数量。

三、高比例新负荷接入的电力系统

随着科技发展，现代电力系统中接入更多的新型负荷，这些新型负荷主要包括电动汽车、分布式发电装置、分布式储能装置、变频空调、LED照明等。

近年来，各式各样的电动汽车如雨后春笋般开出一片新的天地。2017年，中国新能源乘用车销量57.8万辆，同比增长超过72%，占全球销量的49%。毋庸置疑，新能源汽车，尤其是电动汽车数量在接下来的一段时期内将会飞速增长，由此也必然会给电网造成很大的影响。2018年7月12日，自然资源保护协会（NRDC）与国网能源研究院有限公司联合发布《电动汽车发展对配电网影响及效益分析》报告，报告主要从对整体电网的影响、对配电网的影响、对供电服务的影响三方面研究充电基础设施对电网的影响。由该报告可知，从对整体电网的影响方面来看，2020年与2030年，在无序充电情形下，国家电网公司经营区域峰值负荷分别增加1361万kW和1.53亿kW。从对配电网的影响方面来看，电动汽车的聚集性充电可能会导致局部地区的负荷紧张，电动汽车充电时间的叠加或负荷高峰时段的充电行为将会加重配电网负担。从对供电服务的影响方面来看，首先，大量单个用户小容量“零散报装”，急剧增加了电网公司业扩报装服务的工作量，对电网公司服务体系提出了更高的要求；其次，现有部分公共配电容量的公平处置问题，即可能会出现对“后来者”不公平的现象；最后，会出现大量高压自管户的“转供电”或同一场地管理多个电力用户的问题，增加营销服务的复杂程度。

近年来，随着储能技术经济性的不断提升，储能在可再生能源发电、智能电网、能源互联网建设中的作用日益凸显，我国也相继出台政策鼓励储能技术的建设与应用。根据接入方式及应用场景的不同，储能系统的应用主要包含集中式与分布式两种形式。集中式应用的储能系统一般在同一并网点集中接入，目前，在大规模可再生能源发电并网、电网辅助服务等方面主要采用此形式，该形式具有功率大（数兆瓦到百兆瓦级）、持续放电时间长（分钟级至小时级）等特点。分布式应用的储能系统接入位置灵活，目前多在中低压配电网、分布式发电及微电网、用户侧应用。分布式储能的功率、容量的规模相对较小。

随着半导体技术的广泛应用，LED因其高发光效率、长寿命、无污染、灵活可控等优点，被称为第四代照明光源。而与传统照明光源的控制技术不同，LED照明灯具可以通过脉宽调制技术实现精确而又快速的调光控制，有十分优越的可控性。LED照明负荷作为可控负荷的一种，具有参与电力系统运行与控制的潜力，合理地控制LED照明灯具的工作状态，可以灵活调整其用电功率。

空调负荷由于用户使用习惯等原因，其负荷本身具有随机性、动态性等特点，造成系统负荷特性的进一步恶化，给电网的安全稳定运行带来了极大的挑战。但是，空调负荷作为智能电网下重要的需求响应资源，具备响应速度快、潜力大等优点。首先，空调及其所属建筑环境具备一定的热存储能力，且在一定的温度范围内调节时不会影响居民的生活舒适度，从而为空调负荷控制创造了条件；其次，空调负荷体量大，集中控制后的空调负荷响应容量可观，调度方式灵活，参与系统调度的潜力巨大，可将其纳入常态化的电力系统运行调度中。目前已有空调参与系统调控的现实案例。2015 年 8 月，国网江苏省电力公司实施了全省非工空调实控演练，共 1072 户非工业用户参与，调控负荷达 14.18 万 kW；美国加利福尼亚州 PG&E 公司实施的 SmartAC 工程通过调节空调负荷的功率需求，来应对系统高峰负荷时段的功率不平衡，因此空调负荷参与系统调控的研究具有可行性。

四、多能互补的综合能源电力系统

现代电力系统伴随我国能源转型而产生，将不再是孤立的电力生产和消费系统，而是现代能源系统的主要组成部分，是新形势下智能电网概念向综合能源系统的扩展。根据我国综合能源利用的实际情况，现代电力系统可以分为两种类型：

（1）源端基地综合能源电力系统。我国西部地区各类可再生能源丰富，未来发电装机潜力巨大，但是受限于输电走廊和技术因素，西电东送的能力很难超过 6 亿 kW，大量的电能除尽可能多地就地消纳外，还必须转化为其他形式的能源以便于储存和运输。因此，需要在我国西北部建立源端基地综合能源电力系统，实现水电、风电、太阳能发电、清洁煤电等能源基地储能并通过直流输电网实现多能互补向中东部输电；电力通过供热制冷、产业耗电等多种途径就地消纳；电力通过电解制氢、制甲烷等就地利用或通过天然气管道东送。

（2）终端消费综合能源电力系统。此类系统主要存在于我国东部地区，其建设目标是提高能源利用效率、降低能源消耗总量。目前我国能源电力生产主要通过热发电，相应的效率只有 30%～40%，因此有必要建立综合能源电力系统，提高能源综合利用效率。该系统主要包括基于各类清洁能源满足用户多元需求的区域综合能源系统；主动配电网架构下直接面向各类用户的分布式能源加各类储能和清洁能源微电网。其中基于天然气和清洁电力的分布式冷热电联产系统如图 1-3 所示，面向用户的综合能源系统架构如图 1-4 所示。

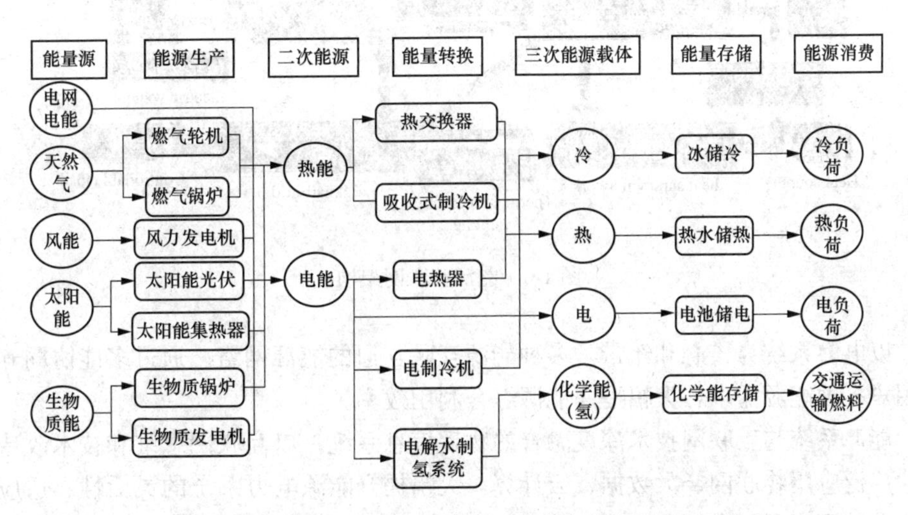

图 1-3　基于天然气和清洁电力的分布式冷热电联产系统

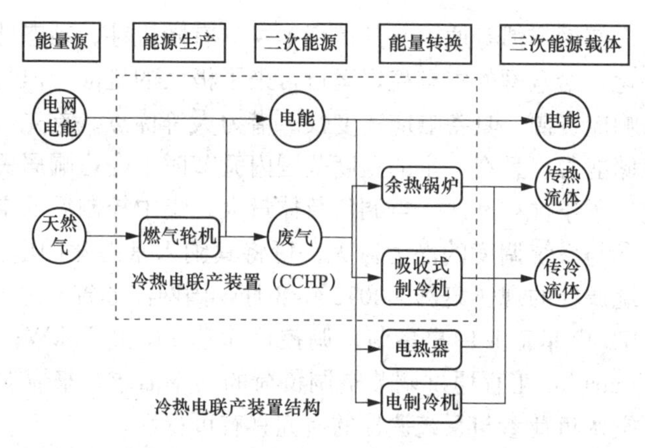

图 1-4 面向用户的综合能源系统架构

五、物理信息深度融合的智能电力系统和能源互联网

随着信息通信技术（Information Communications Technology，ICT）的进步，各类能源系统与互联网技术正在逐步融合进而形成能源互联网，使得能源与信息间的联系和互动达到前所未有的新高度。如果用互联网思维审视传统电力系统，可以看出其中各类集中和分散布局的电源通过大规模互联的输配电网络连接千家万户，具有天然的网络化基本特征。事实上，传统电力系统终端用户用电早已实现“即插即用”，用户不需要知道它所用的电是哪个电厂发出的，只需根据需要从网上取电，具有典型的开放和共享的互联网特征。但是，传统电力系统缺乏灵活调节和储能资源的能力，不适应高比例集中和分布式可再生能源电力的接入，不具备多种能源相互转化的功能，不支持多种一次和二次能源相互转化和互补，综合能源利用效率和可再生能源利用程度提高受到限制。传统电力系统的集中统一的管理、调度、控制系统不适应大量分布式发电，以及发电用电、用能高效一体化系统接入的发展趋势。在智能电网发展的基础上，物理信息深度融合的智能电力系统与多种能源生产和消费网络如交通网、热力网、燃料网等广泛互联，如图 1-5 所示。所形成的能源互联网具有三层涵义。

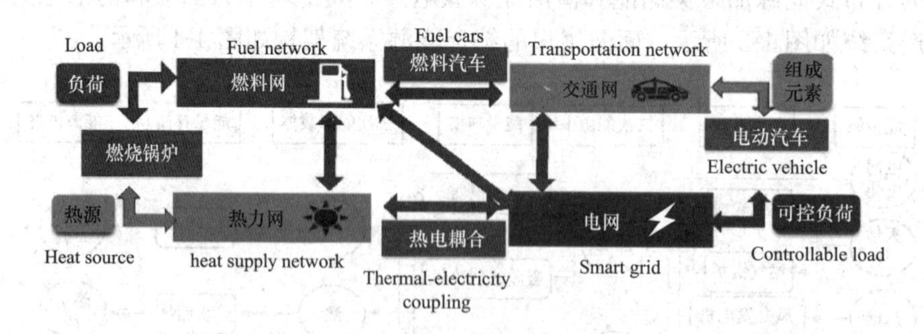

图 1-5 能源互联网架构

（1）以电力系统为核心和纽带，多种能源互联互通的能源网络。通过多能协同互补，满足终端用户多种能源需求，大幅提高能源综合利用效率。

（2）能源系统与互联网技术深度融合的物理信息系统。以互联网思维和技术改造传统电力系统，广泛应用物联网、大数据、云计算，大幅提升能源电力系统的灵活性、适应性、智能化和运营管理水平，大幅提高接收波动性可再生能源的能力，助力能源转型。

(3) 以用户为中心的能源电力运营商业模式和服务业态。向用户提供便捷互动的能源、电力、信息综合服务，在满足各种用能需求的同时，为用户创造更多的价值，助力能源市场化和相关产业发展。

因此，促进传统电力系统与信息互联网进一步广泛融合，以互联网思维和技术改造传统电力系统，建设能源互联网，是构建现代能源系统的关键步骤，也是现代电力系统的发展方向。事实上，现代电力系统是现代能源系统的核心，能源互联网的理念，目标和系统架构与现代能源系统高度契合，能源互联网服务以电力为核心载体，智能电网提供主要基础平台，从而可以最大限度地满足消费者的需求。

第三节　现代电力系统中的电力电子技术

一、电力电子化电力系统

由于电力电子装置具有体积小、价格低、响应速度快、能够实现精确控制等诸多优点，因此在电力系统的发电、输电、配电、用电等各个环节均得到广泛的应用。随着电力系统中电力电子设备及其容量的不断增加，电力系统呈现出明显的电力电子化趋势。电力电子装置在电力系统中的比例越来越高，主要体现在发电、输电、配电、用电中电力电子装置的广泛应用。

1. 发电方面

例如，发电厂的风机水泵设备在运行过程中需要消耗大量的电能，甚至会占到整个电厂用电量的60%，但同时它所产生的效率还比较低。为了更好地解决风机水泵设备效率低的问题，发电厂逐渐开始应用变频调速，这对电能利用率的提高具有重要作用。在风机水泵中通过安装高压或低压变频器，实现变频调速，可达到节能目的。

随着太阳能、生物质能、风能发电成本的大幅度下降，将极大增强竞争力，我国预计2020年新能源总装机容量要达到占全国总装机容量的20%，新能源发电和并网离不开电力电子技术的支持。

随着可再生能源的发展，大量风电光伏电力电子变换器接入电网。例如，直驱式风电机组变流器、光伏电站和分布式光伏逆变器、非水储能电站和分布式储能逆变器等。通过合理地控制并网逆变器，可以使可再生能源发电系统并网时的功率因数为1，并且可以控制并网电流接近正弦波，从而提高电能质量，因此在可再生能源发电系统并网发电中得到广泛应用。

2. 输电方面

电力电子器件应用在输电环节当中，尤其是在高压输电系统中应用，被人们称为硅片引起的第二次革命，使电网的运行安全与稳定得到大幅度提升。通过转流站将三相交流电转换成直流电，相应的直流输电线路将转换成的直流电输送到另一个换电站，最终再次转换成三相交流电，这种输电方式就是高压直流输电，其优点主要为控制调节灵活、输电稳定性好、容量大等。当前在我国电网联网、西电东送等工程项目中都应用高压直流输电，它在“八交五直”交直流并联运行大电网中发挥了重要作用。直流输电技术在近几年得到了进一步的发展，利用IGBT等器件组成的轻型直流输电能够直接借助脉宽调制技术实现无源逆变，这样直流输电向无交流电源的负荷点输送电力的问题就能够得到很好地解决。而且相较于直流输电，轻型直流输电的设备得到大幅度简化，大大减少了成本支出。1997年，全球第一例轻型直流输电工业性试验工程正式投入运行，其电压源转化器就是由单一 IGBT 组成的。

在 1986 年，美国电力专家 N. G. Hingorani（钦格拉尼）正式提出柔性交流输电技术，也称为灵活交流输电技术。柔性交流输电技术可以看作现代电力系统和电力电子技术相结合的产物，其中晶闸管取代了原先所使用的机械式高压开关，其功率大、可靠性高。将具有综合功能的电力电子装置放在整个系统中的关键位置，可实现快速、灵活地控制系统中的主要参数，合理分配输送功率，在减少发电成本的同时，其功率损耗也大大降低。此项技术是实现电力系统安全经济、综合控制的重要手段。

3. 配电方面

（1）定制电力技术的初步应用。20 世纪 90 年代中期，为解决日益突出的电能质量问题，国外提出了定制电力技术。定制电力是指将电力电子装置用于 1～35kV 的配电系统，向电能质量敏感的用户提供达到用户特需的可靠性水平和电能质量水平的电力。这些定制电力设备采用先进的电力电子器件和计算机的测控技术。定制电力技术是解决电能质量问题的重要手段，也是未来电力行业的重要发展领域。该技术所要解决的主要问题是电网中普遍存在的“电压跌落”。电能质量调查显示：在所有配电系统事故中，电压跌落占 70%～80%；而在输电系统事故中，电压跌落所占的比例超过 96%。该技术主要解决源于电力系统故障的电能质量问题，受其影响的用户往往对电能质量和供电可靠性的要求较一般用户更高，一次电能质量事故将导致严重的经济损失，产生重大的社会影响。定制电力技术包括静态串联补偿器（SSC）、静态电压调整器（SVR）、静态切换开关（SSTS）、备用储能系统（BSES）、配电静止同步补偿器（DSTATCOM）等各种电力电子设备。

（2）配网中的串并联同步补偿器的应用。串联补偿主要针对源自配电系统的电压骤降和突升，而并联补偿则针对波动负荷、非线性负荷或大负荷的切合。如果并联补偿配以储能系统和静态断路器，可在完全断电的情况下，向重要的负荷供电。为了充分利用串联补偿和并联补偿各自的优点，统一潮流控制器（UPFC）将两种补偿方式综合起来使用，使其具备双向补偿功能，既面向系统，又面向负荷。

（3）直流配电技术的研究。研究资料表明，基于直流的配电网在输送容量、可控性及提高供电质量等方面具有比基于交流的配电网更好的性能。直流配电技术可以有效提高电能质量，减少电力电子换流器的使用，降低电能损耗和运行成本，协调大电网与分布式电源之间的矛盾，充分发挥分布式能源的价值和效益。

4. 用电方面

用电设备通过各种各样的电力负荷将电能转化成其他形式的能量而消耗掉。因此，电力负荷是电力系统的重要组成部分。电动机的变频调速（VFD）、中频感应加热（MFIH）、电力电子镇流器（EB）、开关电源（SMPS）等都是用电环节电力电子技术应用的示例。

从电力系统的角度看，电力电子技术的应用，在很大程度上改变了用电方式和负荷特性，给电力系统的设计、分析与运行带来新的变化。

二、电力电子化带来的新问题

随着电力系统中电力电子装置及其容量的不断增加，电力系统呈现出明显的电力电子化趋势。这种趋势使得电力系统运行安全、分析控制，电网仿真建模计算等方面面临新的问题与挑战。

（1）防止直流输电受端故障闭锁引起交直流输电系统大范围功率转移、连锁故障。例如，若华东电网发生事故造成多回直流闭锁，大量的功率将会经由交流特高压线路发生转移，造成整个系统送受端大范围功率、电压波动，对系统安全稳定运行造成巨大威胁。

(2) 受端多馈入直流换相失败再启动引起的电压稳定问题。受端多个直流换流站同时换相失败后的再启动过程中，受端换流器将从电力系统吸收大量无功功率，有可能引发受端系统电压长时间不能恢复正常，甚至电压崩溃。

(3) 系统惯性减小造成频率波动和频率稳定问题。这主要是由于大量直流换流器接入系统代替了传统交流发电机，导致整个系统惯性减小；一旦系统有功率波动，其电压和频率的波动速度将会加快，范围也会变大。虽然目前已研究采用精准切负荷、使用调相机等方法，但这一问题对调度运行的威胁依然存在。例如 2015 年，一回馈入华东电网的特高压直流双极闭锁，瞬时损失功率 5400MW，系统频率快速跌至 49.56Hz，近 10 年来首次跌破 49.8Hz，频率越限长达数百秒，实测曲线如图 1-6 所示。

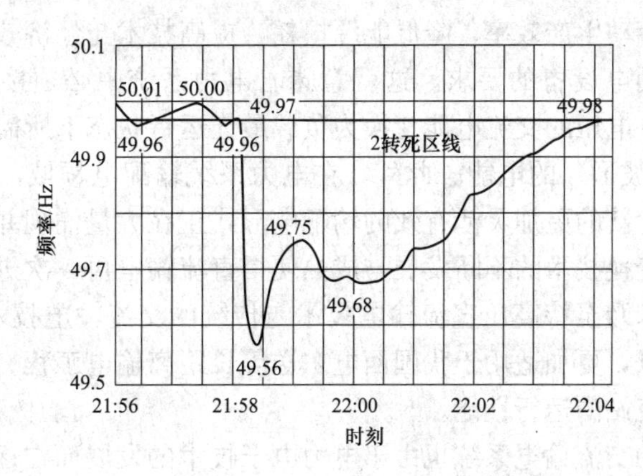

图 1-6　2015 年 12 月我国华东电网直流双极闭锁实测曲线

(4) 随着风电等接入系统电力电子装置的增加，电力电子装置之间、电力电子装置与交流电网之间相互作用引发 1kHz 的宽频振荡。例如 2015 年 7 月我国西北电网风电场逆变器与发电厂轴系相互作用产生次同步谐振事故，线路电流中次同步分量的频率变化范围为 17～23Hz。同时，电流中还能检测到 77～83Hz 的超同步频率分量。

上述问题给现有的电网仿真和系统分析带来了新的挑战，未来更多、更复杂的电力电子装置大规模接入电网将会使电力系统特性更难掌控。因此，需要在电力系统特性研究，建模仿真技术及控制措施等方面开展更多的工作，确保交直流混联大电网的安全稳定运行。

第二章 电力电子变换器及其控制

第一节 电力电子器件

电力电子器件是构成各种电力电子电路和电力设备的关键元件，它们的性能在很大程度上决定了电力设备的技术经济指标。在电力系统中，用电设备的类型、功能及供电需求各不相同，它们对电能质量（电压幅值、频率与畸变率等）的要求也有一定的差别。因此，为了确保产品质量，提高劳动生产效率，降低能源损耗，提高技术与经济效益，负载供电电源的电能质量必须满足该用电设备的要求。这就意味着电力系统中必须接入各类电力电子变换器，从而将确定频率、电压的交流电能变换为负载最佳运行状态下所需求的另一种特性参数（频率、幅值、相位和波形）的电能。此外，在电力系统输配电领域，随着电力电子器件和电力电子技术的发展，新的更加灵活有效的输配电形式正在大量涌现并得到应用。高压大功率电力电子器件及其变换技术的不断发展与成熟使得直流输电再一次进入人们的视野中。新型的高压直流输电技术乃至特高压直流输电技术与传统的交流输电技术相比，具有造价低、不存在无功损耗等优点，更加适用于我国西电东送等长距离输电工程。而这也依赖于由电力电子装置所构成的换流站的运行性能。

与此同时，传统的交流输电系统也由于电力电子技术的发展而在逐渐发生变革：有源滤波技术、静止无功补偿技术使得交流输电系统的可控性和电力传输质量得到了很大的提升。20世纪80年代静止无功补偿器（Static Var Compensator，SVC）、晶闸管控制串联电容补偿器（Thyristor Controlled Series Capacitor，TCSC）、静止同步补偿器、静止同步串联补偿器及统一潮流控制器（United Power Flow Controller，UPFC）等柔性交流输电技术（Flexible Alternating Current Transmission Systems，FACTS）的提出，极大地推动了电力电子技术在交流输电系统中的应用。电力电子技术是FACTS的基础，FACTS是电力电子技术在电力系统中应用的一个重要分支。因此，电力电子技术的发展及其在电力系统中的应用促进了FACTS的发展，反过来，FACTS技术又对电力电子技术提出了更高的要求，成为推动电力电子器件、电路和装置不断创新的动力之一。

一、电力电子器件的发展及分类

电力电子器件是以硅为主要材料制作的电子开关，它直接用于主电路中，实现电能的变换。在电力电子变换和电力电子补偿电路中，各种电力半导体器件，如电力二极管、晶闸管及MOSFET、IGBT等都作为电路中的开关使用，这时半导体器件仅处于饱和导电的完全通态，或处于无导电能力、完全截止的断态，因此又可称为电力电子开关器件。

20世纪50年代初期，普通的半导体整流器开始应用，逐步取代汞弧整流器。半导体整流器的通态压降在1V左右，远低于汞弧整流器（10～20V），这大大提高了整流装置的工作效率。然而，随着中频（几百赫兹～10kHz）和高频（10kHz以上）整流应用的不断开展，普通的半导体整流器由于工作频率不高（通常在400Hz以下），已经受到了较大的限制。

1957 年，美国通用电气（GE）公司研制出世界上第一只普通的反向阻断型可控硅（Silicon Controlled Rectifier，SCR），又称晶闸管（Thyristor）。而后，经过 20 多年工艺与制造技术的提升，普通晶闸管逐渐衍生出从低电压、小电流到高电压、大电流的系列产品。特别是 20 世纪 80 年代开发并迅速发展的可关断晶闸管（Gate-turn-off Thyristor，GTO），使得晶闸管在高压交直流输电、交直流调速等特殊领域得到了广泛应用，并直接促使 FACTS 概念的产生与发展。一直以来，晶闸管都在朝着提升过电流、耐压能力和获得更高的工作频率这两个方向发展。通过缩短少子寿命和设计合理的门极可以获得工作频率更高的晶闸管，如快速晶闸管和高频晶闸管，其工作频率可以达到 20kHz 左右。

20 世纪 70 年代，功率晶体管（Giant Transistor）逐渐进入工业应用阶段。功率晶体管的开关频率高于晶闸管，如非达林顿功率晶体管的工作频率高于 20kHz，这也进一步助推了脉宽调制（Pulse Width Modulation，PWM）技术在功率变换电路中的广泛应用。但从功率级别考虑，功率晶体管的过电流及耐电压能力要逊色于晶体管，因此，通常被应用于数百 kW 以下的功率电力电子装置中。

20 世纪 70 年代后期，功率场效应管（Power MOSFET）进入实用阶段，这是电力电子器件在高频应用领域的重大成就。功率场效应管因其具有工作频率高（几百千赫兹甚至 MHz）、开关损耗小、易并联运行等优点，逐步成为高频电力电子技术的核心器件。但是，功率场效应管的导通电阻随着所加电压的增加而快速增大，因此，它主要应用于高频、小功率（几 kW 及以下）场合。

20 世纪 80 年代，复合型电力电子器件应运而生，它兼有双极型器件与金属-氧化物半导体（Metal-Oxide Semiconductor，MOS）器件的双重优点。典型的复合型器件为绝缘栅双极性晶体管（Insulated Gate Bipolar Transistor，IGBT）和 MOS 栅控晶闸管（MOS Controlled Thyristor，MCT）。它们均属于场控型器件，工作频率高于 20kHz。

自 20 世纪 80 年代开始，功率电力电子领域出现了另一个重要发展，即高压功率集成电路（High Voltage Integrated Circuit，HVIC）和智能功率集成模块（Intelligent/Integrated Power Electronic Module，IPEM）的研究与开发。模块化、集成化可节约器件体积、扩展器件功能，是电力电子器件的必然发展方向之一。HVIC 和 IPEM 的发展使得电力电子装置使用起来更方便，可靠性更高。

随着硅材料电力电子器件逐渐接近其理论极限值，利用宽禁带半导体材料制造的电力电子器件显示出比 Si（硅）和 GaAs（砷化镓）更优异的特性，给电力电子产业的发展带来了新的生机。相对于硅材料，使用宽禁带半导体材料制造的新一代的电力电子器件更小、更快、更可靠和更高效。这将减小电力电子器件的质量、体积，减少生命周期成本，允许电力电子装置在更高的温度、电压和频率下工作，使得电子电子装置消耗更少的能量却可以实现更高的性能。图 2-1 中对 Si、4H-SiC（四氢-碳化硅）及 GaN（氮化镓）的几个重要性能参数进行了对比。其中：随禁带宽度 E_g 增加，反向漏电减小，工作温度高，抗辐射能力强；更高的临界电场，使导通电阻减小，阻断电压增大；热导率越高，热阻越小，热扩散能力越好，功率密度越高；饱和漂移速率越快，开关速度越快，工作效率越高。

基于这些优势，宽禁带半导体在家用电器、电力电子装置、新能源汽车、工业生产设备、高压直流输电设备、移动基站等系统中都具有广泛的应用前景。

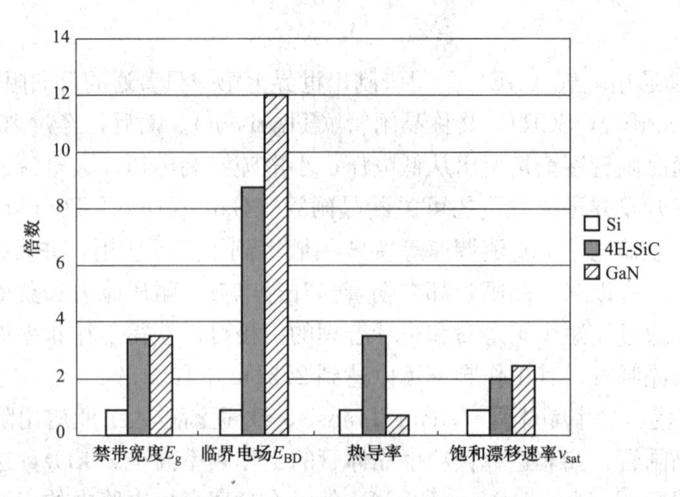

图 2-1　几种材料的性能参数对比

按照发展历史来看，电力电子器件分为第一代、第二代和第三代产品。第一代产品主要指分立式换流开关器件，通过其门极只能控制其导通，不能控制其关断，所以通常称为半控型器件，典型器件有半导体整流器和晶闸管等；第二代产品主要指具有自关断能力的器件，主要包括 GTO、GTR、功率场效应管等；第三代产品主要指一些性能优异的复合器件和功率集成器件与电路，如 IGBT、MCT、HVIC、IPEM 等。

电力电子器件在各自不同的领域发挥着各自重要的作用。电力电子器件按照导通、关断的受控情况可分为不可控、半控和全控型器件，按照载流子导电情况可分为双极型、单极型和复合型器件，按照控制信号情况，可以分为电流驱动型和电压驱动型器件，根据它们的结构和特点，应用领域也不完全相同。电力电子器件具体分类及其特点如图 2-2 所示。

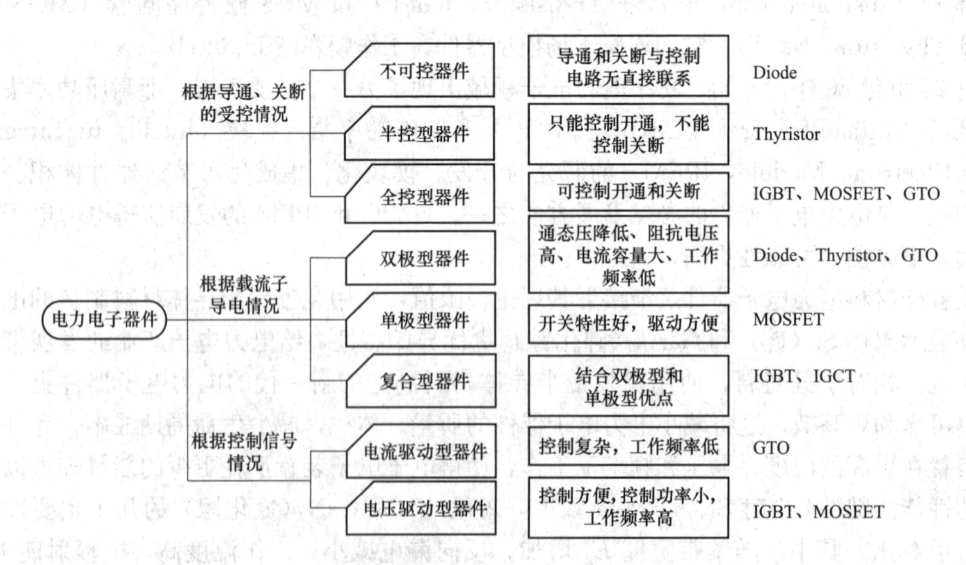

图 2-2　电力电子器件的分类及特点

二、现代电力系统设备中的典型电力电子器件

现代电力系统中融合了大规模的电力电子变换技术与现代控制技术，如 FACTS 系统，可对交流输电系统的阻抗、电压及相位实施灵活快速调节，还可实现对交流输电功率潮流的

灵活控制，大幅度提高电力系统的稳定性。现代电力系统中典型电力电子装置的种类及功能见表 2-1。

表 2-1　典型电力电子装置的种类及功能

设备名称	接入方式	换流方式	主要功能
晶闸管控制移相器（TCPR）	串联	自然	有功控制、暂态稳定、电压稳定
晶闸管控制串联电容器（TCSC）	串联	自然	电流控制、暂态稳定、电压稳定、抑制故障电流
晶闸管控制串联电抗器（TCSR）	串联	自然	电流控制、暂态稳定、电压稳定、抑制故障电流
晶闸管控制制动电阻器（TCBR）	并联	自然	谐波抑制、暂态稳定
晶闸管控制电压限制器（TCVL）	并联	自然	无功控制、电压控制、暂态稳定、电压稳定
静止无功补偿器（SVC）	并联	自然	电压控制、无功补偿、暂态稳定、电压稳定
静止同步补偿器（STATCOM）	并联	强迫	电流控制、无功补偿、谐波抑制、暂态稳定、电压稳定
静止同步串联补偿器（SSSC）	串联	强迫	电流控制、谐波抑制、暂态稳定、电压稳定、抑制故障电流
统一潮流控制器（UPFC）	串联 并联	强迫	有功控制、无功控制、电压控制、无功补偿、谐波抑制、暂态稳定、电压稳定、抑制故障电流
可转换静止补偿器（CSC）	串联 并联	强迫	有功控制、无功控制、电压控制、无功补偿、谐波抑制、暂态稳定、电压稳定、抑制故障电流
超导蓄能器（SMES）	并联	强迫	有功控制、电压控制、无功补偿、谐波抑制、暂态稳定、电压稳定
电池蓄能器（BESS）	并联	强迫	有功控制、电压控制、无功补偿、谐波抑制、暂态稳定、电压稳定

由于现代电力系统中电力电子装置主要运行于高压输电及配电系统中并有助于改善其运行性能，因此对电力电子器件的选择提出了特殊的技术要求。

（1）容量大。相对于传统工业应用领域的电力电子技术，现代电力系统中电力电子装置的应用环境电压高、功率大，因此对于电力电子器件的容量要求很高。换言之，容量水平是现代电力系统中为电力电子装置选用器件的重要参数之一。目前常用于现代电力系统中电力电子装置的主要开关器件，如晶闸管、GTO、IGCT、IGBT 等，单管的耐压水平均在数千伏以上，载流能力可以达到数百安。同时，还可以采用串联、并联、多电平及变压器升压等技术手段来达到更高的耐压水平和容量等级。

（2）可控程度高。除晶闸管投切的 FACTS 设备采用半控型晶闸管器件外，其余现代电力系统中电力电子装置大多采用全控型器件。

（3）开关频率可高可低，目前以低频应用为主。目前，电力电子器件往往不能同时兼顾开关频率和容量两个指标。大容量器件，如晶闸管、GTO、IGCT 等，开关频率普遍不高，而高速器件，如 VDMOS、IGBT 等，容量均较小。在容量的约束下，目前电力系统中电力电子装置的开关频率普遍不高，以工频为主，少数采用几百赫兹的简单 PWM 技术，而通过多重化及多电平等技术来改善输出波形。

（4）损耗低。现代电力系统中电力电子装置由于长期挂网运行，其运行效率和散热成本将被重点考虑。电力电子器件的功耗占据电力电子装置损耗的绝大部分。同时，电力电子器件损耗主要包含通态损耗、开关损耗及附加电路损耗。器件的通态损耗主要由通态压降决定，开关损耗受门极驱动功率和开关过渡过程等因素的影响。因此，现代电力系统中电力电子装置通常选择通态压降低、门极增益高、开关时间短的电力电子器件。附加电路损耗是指为保证电力电子器件正常工作而设置的如缓冲电路、续流二极管的损耗，以及引入这些附加电路后所带来的杂散损耗等。因而附加电路的结构越简单、功率越小，越有利于降低电力电子装置的损耗。

（5）可方便扩容使用。由于单管容量不一定能满足现代电力系统中电力电子装置容量的需要，通常需要采用器件的串/并联技术。器件间的自动均压/均流属性越好，越有利于其串/并联使用，装置的可靠性也越高。

目前，在电力电子器件方面，日本、美国及欧洲各国处于技术领先地位。它们的产品占据了绝大部分的市场，并通过生产工艺的不断改进、新技术的研发，进一步拓宽电力电子器件的应用与市场。相对而言，我国在电力电子器件的研发与生产上还处于落后水平。

我国在20世纪60年代初研制出第一只晶闸管，经过多年的发展，在20世纪90年代中期已能自主研制包含1000V/50A IGBT、1000V/100A静电感应晶闸管（SITH）、800V/10A静电感应晶体管（SIT）、900V/10A（MCT）及多种规格垂直双扩散金属氧化物半导体场效应晶体管（VDMOS）等半导体器件，并在感应加热、开关电源、FACTS等领域取得了一系列成果。

近年来，在国家各级部门的支持下，我国SiC和GaN电力电子器件实现了“从无到有”的突破，在技术研发方面有了较好的积累，个别技术水平接近国际先进水平。在SiC器件方面，国内研发出17kV PIN二极管芯片、3.3kV/50A SiC肖特基二极管芯片、1.2～3.3kV SiC MOSFET芯片、4.5kV/50A SiC JFET模块等样品。目前，我国已具备600V～3.3kV SiC二极管芯片量产能力，SiC MOSFET芯片产业化正在形成。我国有若干科研机构和企业从事GaN材料技术的开发，目前已开发出6英寸硅基GaN晶圆材料的产品；目前我国已经具备600～1200V平面型GaN芯片的研发能力，并具备600V平面型GaN器件的产业化能力。

在电力电子器件的专利方面，20世纪90年代，我国在该领域的专利主要集中于硅基功率MOSFET和IGBT。从2000年起，我国开始申请SiC和GaN电力电子器件的相关专利，2010年后，我国在该领域的专利申请数量出现明显的增长。目前我国宽禁带材料和器件的专利数量仅次于日本、美国和德国，居全球第四位。我国电力电子器件的开发与应用正在进入一个飞速发展的时代。

第二节　基本变换电路及其控制

电力电子变换器是采用电力电子器件实现电能变换的系统和装置。它以电力电子器件为基础，并将其作为开关元件直接串接在电路中，按照一定的方式排列、组合、连接，构成不同类型的电力电子变换电路，以实现特定的电能变换目的。例如采用整流器和逆变器实现电能在交流和直流形态之间的转换，采用交-直-交变换器实现变频、调压和电机调速目的，采用斩波器实现直流调压和稳压等。

电力电子变换电路根据不同的分类原则可分为多种类型。

（1）按照能量在直流（DC）与交流（AC）之间的转换关系，可分为AC-DC、DC-AC、AC-AC、DC-DC四种变换电路。AC与DC的相互转换按照功率流向不同可以分为整流与逆变。功率由交流侧传向直流侧的变换称为整流，功率由直流侧传向交流侧的变换称为逆变。AC-AC有两种实现方案，即间接变换（AC-DC-AC）和直接变换（AC-AC）。DC-DC也被称为直流斩波变换，其作用类似于直流调压。各种变换直接的关系如图 2-3 所示。

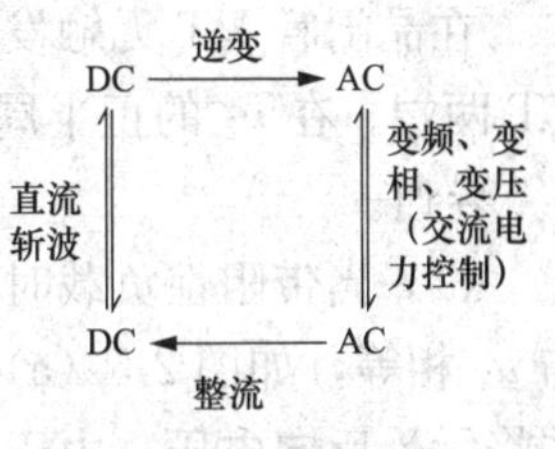

图 2-3 能量转换关系

(2) 按照开关电路采用开关器件的不同，电力电子变换电路可分为不控型变换电路（采用不可控开关管二极管）、相控型变换电路（采用半控型开关管晶闸管）和通断全控型脉冲宽度调制（Pulse Width Modulation，PWM）或脉冲频率调制（Pulse Frequency Modulation，PFM）电路三种基本变换电路。

(3) 按照电路的基本拓扑结构的不同，电力电子变换电路有单桥臂（两开关）、单相 H 桥（四开关）和三相桥（六开关）等三类基本变换拓扑。

除上述分类以外，电力电子变换电路还有多种分类方式，如按照器件换相方式可分为自然换相和外部换相等。以下将对具有不同能量转换类型的几种基本变换电路进行详细介绍与分析。

一、整流电路

整流电路（Rectifier）是电力电子电路中出现最早的一种，它将交流电转变为直流电，用途广泛，形式多样。

整流电路通常由主电路、滤波器和变压器组成。20 世纪 70 年代以后，主电路多用硅整流二极管和晶闸管组成。滤波器接在主电路与负载之间，用于滤除脉动直流电压中的交流成分。变压器设置与否视具体情况而定。变压器的作用是实现交流输入电压与直流输出电压间的匹配以及交流电网与整流电路之间的电隔离。整流电路的分类方法有很多种，主要分类方法有：按组成的器件可分为不可控电路、半控电路、全控电路三种；按电路结构可分为桥式电路和零式电路；按交流输入相数分为单相电路和多相电路；按变压器二次侧电流的方向是单向或双向，又分为单拍电路和双拍电路。

本节首先介绍几种最基本的单相可控整流电路的工作原理、定量计算，然后集中分析单相桥与三相桥全控整流电路的包括其工作原理、定量计算等。

（一）单相半波可控整流电路

单相半波可控整流电路（Single Phase Half Wave Controlled Rectifier）通常采用变压器及单个可控开关管（如晶闸管），对正弦交流电进行整流变换。依据负载属性不同，单相半波可控整流电路可简单分为阻性负载、阻感性负载等。图 2-4（a）与图 2-4（b）分别为单相半波可控整流电路带阻性负载与带阻感性负载的原理图。

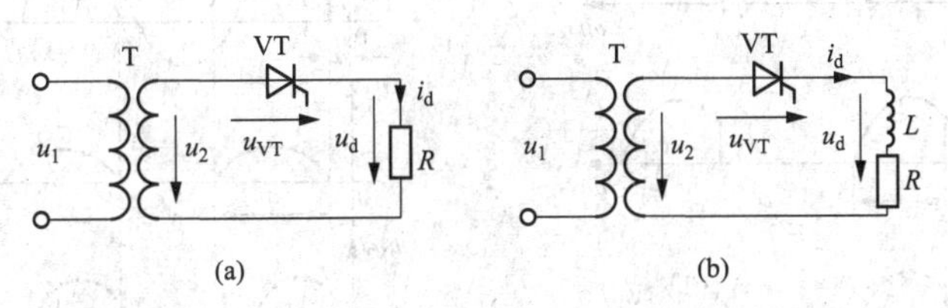

图 2-4 单相半波可控整流电路原理图

(a) 带阻性负载；(b) 带阻感性负载

图 2-4 中，变压器 T 的主要作用为变换电压和隔离，其一次电压和二次电压瞬时值分别用 u_1 和 u_2 表示，有效值分别用 U_1 和 U_2 表示，其中 U_2 的大小还需根据直流输出电压 u_d 的平均值 U_d 来确定。

在晶闸管 VT 无触发时，电路处于断态，无电流，负载电阻两端电压为零，u_2 全部加在 VT 两端。在 u_2 的正半周即 VT 承受正向电压期间的 ωt_1 时刻给 VT 门极加触发脉冲，则 VT 导通。

（1）当带阻性负载时，假设晶闸管为无通态压降的理想开关管，直流输出电压瞬时值 u_d 与 u_2 相等，如图 2-5（a）所示。在 u_2 降为零，即 $\omega t=\pi$ 时，电路中电流降为零，VT 关断，并将承受反向电压。由于直流负载电压只在 u_2 正半周内出现，故称为半波整流。

从晶闸管开始承受正向阳极电压起到施加触发脉冲止的电角度称为触发延迟角，用 α 表示，也称触发角或控制角。晶闸管在一个电源周期中处于通态的电角度称为导通角，用 θ 表示，$\theta=\pi-\alpha$。直流输出电压平均值为

$$U_d=\frac{1}{2\pi}\int_{\alpha}^{\pi}\sqrt{2}U_2\sin\omega t\,d(\omega t)=\frac{\sqrt{2}U_2}{2\pi}(1+\cos\alpha)=0.45U_2\,\frac{1+\cos\alpha}{2} \tag{2-1}$$

当 $\alpha=0$ 时，整流输出电压平均值最大，此时 $U_d=0.45U_2$。随着 α 增大，U_d 减小，当 $\alpha=\pi$ 时，$U_d=0$，因此该电路的 α 移相范围为 180°。调节 α 角即可控制 U_d 的大小。这种通过控制触发脉冲的相位来控制直流输出电压大小的方式称为相位控制方式，简称相控方式。

（2）当带阻感性负载时，流过电感的电流不能突变。当流过电感中的电流变化时，电感两端将产生感应电动势 $L\frac{di}{dt}$。它的极性是阻止电流变化的，当电流增加时，它的极性阻止电流增加；当电流减小时，它的极性阻止电流减小。图 2-5（b）为带阻感性负载的单相半波可控整流电路的波形图。当 VT 被触发导通时，因电感 L 的存在使 i_d 不能突变，i_d 从 0 开始增加。此时，交流电源一方面供给电阻 R 消耗的能量，另一方面供给电感 L 吸收的磁场能量。当 $\omega t=\pi$ 时，u_2 过零点，而 i_d 处于减小的过程中，但尚未降到零，因此 VT 仍处于通态。此后，L 中储存的能量逐渐被释放，供给电阻与变压器二次绕组消耗的能量，i_d 维持流动，直至电感能量释放完毕，VT 承受反压关断。

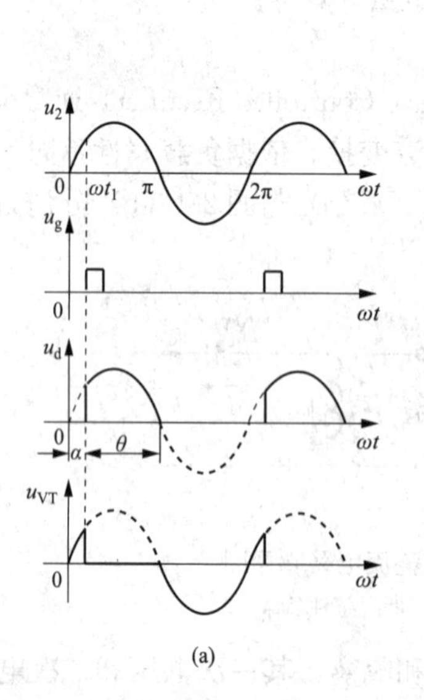

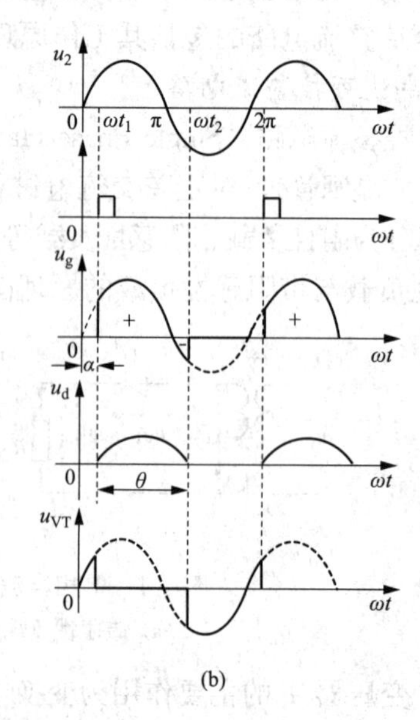

图 2-5 单相半波可控整流电路波形

（a）带阻性负载；（b）带阻感性负载

此外，带阻性负载和带阻感性负载的单相半波可控整流电路，直流负载电压 u_d 与晶闸管压降 u_{VT}互补，两者之和为 u_2。

单相半波可控整流电路的特点是简单，但输出脉动大，变压器二次侧电流中含直流分量，造成变压器铁芯直流磁化。为了使得变压器铁芯不饱和，需增大铁芯截面积，会增大设备的容量，因此，实际工程中很少采用这种整流电路。

（二）单相桥式全控整流电路

单相桥式全控整流电路（Single Phase Bridge Controlled Rectifier）是单相可控整流电路中应用较多的一种。根据所带负载属性的不同，单相桥式全控整流电路也可简单分为阻性负载和阻感性负载。其电路原理分别如图 2-6（a）和图 2-6（b）所示。

在单相桥式全控整流电路中，晶闸管 VT1～VT4 组成一个两桥臂的 H 桥，互为对角线的晶闸管组成一对桥臂。

（1）当带阻性负载时，在 u_2 正半周，若给定晶闸管 VT1 与 VT4 触发脉冲，触发角为 α，则 VT1 与 VT4 导通，电流 i_d 经过变压器二次侧、VT1、R、VT4 形成回路。直至 u_2 过零点时，i_d 减小到零，晶闸管 VT1 与 VT4 关断，如图 2-7 所示。同样，在 u_2 负半周，若给定晶闸管 VT2 与 VT3 触发脉冲，触发角为 α，则 VT2 与 VT3 导通，电流 i_d 经过变压器二次侧、VT3、R、VT2 形成回路。如此循环往复，即可在全周期对 u_2 进行整流，也称全波整流。对任意桥臂而言，每个晶闸管在正向导通时互相分压，因此每个晶闸管承受的最大正向电压为$\frac{\sqrt{2}}{2}U_2$，反向时则无分压作用，每个晶闸管承受的最大反向电压为$\sqrt{2}U_2$。

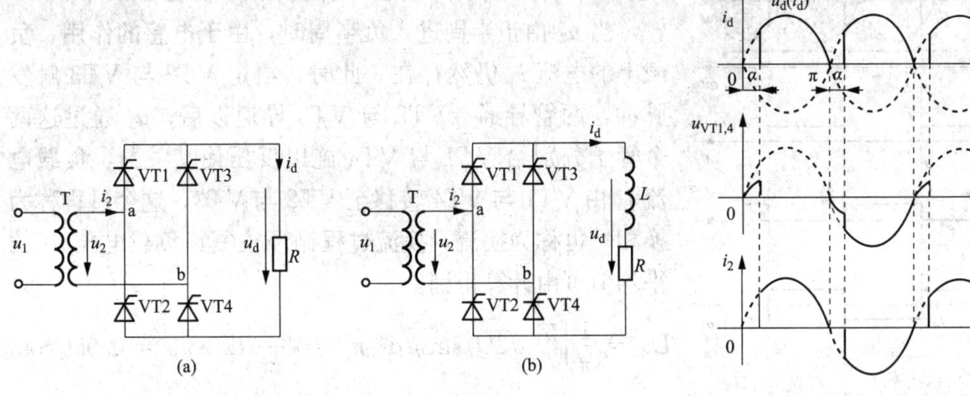

图 2-6　单相半波可控整流电路原理图

（a）阻性负载；（b）阻感性负载

图 2-7　带阻性负载时的单相桥式全控整流电路波形

整流后负载上电压平均值为

$$U_d = \frac{1}{\pi}\int_{\alpha}^{\pi}\sqrt{2}U_2\sin\omega t\,\mathrm{d}(\omega t) = \frac{2\sqrt{2}U_2}{\pi}\,\frac{1+\cos\alpha}{2} = 0.9U_2\,\frac{1+\cos\alpha}{2} \tag{2-2}$$

由此可见，当 $\alpha=0$ 时，整流后负载上的电压最大，$U_d=0.9U_2$。当 $\alpha=180°$时，$U_d=0$。因此，α 角的移相范围为 180°。

整流后负载上的直流电流平均值为

$$I_d = \frac{U_d}{R} = \frac{2\sqrt{2}U_2}{\pi R}\,\frac{1+\cos\alpha}{2} = 0.9\,\frac{U_2}{R}\,\frac{1+\cos\alpha}{2} \tag{2-3}$$

由于在一个周波内，H 桥中每个桥臂只导通半个周期，因此，每个晶闸管中流过的电流平均值为负载上直流电流平均值的一半，即

$$I_{dVT}=\frac{1}{2}I_d=0.45\frac{U_2}{R}\frac{1+\cos\alpha}{2} \tag{2-4}$$

在设计整流电路时，还需考虑变压器、晶闸管、导线等元器件的过电流发热问题，因此，还需进一步计算电流的有效值。

变压器二次侧电流的有效值 I_2 与负载上直流电流的有效值 I 相等，为

$$I_2=I=\sqrt{\frac{1}{\pi}\int_{\alpha}^{\pi}\left(\frac{\sqrt{2}U_2}{R}\sin\omega t\right)^2\mathrm{d}(\omega t)}=\frac{U_2}{R}\sqrt{\frac{1}{2\pi}\sin2\alpha+\frac{\pi-\alpha}{\pi}} \tag{2-5}$$

晶闸管中电流的有效值为

$$I_{VT}=\sqrt{\frac{1}{2\pi}\int_{\alpha}^{\pi}\left(\frac{\sqrt{2}U_2}{R}\sin\omega t\right)^2\mathrm{d}(\omega t)}=\frac{U_2}{\sqrt{2}R}\sqrt{\frac{1}{2\pi}\sin2\alpha+\frac{\pi-\alpha}{\pi}} \tag{2-6}$$

由式（2-5）和式（2-6）可见

$$I_{VT}=\frac{1}{\sqrt{2}}I \tag{2-7}$$

通过以上对电流有效值的计算和分析，可以对整流电路中的各类元器件进行优化选型，以满足容量需求。

（2）当带阻感性负载时，由于负载中存在电感而使得负载中的电流 i_d 不能突变。当电感足够大时，负载电流波形将保持连续并接近一条水平线，如图 2-8 所示。

当 u_2 由正半周进入负半周时，由于电感的作用，负载上的电流 i_d 仍然存在。此时，给定 VT2 与 VT3 触发脉冲，两管导通。VT2 与 VT3 导通以后，u_2 通过这两个管子分别给 VT1 与 VT4 施以反压使其关断，负载电流 i_d 由 VT1 与 VT4 转移至 VT2 与 VT3，这个过程称为换相，也称为换流。换流过程循环往复，负载电压 u_d 的平均值可由计算得到。

$$U_d=\frac{1}{\pi}\int_{\alpha}^{\pi+\alpha}\sqrt{2}U_2\sin\omega t\,\mathrm{d}(\omega t)=\frac{2\sqrt{2}}{\pi}U_2\cos\alpha=0.9U_2\cos\alpha \tag{2-8}$$

当 $\alpha=0$ 时，整流后负载上的电压最大，$U_d=0.9U_2$。当 $\alpha=90°$时，$U_d=0$。因此，α 角的移相范围为 90°。

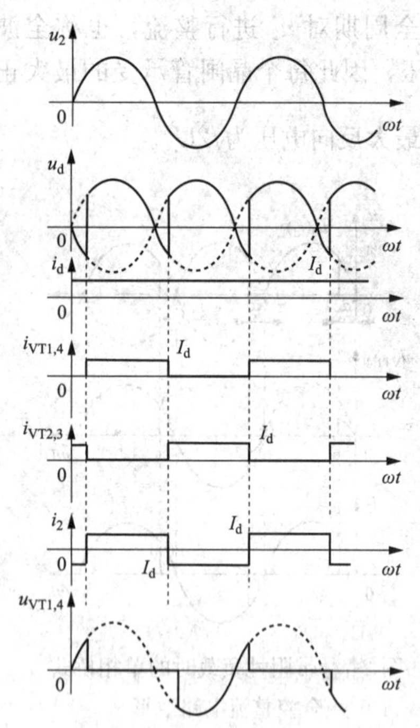

图 2-8　带阻感性负载时的单相桥式全控整流电路波形

由图 2-8 还可以得到每个晶闸管所承受的最大正反向电压均为$\sqrt{2}U_2$。每个晶闸管中流过电流的有效值和平均值分别为 $I_{VT}=\frac{1}{\sqrt{2}}I_d=0.707I_d$ 和 $I_{dVT}=\frac{1}{2}I_d=0.5I_d$。

（三）三相桥式全控整流电路

三相桥式全控整流电路的负载大多为阻感性负载和反电动势阻感性负载（直流电机传动），因此，下面主要分析阻感性负载时的整流电路变换情况。

图 2-9 为三相桥式全控整流电路的原理图。6 个晶闸管被分为两组，共阴极组由 VT1、VT3、VT5 三个晶闸管组成，共阳极组由 VT2、VT4、VT6 三个晶闸管组成。6 个晶闸管的导通顺序为 VT1→VT2→VT3→VT4→VT5→VT6。每个时刻均有两个晶闸管同时导通，形成通路为负载供电，这两个晶闸管分别属于共阴极组与共阳极组，且不能为直接连接的同一相晶闸管。

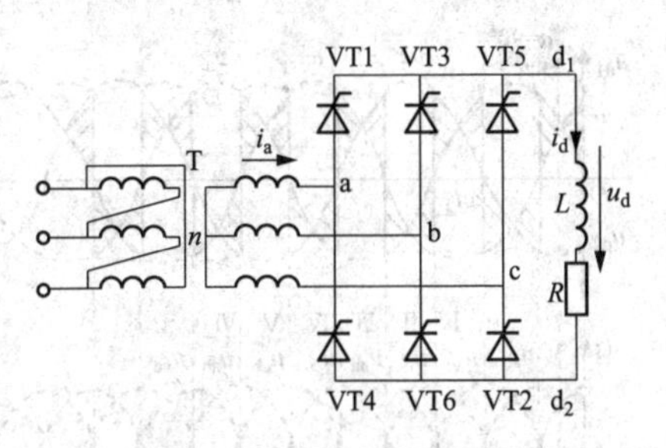

图 2-9　三相桥式全控整流电路原理图

晶闸管的触发顺序为 VT1→VT2→VT3→VT4→VT5→VT6，相位依次相差 60°。共阴极组晶闸管 VT1、VT3、VT5 依次相差 120°，同理，共阳极组 VT4、VT6、VT2 也依次相差 120°。同一相的上下桥臂，即 VT1 与 VT4、VT3 与 VT6、VT5 与 VT2 的触发脉冲各相差 180°。

图 2-10（a）和图 2-10（b）分别为触发延迟角 $\alpha=0°$ 和 $\alpha=30°$ 时的波形。

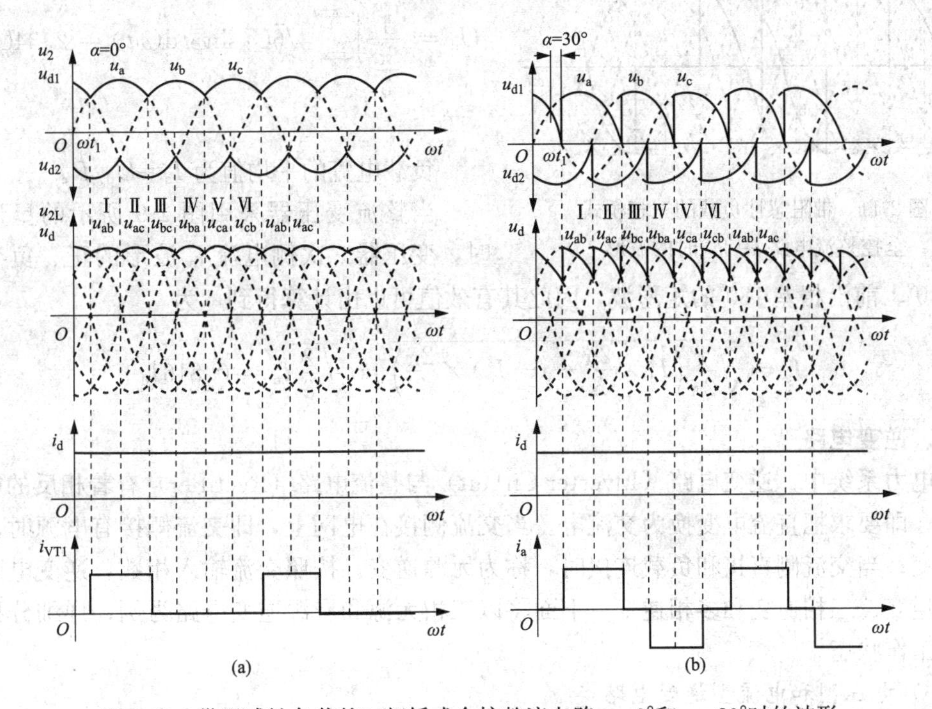

图 2-10　带阻感性负载的三相桥式全控整流电路 $\alpha=0°$ 和 $\alpha=30°$ 时的波形

（a）$\alpha=0°$；（b）$\alpha=30°$

由图 2-10 可知，负载上的电压 u_d 在一个周期内脉动 6 次，每次脉动的波形都相同，因此，三相桥式全控整流电路为 6 脉动整流电路。

当 $\alpha \leqslant 60°$ 时，u_d 波形连续。由于负载中电感的作用，使得负载电流波形变得平直。当电感足够大时，负载电流波形将保持连续并接近一条水平线。由图 2-10（a）可以得到，当晶闸管 VT1 导通时，流过 VT1 的电流 i_{VT1} 的波形由负载电流 i_d 的波形决定，这与 u_d 的波形不同。

图 2-10（b）中给出了变压器二次侧 a 相电流 i_a 的波形，电流呈交变特性，不会引起变压器出现直流磁化现象。

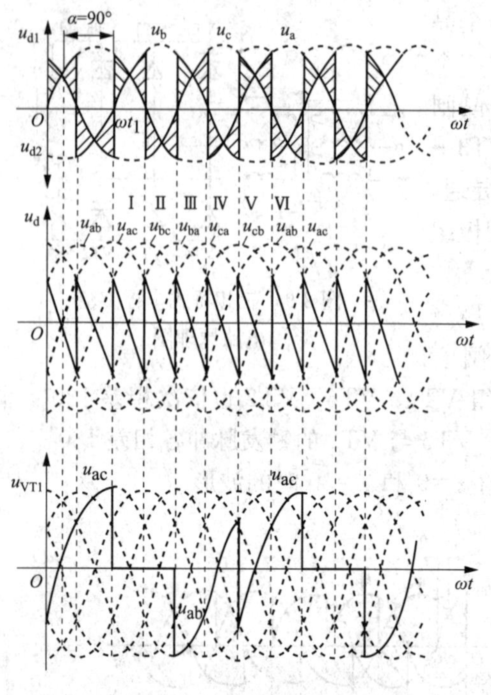

图 2-11 带阻感性负载的三相桥式全控整流电路 $\alpha=90°$时的波形

当 $\alpha>60°$时，对于阻感性负载，由于负载中电感 L 的作用，u_d 的波形会出现负的部分。图 2-11 给出了 $\alpha=90°$时的波形。若电感 L 值足够大，即电感 L 储能能力强，则 u_d 波形中的正负面积将基本相等，u_d 平均值近似为零。这说明了带阻感性负载的三相桥式全控整流电路的触发脉冲角 α 的移相范围为 90°。

由于在一个周期内，u_d 的波形脉动 6 次，且每次脉动的波形相同，因此在计算 u_d 的平均值时，只需计算一个脉动波形的电压平均值即可。以线电压的过零点为计算坐标的零点，u_d 的平均值为

$$U_d=\frac{1}{\frac{\pi}{3}}\int_{\frac{\pi+\alpha}{3}}^{\frac{2\pi+\alpha}{3}}\sqrt{6}U_2\sin\omega t\,d(\omega t)=2.34U_2\cos\alpha \tag{2-9}$$

负载电流的平均值为 $I_d=U_d/R$。

当整流变压器采用图 2-9 所示的星形连接时，变压器二次侧电流 i_a 波形的正、负半周各为宽 120°、前沿相差 180°的矩形波，因此其有效值可以由计算得到，为

$$I_a=\sqrt{\frac{1}{2\pi}\left(I_d^2\times\frac{2\pi}{3}+(-I_d^2)\times\frac{2\pi}{3}\right)}=\sqrt{\frac{2}{3}}I_d=0.816I_d \tag{2-10}$$

二、逆变电路

在电力系统中，逆变电路（Inverter Circuit）与整流电路（Rectifier）有着相反的能量转换要求，即要求把直流电变换为交流电。当交流侧接在电网上，即交流侧接有电源时，称为有源逆变；当交流侧直接和负载连接时，称为无源逆变。按照交流输入相数，逆变电路可分为单相逆变、三相逆变和多相逆变。下面将以三相无源和有源逆变电路为例，详细分析逆变电路的工作状态。

（一）电压型和电流型逆变电路

逆变电路根据直流侧电源性质的不同可分为两种：直流侧是电压源的称为电压型逆变电路，也称为电压源型逆变电路（Voltage Source Type Inverter，VSTI）；直流侧是电流源的称为电流型逆变电路，也称为电流源型逆变电路（Current Source Type Inverter，CSTI）。

1. 电压型逆变电路的主要特点

（1）直流侧为电压源或接有大电容，相当于电压源。直流侧电压基本无脉动，直流回路呈现低阻抗。

（2）由于直流电压源的钳位作用，交流侧电压波形为矩形波，并且与阻抗角无关。而交流侧电流波形和相位因负载阻抗角而异。

（3）当交流侧为阻感性负载时需要提供无功功率，直流侧电容起缓冲无功能量的作用。为了给交流侧反馈的无功能量提供通道，逆变桥各臂都并联反馈二极管。

2. 电流型逆变电路的主要特点

(1) 直流侧接有大电感，相当于电流源。直流侧电流基本无脉动，直流回路呈现高阻抗。

(2) 电路中各开关器件主要起改变直流电流流通路径的作用，故交流侧电流波形为矩形波，并且与阻抗角无关。而交流侧电压波形和相位因负载阻抗角而异。

(3) 当交流侧为电感性负载时需提供无功功率，直流侧电感起缓冲无功能量的作用。因为反馈无功能量时直流电流并不反向，故不必在桥臂上并联反馈二极管。

3. 三相电压型逆变电路

在三相逆变电路中，应用最多的是三相桥式逆变电路。图 2-12 给出了采用 IGBT 作为开关器件的三相电压型桥式逆变电路。

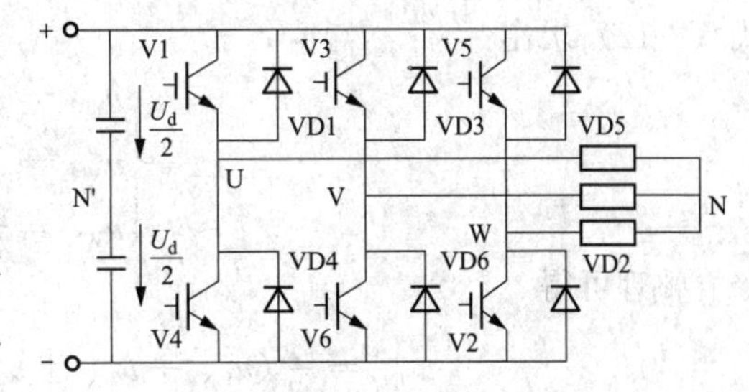

图 2-12 三相电压型桥式逆变电路

电压型逆变电路通常直流侧只用一个电容器即可。本电路为了分析方便，图 2-12 中直流侧串联了两个电容器，并标出了假想中点 N′。三相电压型逆变电路的基本工作方式是 180°导电方式，即每个桥臂的导电角度为 180°，同一相上下两个臂交替导电，每相开始导电的时间依次相差 120°。这样在任一瞬间，将有三个桥臂同时导通。因为每次换流都是在同一相上下两个臂之间进行的，因此也称为纵向换流。图中 VD1～VD6 是负载向直流侧反馈能量的通道，故称为反馈二极管；又因为 VD1～VD6 起着使负载电流连续的作用，因此称为续流二极管。

下面分析该电路的工作波形。对于 U 相而言，当桥臂 1 导电时，$u'_{UN}=U_d/2$，当桥臂 4 导电时，$u'_{UN}=-U_d/2$。U'_{UN}的波形是幅度为$\pm U_d/2$ 的矩形波。V 相和 W 相的情况和 U 相相似，只是相位依次相差 120°。u'_{UN}、u'_{VN}、u'_{WN}的波形如图 2-13 (a)～(c) 所示。

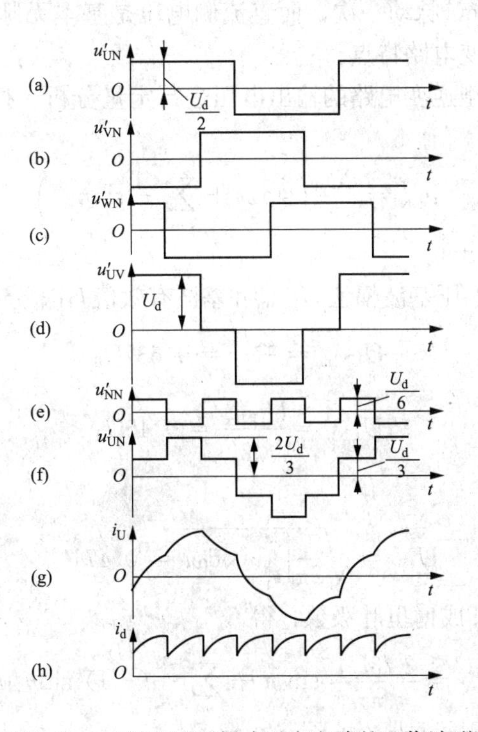

图 2-13 三相电压型桥式逆变电路的工作波形

负载线电压可由式（2-11）求得

$$\begin{cases} u_{UV}=u_{UN'}-u_{VU'} \\ u_{VW}=u_{VN'}-u_{WN'} \\ u_{WU}=u_{WN'}-u_{UN'} \end{cases} \tag{2-11}$$

图 2-13（d）是依照式（2-11）画出的 u_{UV} 的波形。

设负载中心点 N 和直流电源假想中心点之间的电压为 $u_{NN'}$，则负载各相的相电压可由式（2-12）求出

$$\begin{cases} u_{UV}=u_{UN'}-u_{NN'} \\ u_{VN}=u_{VN'}-u_{NN'} \\ u_{WN}=u_{WN'}-u_{NN'} \end{cases} \tag{2-12}$$

整理可得

$$u_{NN'}=\frac{1}{3}(u_{UN'}+u_{VN'}+u_{WN'})-\frac{1}{3}(u_{UN}+u_{VN}+u_{WN}) \tag{2-13}$$

设负载三相对称，即 $u_{VN}+u_{VN}+u_{WN}=0$，则

$$u_{NN'}=\frac{1}{3}(u_{UN'}+u_{VN'}+u_{WN'}) \tag{2-14}$$

图 2-13（e）给出了 $u_{NN'}$ 的波形，它是幅度为 $\pm U_d/6$，频率为 3 倍 $u_{UN'}$ 频率的矩形波。同时，由式（2-12）、式（2-14）可以作出 u_{UN} 的波形，如图 2-13（f）所示。

当负载参数已知时，可以由 u_{UN} 的波形求出 i_U 波形。负载阻抗角 φ 不同，i_U 的形状与相位也有所不同。图 2-13（g）给出了阻感性负载下 $\varphi<\pi/3$ 的 i_U 波形。i_V、i_W 波形与 i_U 相同，相位依次相差 120°。把桥臂 1、3、5 的电流加起来，就可得到 i_d 波形，如图 2-13（h）所示。可以看出，i_d 每隔 60°脉动一次，而直流侧电压是基本无脉动的，因此传送的功率是脉动的。这也是电压型逆变电路特点。

下面对三相桥式电压型逆变电路的输出电压进行定量分析。把输出电压 u_{UN} 展开傅里叶级数，得

$$u_{UN}=\frac{2U_d}{\pi}\left(\sin\omega t+\sum_n\frac{1}{n}\sin n\omega t\right) \tag{2-15}$$

式中：k 为自然数；$n=6k\pm1$。

由式（2-15）可得相电压基波幅值 U_{UN1m} 和基波有效值 U_{UN1} 分别为

$$U_{UN1m}=\frac{2U_d}{\pi}=0.637U_d \tag{2-16}$$

$$U_{UN1}=\frac{U_{UN1m}}{\sqrt{2}}=0.45U_d \tag{2-17}$$

相电压的有效值为

$$U_{UV}=\sqrt{\frac{1}{2\pi}\int_0^{2\pi}u_{UN}^2\mathrm{d}\omega t}=0.471U_d \tag{2-18}$$

把输出线电压 u_{UV} 展开成傅里叶级数，得

$$u_{UV}=\frac{2\sqrt{3}U_d}{\pi}\left[\sin\omega t+\sum_n\frac{1}{n}(-1)^k\sin n\omega t\right] \tag{2-19}$$

则线电压基波幅值 U_{UV1m} 和基波有效值 U_{UV1} 分别为

$$U_{UN1m}=\frac{2\sqrt{3}}{\pi}U_d=1.1U_d \tag{2-20}$$

$$U_{UN1}=\frac{U_{UV1m}}{\sqrt{2}}=0.78U_d \tag{2-21}$$

线电压的有效值U_{UV}为

$$U_{UV}=\sqrt{\frac{1}{2\pi}\int_0^{2\pi}u_{UV}^2\mathrm{d}\omega t}=0.816U_d \tag{2-22}$$

在上述180°导电方式的逆变器中，为了防止同一相上下两桥臂的开关器件同时导通而引起直流侧电源短路，应采取“先断后通”的方法。即先给应关断的器件关断信号，待其关断后留一定的时间裕量，再给应导通的器件以导通信号，两者之间所留时间称为死区时间。死区时间的长短要视器件的开关速度而定。

4. 三相电流型逆变电路

图2-14给出了应用较多的串联二极管式晶闸管逆变电路的原理图。这种电路主要用于中大功率交流电动机的调速系统。

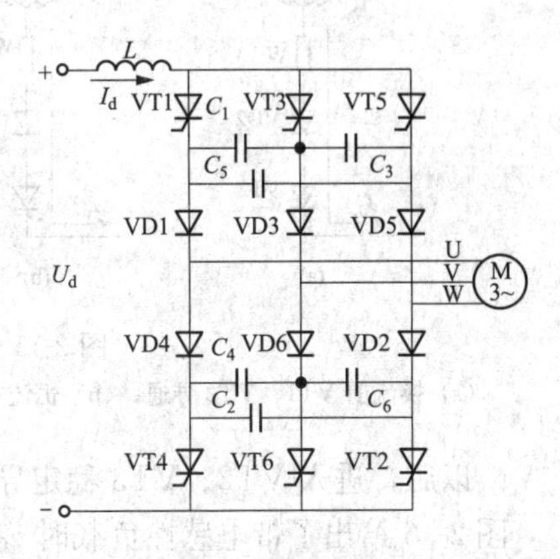

图2-14　串联二极管式晶闸管逆变电路

由图2-14可以看出，这是一个三相电流型桥式逆变电路，因其各桥臂晶闸管串联二极管而得名。该电路的基本工作方式是120°导电方式。即每个臂一个周期内导电120°，按VT1→VT2→VT3→VT4→VT5→VT6的顺序每隔60°依次导通。这样每个时刻上桥臂组的三个臂和下桥臂组的三个臂都各有一个臂导通。换流时，上桥臂组或下桥臂组实现依次换流，又称为横向换流。各桥臂之间的换流采用强迫换流方式，连接于各桥臂之间的电容$C_1\sim C_6$即为换流电容。下面主要对其换流过程进行分析。

设电路中元件是理想的，滤波电抗为无穷大，逆变器已进入稳定工作状态，换流电容已充上电压，换流电容上所充电压应用如下规律：对于共阳极晶闸管侧而言，与导通晶闸管相连的电容端极性为正，另一端极性为负，不与导通晶闸管相连的电容上电压为零。共阳极晶闸管侧的电容上的情况类似，只是电容上的电压极性相反。

图2-15给出了从晶闸管VT1向VT3换流时各阶段的电流路径，C_{13}为C_3和C_5串联后再和C_1并联的等效换流电容。设$C_1\sim C_6$的电容量均为C，则$C_{13}=3C/2$。假设换流前VT1、VT2导通，C_{13}上的电压U_{CO}左正右负，如图2-15（a）所示。

设t_1时刻给VT3以触发脉冲，由于C_{13}电压的作用，使VT3导通，而VT1被施以反向电压而关断。这时直流电流I_d从VT1换到VT3上，C_{13}通过VD1、U相负载、W相负载、VD2、直流电源和VT3放电，如图2-15（b）所示。因其放电电流恒为I_d，故称恒流放电阶段。在C_{13}电压U_{C13}下降到零之前，VT1一直承受反压，只要反压时间大于关断时间t_q，就能保证可靠关断。

设t_2时刻C_{13}降到零，之后在U相负载电感作用下，开始对C_{13}反向充电。如忽略负载中电阻的压降，则在t_2时刻$U_{C13}=0$后，二极管VD3正向偏置而导通，开始流过电流i_v，而VD1流过的充电电流为$i_U=I_d-i_V$，两个二极管同时导通，进入二极管换流阶段，如图2-15（c）所示。i_V 逐渐增大，i_U 逐渐减小，设到 t_3 时刻 i_U 减至零，$i_V=I_d$，VD1 承受反向电压而关断，二极管换流阶段结束。

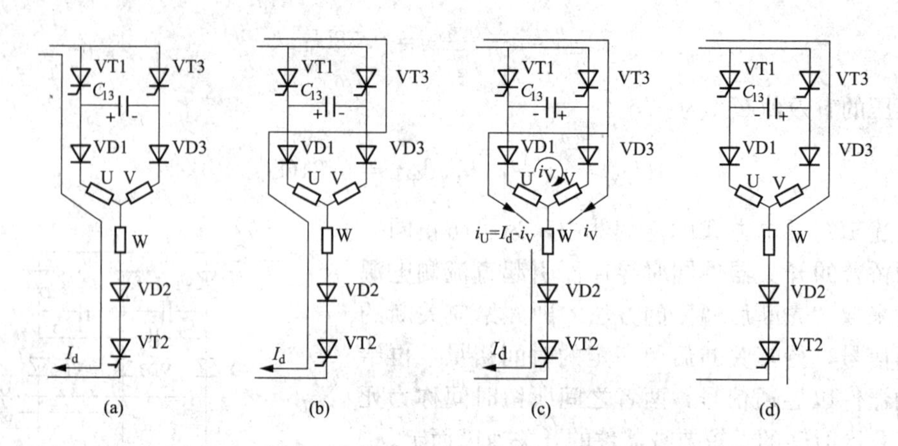

图 2-15 换流过程各阶段的电流路径

(a) 换流前 VT1、VT2 导通；(b) 恒流放电阶段；(c) 二极管换流阶段；(d) VT2、VT3 稳定导通阶段

t_3 以后，进入 VT2、VT3 稳定导通阶段，电流路径如图 2-15（d）所示。

图 2-16 给出了带电感性负载时 u_{C13}、i_U 和 i_V 的波形图，并给出了 u_{C1}、u_{C3} 和 u_{C5} 的波形。换流过程中，u_{C1} 从 U_{CO} 降为 $-U_{CO}$。C_3 和 C_5 串联后再和 C_1 并联，因此它们的充放电电流均为 C_1 的 1/2，电压变化的幅度也是 C_1 的 1/2。换流过程中，U_{C3} 从零变到 $-U_{CO}$，U_{C5} 从 U_{CO} 变为零，为下次换流准备好条件。

（二）三相有源逆变电路

图 2-17 为三相有源逆变电路的原理图。逆变和整流在本质上的区别为控制角 α 不同。当 $0°<\alpha<90°$ 时，该电路工作于整流状态；当 $90°<\alpha<180°$ 时，该电路工作于逆变状态。

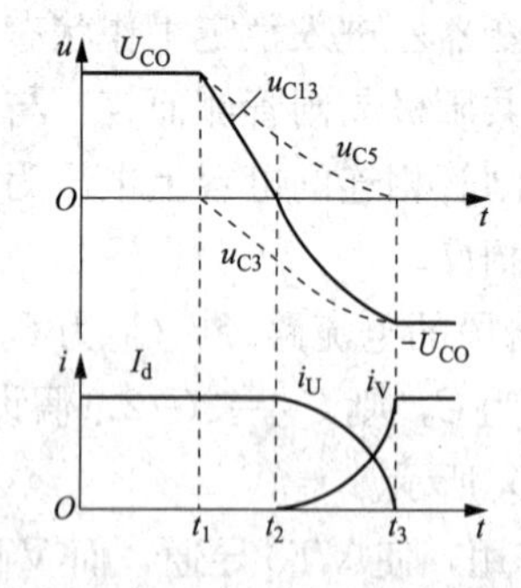

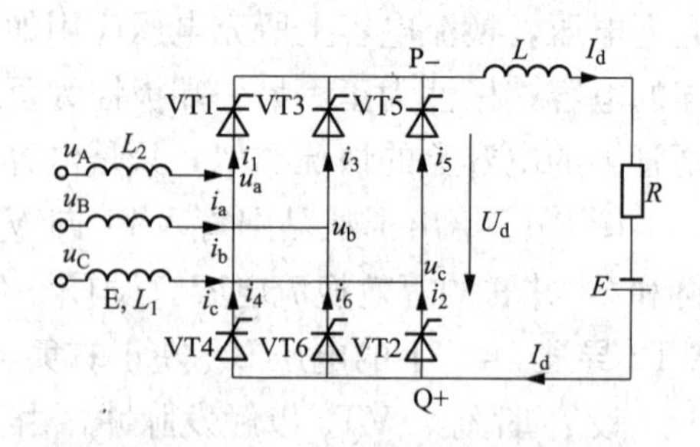

图 2-16 串联二极管式晶闸管逆变电路换流过程波形

图 2-17 三相有源逆变电路原理图

为实现有源逆变，只能采用全控电路，且需同时满足两个条件：

(1) 有直流电动势，极性必须和晶闸管的导通方向一致，其值应大于直流侧的平均电压 U_d，即 $|E|>|U_d|$。

(2) 晶闸管的控制角 $\alpha>90°$，使得 U_d 为负值。

为了简化分析，当 $\alpha>90°$ 时，通常用逆变角 β 来分析逆变过程，满足 $\beta=\pi-\alpha$。图 2-18 为三相有源逆变电路的电压和电流波形图。

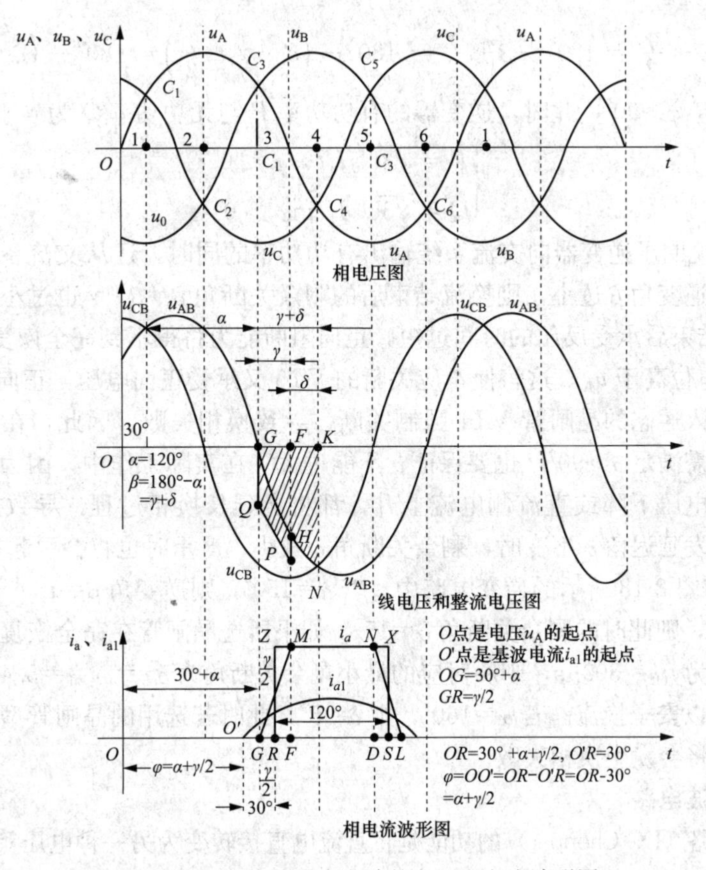

图 2-18　三相有源逆变电路的电压和电流波形图

从图 2-18 中可以看出，在 C_1 点到 C_4 点的变化范围内，即 ωt 从 30°变化至 210°，$u_A-u_C>0$，晶闸管 VT1 处于正向电压作用下。此时，6 个晶闸管的导通顺序为 VT5→VT6→VT1→VT2→VT3→VT4→VT5，循环往复，相邻晶闸管的导通相角相差 60°。因此，在 VT1 导通前，VT5 与 VT6 均处于导通状态，$u_d=u_C-u_B=u_{CB}$。若触发脉冲 $\alpha=120°$，即 G_1 点给定 VT1 触发信号，如图 2-18 所示。由于 $u_A>u_C$，则晶闸管 VT5 承受反向电压而被强制关断。*G*-*F* 范围内，即 γ 角度内，逆变器开始换流，γ 为换相重叠角，也称为迭弧角。在换流期间，VT5、VT6 与 VT1 将同时导通。此时，u_d 可由计算得到，为

$$u_d=\frac{u_A+u_C}{2}-u_B=\frac{(u_A-u_B)+(u_C-u_B)}{2}=\frac{u_{AB}+u_{CB}}{2} \tag{2-23}$$

F 点换流结束，此时仅有 VT6 与 VT1 导通，$u_d=u_A-u_B=u_{AB}$。δ 为剩余关断角，即 *F*-*K* 范围，则有 $\beta=\gamma+\delta$。因此，可计算得到直流输出电压 u_d 的平均值 U_d，为

$$U_d=U_{Q_+-P_-}=\frac{3}{\pi}\omega L_2 I_d-\frac{3}{\pi}\sqrt{2}U_0\cos(180°-\beta)=\frac{3}{\pi}\omega L_2 I_d+\frac{3}{\pi}\sqrt{2}U_0\cos\beta \tag{2-24}$$

式中：U_0 为交流电源电压的有效值。

图 2-18 中给出了逆变电路交流侧 A 相电压和 A 相电流的波形。定义电流基波落后电压基波的相位角 φ 为功率因数角。因此，当 $\alpha>90°$时，电流 i_a 的基波 i_{a1} 落后于电压 u_A 的角度为 φ，可计算得到 φ 为

$$\varphi=\alpha+\frac{\gamma}{2}=180^{\circ}-\beta+\frac{\gamma}{2}=180^{\circ}-\left(\delta+\gamma-\frac{\gamma}{2}\right)=180^{\circ}-\left(\delta+\frac{\gamma}{2}\right) \tag{2-25}$$

当$\alpha>90^{\circ}$时，$\varphi>90^{\circ}$，此时，逆变器的有功功率P与无功功率Q为

$$\begin{cases}P=\sqrt{3}U_0I_1\cos\varphi<0\\Q=\sqrt{3}U_0I_1\sin\varphi>0\end{cases} \tag{2-26}$$

式（2-26）说明了逆变器向交流系统输出有功功率的同时，还从交流系统吸收感性无功功率。同时，若逆变角β过小，则换流结束后的剩余关断角$\delta=\beta-\gamma$也过小。这将使得晶闸管 VT5 在换流结束后承受反压的时间过短，正向阻断能力将得不到完全恢复。在图 2-18 中，C_4点以后，u_C电位高于u_A，这将使本应关断的 VT5 又承受正向电压，正向导通通道又被打开，并把刚刚转入通态的晶闸管 VT1 强制关断，导致换相失败。因此，在实际设置逆变器的触发角时，既需满足$\alpha>90^{\circ}$，也要保证α不能过大。在实际工作中，因为故障或其他原因而造成的交流侧电压下降或直流侧电流上升，都将会延长换相过程，导致换相重叠角γ增大。当晶闸管触发延迟角α不变时，剩余关断角δ减小，严重时也将会引起换相失败。

在图 2-17 与图 2-18 所示的逆变电路中，若$\alpha=150^{\circ}$，则逆变角$\beta=180^{\circ}-\alpha$。假定额定换流重叠角$\gamma=15^{\circ}$，则此时的剩余关断角$\delta=15^{\circ}$。如果所选晶闸管在完全恢复阻断能力时所需施加反压的时间为$t_{\mathrm{off}}=300\mu\mathrm{s}$，则所对应的最小剩余关断角为$\delta_{\mathrm{off}}=\omega t_{\mathrm{off}}=5.4^{\circ}$。由于$\delta=15^{\circ}>\delta_{\mathrm{off}}$，所以此时可以安全换流。若$\alpha=160^{\circ}$，则$\delta=5^{\circ}$，此时若选用的晶闸管型号不变，则不能实现安全换流，将会发生换相失败。

三、直流斩波电路

直流斩波电路（DC Chopper）的功能是将直流电直接转变为另一种电压等级的直流电，因此也称直流-直流变换器（DC-DC Converter），不包含直流-交流-直流这种间接直流变换的情况。

直流斩波电路的种类比较多，主要包含降压斩波电路、升压斩波电路、升降压斩波电路、Cuk 斩波电路、Sepic 斩波电路和 Zeta 斩波电路等 6 种基本斩波电路。由于篇幅有限，本节主要针对升降压斩波电路进行重点介绍。

升降压斩波电路（Buck-Boost Chopper）是一种典型的 DC/DC 变换器，具有升压和降压功能，其原理图如图 2-19 所示。

假设电感L中的电流$i(t)$连续，则根据可控开关 V 的开关状态可将一个开关周期T分为两个阶段。当 V 处于通态时，即$[t, t+DT]$（其中t为当前时刻，D为占空比），电源由开关 V 给电感供电储能，等效电路如图 2-20（a）所示。同时，电容C维持输出电压基本恒定并向负载R供电。当 V 关断时，即$[t+DT, t+T]$，电感L中的能量释放并向负载R供电，等效电路如图 2-20（b）所示。可见，负载电压的极性为上负下正，其极性与电源电压的极性相反，因此该电路称为反极性斩波电路。

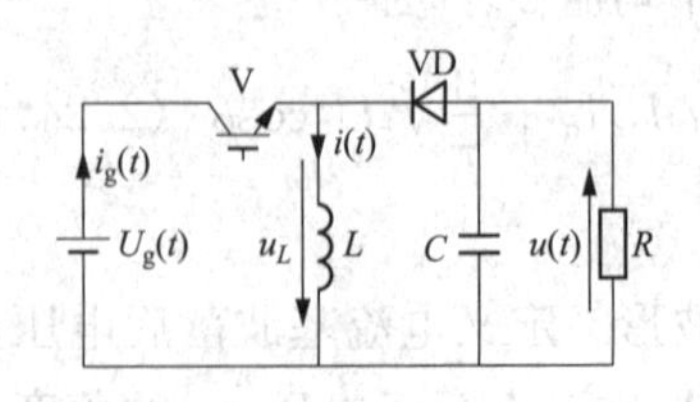

图 2-19 升降压斩波电路原理图

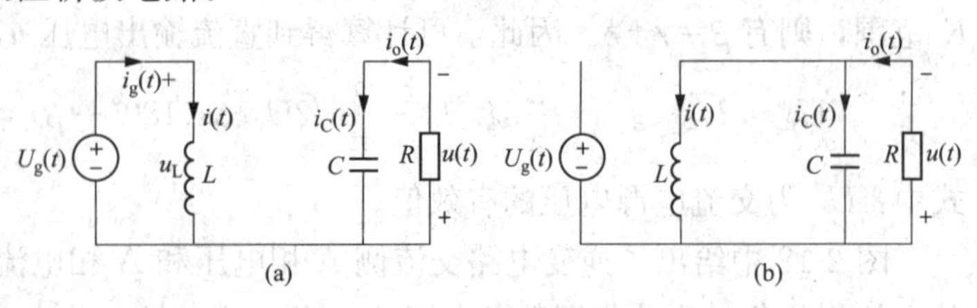

图 2-20 Buck-Boost 电路工作状态分解图

（a）V 处于通态；（b）V 处于断态

当 $D<0.5$ 时，升降压斩波电路工作在降压状态；当 $D>0.5$ 时，升降压斩波电路工作在升压状态。当升降压斩波电路达到稳态时，电感电流的瞬时值在间隔一个周期的起始与终了时刻是相同的，即 $i(t+T)=i(t)$。根据伏秒平衡原则，电感两端电压在一个开关周期内的平均值为零。因此可以得到

$$u_L(t)\mid_T=\frac{1}{T}\int_t^{t+T}u_L(t)\mathrm{d}t=\frac{1}{T}\left[\int_t^{t+DT}u_L(t)\mathrm{d}t+\int_{t+DT}^{t+T}u_L(t)\mathrm{d}t\right] \tag{2-27}$$

当 V 处于通态时，即 $[t,\ t+DT]$，电感两端的电压 $u_L(t)=U_g$；当 V 关断时，即 $[t+DT,\ t+T]$，设定电感两端的电压 $u_L(t)=U$，代入式（2-27）中可以得到

$$U_gD+U(1-D)=0 \tag{2-28}$$

因此，升降压斩波电路稳态时电压的传输比为

$$\frac{U}{U_g}=-\frac{D}{1-D}=-\frac{D}{D'} \tag{2-29}$$

式中：D'为截止脉冲宽度，$D'=1-D$。

很明显，通过改变一个开关周期内可控开关的导通时间 D，可以使得负载电压高于电源电压或低于电源电压。

当忽略开关元件上的损耗，根据升降压斩波电路输入、输出功率平衡原理可以得到，输入功率等于负载消耗的功率，即

$$U_gI_g=UI_o \tag{2-30}$$

由式（2-30）可知，升降压斩波电路输入、输出电流也与开关管一个开关周期内的导通时间 D 密切相关，即

$$\frac{I_o}{I_g}=-\frac{D'}{D} \tag{2-31}$$

因此，升降压斩波电路也常称为直流变压器。

四、交-交变换电路

交-交变换电路是将一种形式的交流电变换成另一种形式交流电的电路。其中，采用相位控制的交流电力控制电路为交流调压电路；改变频率的电路称为变频电路。若直接将一种频率的交流电变成另一种频率或可变频率的交流电则称为直接变频电路。本节主要介绍交流调压电路与直接变频电路。

（一）交流调压电路

交流调压电路的每相中串联两个反并联的晶闸管，通过对晶闸管开通相位的控制可以有效调节输出电压的有效值。交流调压电路广泛应用于舞台灯光控制、异步电动机的软起动与调速以及电力系统无功补偿的连续调节等。交流调压电路按照电源相数不同可分为单相交流调压和三相交流调压两种。单相交流调压是三相交流调压的基础，将被重点介绍。

图 2-21 为单相交流调压电路带阻性负载的电路原理图与波形图。VT1 和 VT2 为两个反向并联的晶闸管，在交流输入的正半周期（简称正半周）和负半周期（简称负半周），分别对两个晶闸管的触发延迟角 α 进行控制，可以实时调节输出电压的大小。在稳态条件下，交流调压电路应使正、负半周的 α 相等，且均可从电压过零点时刻开始，即 $\alpha=0$。由于所带负载为阻性负载，因此负载电压和负载电流的波形相同，且为电源电压和电源电流波形的一部分。

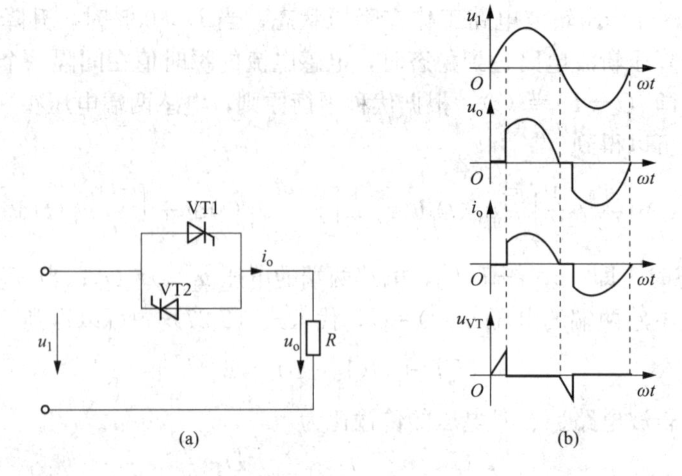

图 2-21 单相交流调压电路带阻性负载的电路原理图与波形图

(a) 电路原理图；(b) 波形图

设定晶闸管的触发延迟角为 α，则负载电压有效值 U_o、负载电流有效值 I_o、晶闸管电流有效值 I_{VT}和电路的功率因数 λ 分别为

$$U_o=\sqrt{\frac{1}{\pi}\int_{\alpha}^{\pi}(\sqrt{2}U_1\sin\omega t)^2\mathrm{d}(\omega t)}=U_1\sqrt{\frac{1}{2\pi}\sin2\alpha+\frac{\pi-\alpha}{\pi}} \tag{2-32}$$

$$I_o=\frac{U_o}{R} \tag{2-33}$$

$$I_{VT}=\sqrt{\frac{1}{2\pi}\int_{\alpha}^{\pi}\left(\frac{\sqrt{2}U_1\sin\omega t}{R}\right)^2\mathrm{d}(\omega t)}=\frac{U_1}{R}\sqrt{\frac{1}{2}\left(1-\frac{\alpha}{\pi}+\frac{\sin2\alpha}{2\pi}\right)} \tag{2-34}$$

$$\lambda=\frac{P}{S}=\frac{U_oI_o}{U_oI_o}=\frac{U_o}{U_1}=\sqrt{\frac{1}{2\pi}\sin2\alpha+\frac{\pi-\alpha}{\pi}} \tag{2-35}$$

从图 2-21 可以看出，当带阻性负载时，α 的移相范围为 $0°\leqslant\alpha\leqslant180°$。当 $\alpha=0°$时，在正负半周时，晶闸管一直保持导通，此时，负载电压为最大值，即 $U_o=U_1$。而随着 α 的不断增加，U_o 逐渐减小。当 α 增加至 180°时，$U_o=0$。此时，功率因数 $\lambda=0$，负载电流也为零。

当单相交流调压电路带阻感性负载时，由于电感的存在，使得稳态时负载电流始终滞后于电源电压一个相角 φ，φ 为负载的阻抗角，$\varphi=\arctan(\omega L/R)$。因此，阻感性负载下交流调压电路的移相范围为 $\varphi\leqslant\alpha\leqslant180°$。

对于三相交流调压电路，根据三相联结形式的不同可细分为多种不同的形式，如图 2-22 所示，分别为星形联结、线路控制三角形联结、支路控制三角形联结和中点控制三角形联结。

其中，图 2-22（a）和（c）这两种电路应用较为广泛。图 2-22（a）为三相四线情况时的星形联结方式，可分解为三个单相交流调压电路，且两两之间呈现 120°的相角差。因此，单相交流调压电路的工作原理与分析方法完全适用于该电路。在谐波方面，单相交流调压电路的电流中包含各奇次谐波，当组成为图 2-22（a）所示的三相电路时，基波和 3 的整数倍以外的谐波均在三相之间流动，不流过中性线。其余 3 的整数倍次谐波，由于相位相同，不能在各相线之间流动，因此，全部流过中性线。当 $\alpha=90°$时，中性线上的谐波电流有效值甚至逼近于各相电流的有效值，在选择线径与变压器时需要注意载流量的问题。

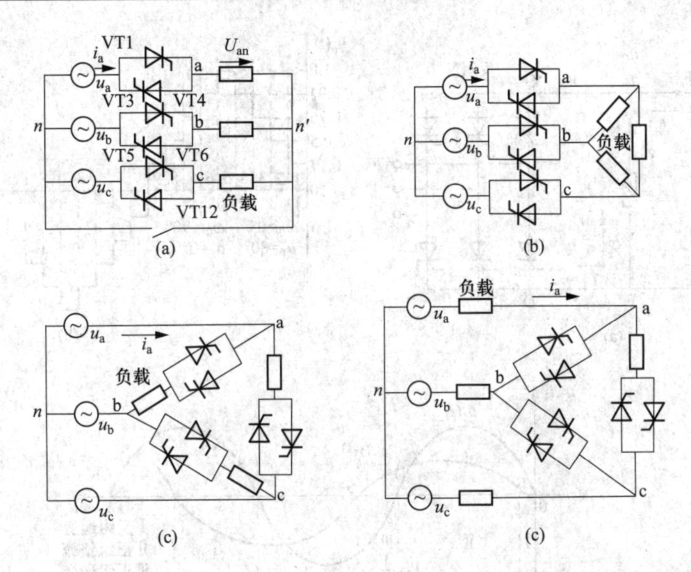

图 2-22　不同形式的三相交流调压电路

(a) 星形联结；(b) 线路控制三角形联结；(c) 支路控制三角形联结；(d) 中点控制三角形联结

图 2-22 (c) 所示为支路控制三角形联结电路，典型应用为晶闸管控制电抗器 (Thyristor Controlled Reactor，TCR)，此时移相范围为 $90° \leqslant \alpha \leqslant 180°$。通过对 α 角的控制，可以连续调节流过电抗器的电流，从而调节从电网中吸收的无功功率。如果配以电容器，就可以实现从容性到感性连续调节无功功率，这类装置被称为静止无功补偿装置 (Static Var Campensator，SVC)。

(二) 交流-交流直接变频电路

将交流电直接转变为另一频率和电压的交流电被称为交-交直接变频。若开关器件选择晶闸管，则采用相控的方式可实现交流-交流直接降频、降压变换，利用交流电压在正负半周的自然反向电压使得处于导通状态的晶闸管关断，这种直接变频电路也被称为周波变换器 (Cyclo-converter)。若开关器件选择全控型器件，则可通过构成结构较为简单的矩阵型交流-交流变换电路，实现交-交直接变频。

图 2-23 (a) 为三相交流-交流直接变频电路的原理图，由两组三相晶闸管变流器正组 P 和反组 N 的直流侧反并联后再接上交流感性负载 Z。正组 P 通过相控可输出平均值为正值或负值的电压 U_P，但只能向负载输出正方向电流 i_P；负组 N 通过相控可输出平均值为正值或负值的电压 U_N，但只能向负载输出反方向电流 i_N。假设正组 P 的触发延迟角为 α_P，反组 N 的触发延迟角为 α_N，则有 $\alpha_N = 180° - \alpha_P$。

在一个输出电压脉波的周期中，相控变流器输出电压 u_P、u_N 的直流平均值 U_P、U_N 分别为

$$U_P = U_{AB} = \frac{3\sqrt{2}}{\pi}U\cos\alpha_P \tag{2-36}$$

$$U_N = U_{CD} = -U_{DC} = \frac{3\sqrt{2}}{\pi}U\cos\alpha_P = U_P \tag{2-37}$$

式 (2-36) 与式 (2-37) 中，U 为三相桥线电压的有效值，则变流器输出的负载电压平均值为

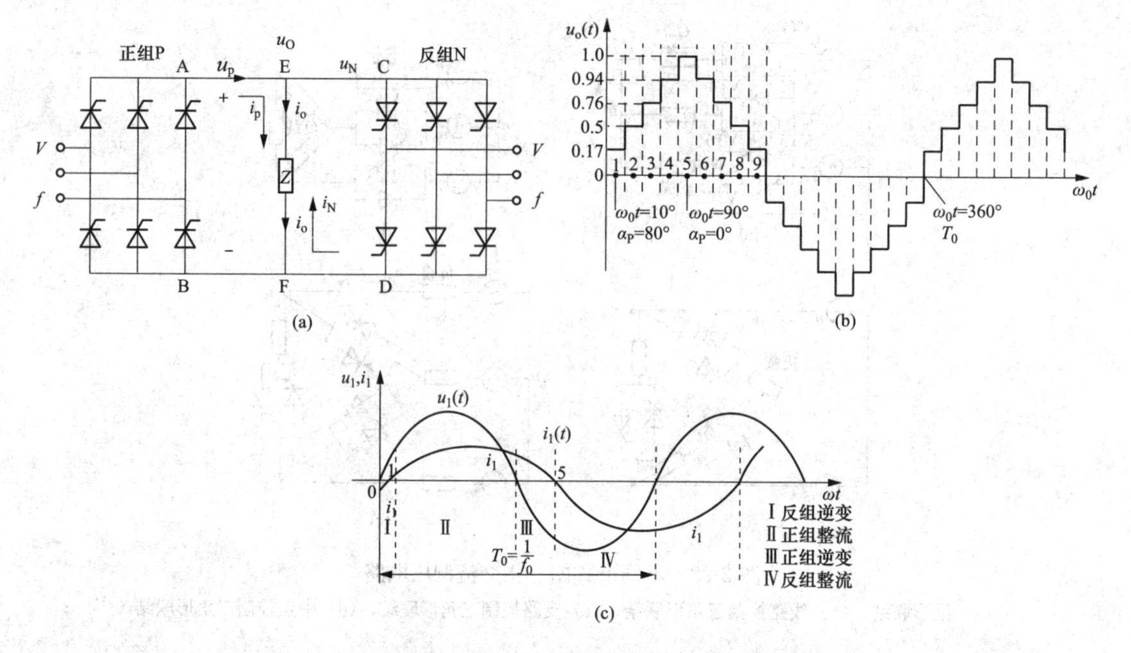

图 2-23 三相交流-交流直接变频电路

(a) 原理图；(b) 输出电压波形；(c) 负载基波电压和基波电流波形

$$U_0 = U_N = U_P = \frac{3\sqrt{2}}{\pi} U\cos\alpha_P \tag{2-38}$$

当控制正、反两组变流器的触发延迟角时，负载两端电压在一个脉波周期内的平均电压 U_0 可为正值，也可为负值，且大小也能被控制。负载电流 i_o 根据 P 组供电还是 N 组供电也可被控制为正值或负值。

如果电源频率 $f=50\text{Hz}$，在一个电源输出周期内，即 $T=20\text{ms}$ 中，三相桥变流电路可通过相控输出 6 个脉波 V_0，每个 V_0 的持续时间为 $T_m=T/6=3.34\text{ms}$。若要求输出电压的频率 $f_0=f/3$，即 $T_0=3T=60\text{ms}$，则输出电压 $u_0(t)$ 在一个脉波周期 T_0 中需要有 18 个脉宽 T_m（20°）的电压脉波，此时脉波平均值可表示为$\frac{3\sqrt{2}}{\pi}U\cos\alpha_P$，如图 2-23（b）所示。若 18 个电压脉波的触发延迟角 α_P 在 0°～180°之间变化，则当 $0°<\alpha_P<90°$时，U_0 为正值；当 $90°<\alpha_P<180°$时，U_0 为负值。因此，当 α_P 在 0°→180°→0°以频率 f_0 周期性变化时，输出电压就成为一个频率为 f_0、幅值为 U_{0m}的交流电压。

$$u_0(t) = \frac{3\sqrt{2}}{\pi} U\cos\alpha_P(t) = U_{0m}\sin(2\pi f_0 t) \tag{2-39}$$

图 2-23（c）为负载基波电压 $u_1(t)$、基波电流 $i_1(t)$ 的波形。由于负载 Z 为感性负载，则在 u_1 为正、i_1 为负期间 N 组逆变运行；在 u_1 为正、i_1 为正期间 P 组整流运行；在 u_1 为负、i_1 为正期间 P 组逆变运行；在 u_1 为负、i_1 为负期间 N 组整流运行。因此在 u_1、i_1 为同相时，即（Ⅱ、Ⅳ）期间，变流器向负载输出有功功率；在 u_1、i_1 为反相时，即（Ⅰ、Ⅲ）期间，负载向交流电源回馈功率。

五、器件控制技术

电力电子电路中的典型器件控制方式主要有两种，分别是相位控制和脉冲宽度调制

(Pulse Width Modulation，PWM) 控制。

相位控制是指通过触发脉冲的相位来控制直流输出电压的大小，也可称为相控方式。例如在半控和全控整流电路中，调节触发信号触发延迟角 α，即可控制输出电压 U_d 的大小。此部分内容可结合本章整流电路中的详细介绍进行学习。本节主要针对 PWM 控制技术进行阐述。

PWM 控制是对脉冲宽度进行调制的技术。即通过对一系列脉冲的宽度进行调制，来等效地获得所需要的波形（含形状和幅值）。

PWM 控制技术在逆变电路中的应用最为广泛，对逆变电路的影响也最为深刻。早期的逆变电路所输出的波形都是矩形波或六拍阶梯波，这些波形含有较大的谐波成分，从而影响负载（尤其电动机负载）的工作性能。为了改善逆变电路的性能，全控型器件出现后，在 20 世纪 80 年代开始出现应用 PWM 控制技术的逆变器，由于其优良的性能，现在大量应用的逆变电路中，绝大部分是 PWM 逆变电路。可以说 PWM 控制技术正是有赖于其在逆变电路中的应用，才发展得较成熟，才奠定了它在电力电子技术中的重要地位。目前，除了全控型器件未能普及的大功率领域，不用 PWM 控制技术的逆变电路已很少见。

（一）PWM 控制的基本原理

1. 等效原理

PWM 控制技术的理论基础是面积等效原理，即冲量（面积）相等而形状不同的窄脉冲加在具有惯性的环节上时，其效果（环节的输出响应波形）基本相同。例如，如图 2-24 所示的三个窄脉冲形状不同，其中图 2-24（a）为矩形脉冲，图 2-24（b）为三角形脉冲，图 2-24（c）为正弦半波脉冲，但其面积（即冲量）都等于 1，图 2-24（d）为单位脉冲函数 $\delta(t)$。

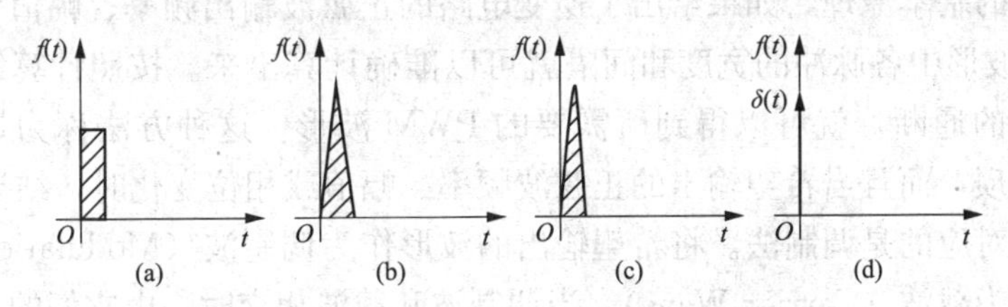

图 2-24　形状不同而冲量相同的各种窄脉冲

（a）矩形脉冲；（b）三角形脉冲；（c）正弦半波脉冲；（d）单位脉冲函数 $\delta(t)$

当它们分别作为图 2-25（a）具有惯性环节的 RL 电路的输入时，设其电流 $i(t)$ 为电路的输出。图 2-25（b）给出了不同窄脉冲时 $i(t)$ 的响应波形。由图中波形可知，在 $i(t)$ 的上升段，脉冲波形不同，$i(t)$ 的波形也略有不同，但其下降段则几乎完全相同。而且脉冲越窄，其输出响应波形的差异也越小。如果周期性地施加上述脉冲，则其响应波形也是周期性的。用傅里叶级数分解后可以看出，各 $i(t)$ 在低频段的特性非常接近，仅在高频段有所不同。

2. 正弦波脉宽调制

把图 2-26（a）的正弦半波分成 N 等分，则可将正弦半波看成由 N 个彼此相连的脉冲序列所组成的波形。这些脉冲宽度相等，都等于 π/N，但幅度不等，且脉冲顶部不是水平直线，而是曲线，各脉冲的幅度按正弦规律变化。如果把上述脉冲序列用相同数量的等幅而不等宽的矩形脉冲代替，使矩形脉冲的中点和相应正弦波部分的中点重合，且使矩形脉冲和相应的正弦波部分面积相等，则得到如图 2-26（b）所示的脉冲序列，这就是 PWM 波形。可见该波形的各脉冲幅度相等而其宽度是按正弦规律变化的。根据面积等效原理，该波形和正弦半波是等效的。对于正弦波的负半周，可用同样的方法获得 PWM 波形。像这种脉冲的宽度按正弦规律变化而和正弦波等效的 PWM 波形，也称正弦脉宽调制（Sinusoidal PWM，SPWM）波形。

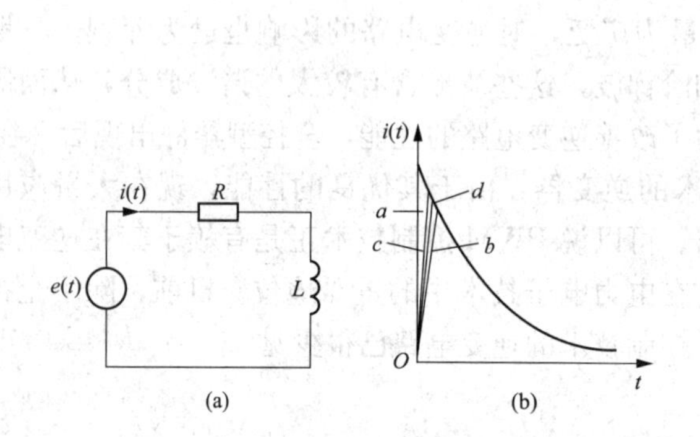

图 2-25　冲量相同的各种窄脉冲的响应波形

（a）具有惯性环节的 RL 电路；（b）不同窄脉冲时的响应波形

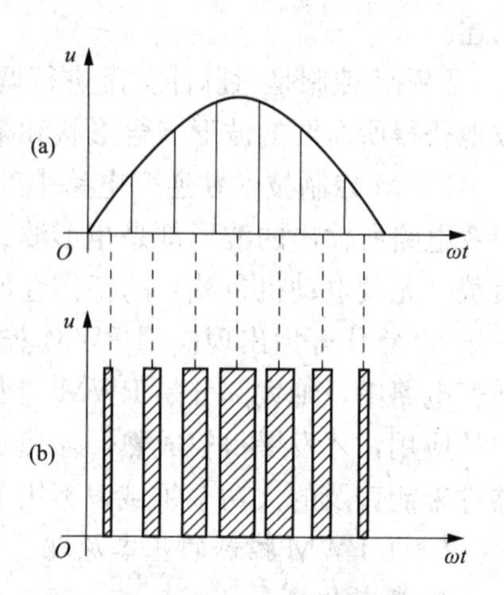

图 2-26　用 PWM 波代替正弦半波

（a）正弦半波；（b）脉冲序列

要改变等效输出的正弦波幅值，只需按同一比例系数改变上述各脉冲的宽度即可。

（二）调制法产生 PWM 波形

根据 PWM 的基本原理，如果给出了逆变电路的正弦波输出频率、幅值和半个周期内的周波数，PWM 波形中各脉冲的宽度和间隔就可以准确计算出来。按照计算结果控制逆变电路中各开关器件的通断，就可以得到所需要的 PWM 波形。这种方法称为计算法。可以看出，计算法很烦琐，而且当希望输出的正弦波频率、幅值或相位变化时，结果都要变化。

与计算法相对应的是调制法。将希望输出的波形作为调制波（Modulation Wave），把接受调制的信号作为载波（Carrier Wave），当调制波和载波相交时，由它们的交点确定逆变器开关的通断时刻，从而获得宽度正比于信号波幅度的脉冲。当调制波为正弦信号时，所得到的即为 SPWM 波形。当调制信号不是正弦波时，也能得到与之等效的 PWM 波。另外，通常采用等腰三角波或锯齿波作为载波，其中等腰三角波应用最广。

下面结合具体的单相逆变电路对调制法作进一步说明。

图 2-27 是采用 IGBT 作为开关器件的单相桥式 PWM 逆变电路。设负载为阻感性负载，工作时 V1 和 V2 的通断状态互补，V3 和 V4 的通断状态也互补。具体控制规律如下：在输出电压 u_o 的正半周，让 V1 保持通态，V2 保持断态，V3、V4 交替导通，从而负载输出电压 u_o 获得 U_d 和零两种电平。同样，在 u_o 的负半周，让 V2 保持通态，V1 保持断态，V3、V4 交替导通，从而在负载上获得 $-U_d$ 和零两种电压。而 V3、V4 通断控制的方法如图 2-28 所示。正弦波 u_r 为调制信号，载波 U_c 在 u_r 正半周为正极性三角波而在 u_r 负半周为负极性的三角波。在 u_r 和 u_c 的交点时刻控制 IGBT 的通断。在 u_r 的正半周，V1 保持通态，V2 保持断态，当 $u_r>u_c$ 时使 V4 导通，V3 关断，$u_o=U_d$；当 $u_r<u_c$ 时使 V4 关断，V3 导通，$u_o=0$。在 u_r 的负半周，V1 保持断态，V2 保持通态，当 $u_r<u_c$ 时使 V3 导通，V4 关断，$u_o=-U_d$；

当 $u_r>u_c$ 时使 V3 关断，V4 导通，$u_o=0$。这样，就得到了 SPWM 波形 u_o。图中 u_{of}表示 u_o 中的基波分量。这种在 u_r 的半个周期内三角波只在正极性或负极性一种极性范围内变化，这种控制方式称为单极性 PWM 控制方式，这种方式下的 PWM 波形也只在单个极性范围变化。

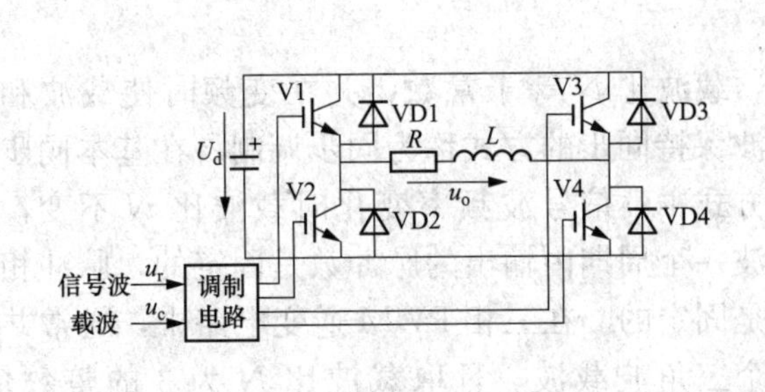

图 2-27　单相桥式 PWM 逆变电路

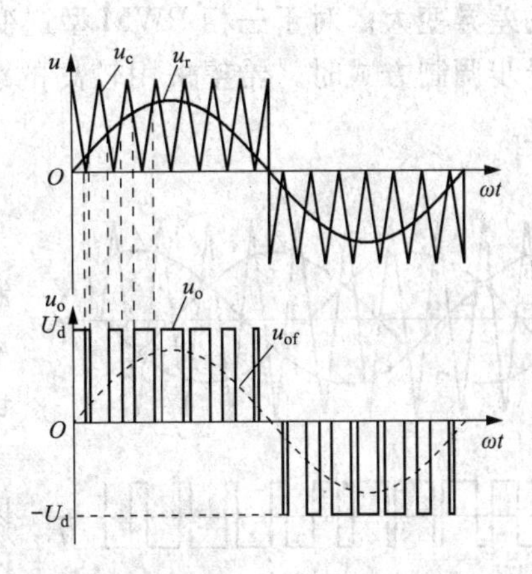

图 2-28　单极性 PWM 控制方式波形

与单极性 PWM 控制方式相对应的是双极性控制方式。双极性控制方式是指在 u_r 的半个周期内，三角载波在正、负极性之间连续变化，其获得的 PWM 波形也在正、负极性间变化。

图 2-27 所示的单相桥式 PWM 逆变电路在采用双极性控制方式时的波形如图 2-29 所示。在 u_r 的一个周期内，输出的 PWM 波只有 $\pm U_d$ 两种电平，而不像单极性控制方式时还有零电平。双极性 PWM 控制方式仍然是在调制波 u_r 和载波 u_c 的交点控制各 IGBT 的通断。在 u_r 的正负半周对各 IGBT 的控制规律相同，即当 $u_r>u_c$ 时给 V2 和 V3 关断信号，V1 和 V4 导通信号，则输出电压 $u_o=U_d$。当 $u_r<u_c$ 时，给 V2 和 V3 导通信号，V1 和 V4 关断信号，则输出电压 $u_o=-U_d$。

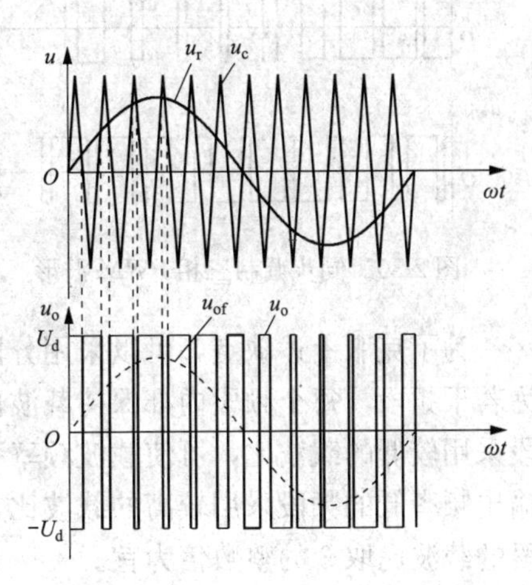

图 2-29　采用双极性 PWM 控制方式的波形

由此可见，单相桥式逆变电路既可采用单极性调制，也可采用双极性调制，但其对开关器件通断控制的规律不同，其波形也不相同。

（三）同步调制和异步调制

在 PWM 控制电路中，载波频率 f_c 与调制信号频率 f_r 之比（$N=f_c/f_r$）称为载波比。根据载波和信号波是否同步及载波比的变化情况，PWM 调制方式可分为异步调制和同步调制两种。

载波信号和调制信号不保持同步的调制方式称为异步调制。在异步调制方式中，通常保持载波频率 f_c 固定不变，因而当信号波频率 f_r 变化时，载波比 N 是变化的。同时，在信号波的半个周期内，PWM 波的脉冲个数也不固定，相位也不固定，正负半周期的脉冲不对称，半周期内前后 1/4 周期的脉冲也不对称。

当信号波频率较低时，载波比 N 较大，一个周期内的脉冲数较多，正负半周期脉冲不对称和半周期内前后 1/4 周期脉冲不对称产生的不利影响都较小，PWM 波形接近正弦波。当信号波频率增高时，载波比 N 减小，一个周期内的脉冲数减少，PWM 脉冲不对称的影响就变大，有时信号波的微小变化还会产生 PWM 脉冲的跳动。这就使输出 PWM 波和正弦波的差异变大。对于三相 PWM 型逆变电路来说，三相输出的对称性也变差。因此，在采用异步调制方式时，希望采用较高的载波频率，以使信号波频率较高时仍能保持较大的载波比。

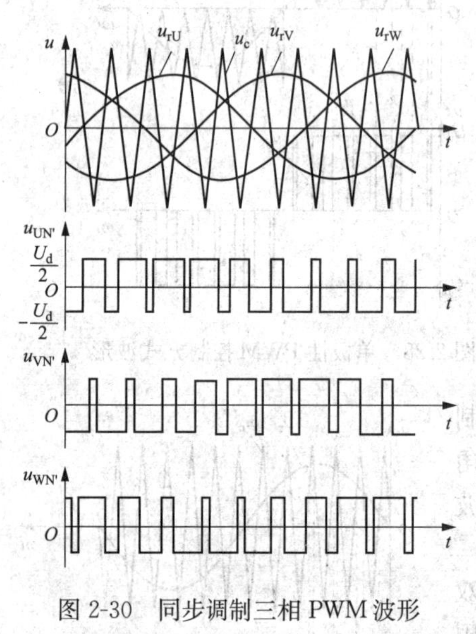

图 2-30 同步调制三相 PWM 波形

载波比 N 等于常数，并在变频时使载波和信号波保持同步的方式称为同步调制。在基本同步调制方式中，信号波频率变化时载波比 N 不变，信号波一个周期内输出的脉冲数是固定的，脉冲相位也是固定的。在三相 PWM 逆变电路中，通常共用一个三角波载波，且取载波比 N 为 3 的整数倍，以使三相输出波形严格对称。同时为了使一相的 PWM 波正负半周相对称，N 应取奇数，如图 2-30 所示。

当逆变电路输出频率很低时，同步调制时的载波频率 f_c 也很低。f_c 过低时由调制带来的谐波不易滤除。当负载为电动机时也会带来较大的转矩脉动和噪声。若逆变电路输出频率很高，同步调制时的载波频率 f_c 会过高，使开关器件难以承受。

为了克服上述缺点，可以采用分段同步调制的方法。即把逆变电路的输出频率范围划分为若干频段，每个频段内都保持载波比 N 恒定，不同频段的载波比不同。在输出频率高的频段采用较低的载波比，可使载波频率不致过高，将其限制在功率开关器件允许的范围内。在输出频率低的频段采用较高的载波比，可使载波频率不致过低而对负载产生不利影响。各频段的载波比取 3 的整数倍为宜。

六、变换电路控制技术

电力电子变换器是电力系统的关键设备。除了保证电力的高效率输送，还需要对变换器的内部变量进行有效控制，以保证安全运行和输出的灵活性。几乎所有的电力电子变换器均需要某种形式的控制，以实现某种工作目标。

不同类型的变换器，其作用不同，控制方法也具有多样性。例如，开关电源中的直流-直流变换器需要对触发信号占空比进行控制，以确保不同负载的供电电压需求。新能源发电并网逆变器必须输出电网期许的交流电流，从而表现为一个受控电流源。有源滤波器必须输出特定频谱的电流和电压，以抵消电网中各类谐波的影响。

图 2-31 为电力电子变换器的通用控制框架。在一般情况下，控制算法的输出量是随变换器功能需要而改变的占空比信号。占空比信号需要采用调制手段来进一步驱动电力电子开关器件。因此，可以采用的调制方法的类型有很多，常用的有脉冲宽度调制、Σ-Δ 调制（模拟或数字调制）以及空间矢量调制（SVM）。除此之外，还可以采用滞环调制或定时调制等。

然而，有些控制方法会直接输出两种状态的控制信号，如滑模控制，因此图 2-31 并非是完全通用的控制框架。为了在重要扰动条件下获得零稳态误差的输出量，一般需要在外控制环路中加入积分控制。

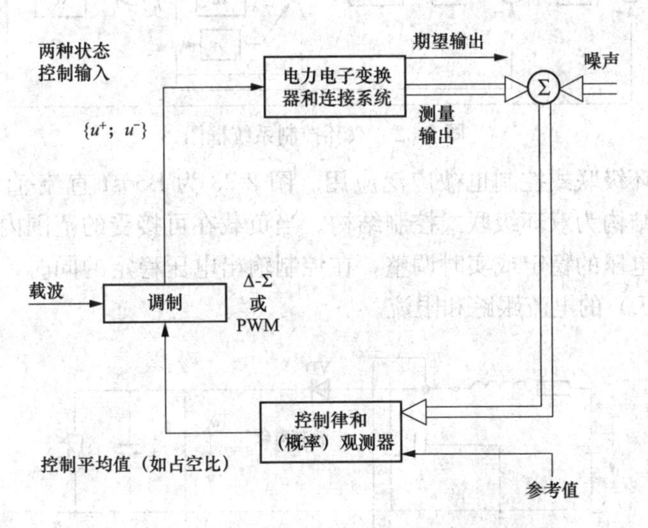

图 2-31　电力电子变换器的通用控制框架

在电力电子变换器中，通常会使用到一些无源元件，如电容、电感等。这些无源元件不仅可用于高频滤波，还可用作控制环节，因为增加无源惯性环节可使得被控对象的可控性增强。但在功率不平衡的情况下，惯性元件的存在会引起某些电气量的变化，如电容的直流电压可能会上升到危险的等级。因此，需确保电力电子变换器各部分的功率保持平衡，可通过控制造成功率不平衡的敏感变量到典型工作点上运行来实现。

（一）双环控制

双环控制通常指内外环控制，如内环控制速度，外环控制位移；或者内环控制电流，外环控制电压等，内外环控制通常能够改善系统的动态特性。电压外环、电流内环的双环控制通过采样滤波电感电流 i_L 或滤波电容电流 i_C 和滤波电容电压 u_C，用外环电压误差的控制信号去控制电流，通过调节电流使输出电压跟踪参考电压值。电流内环能够扩大逆变器控制系统的带宽，使得逆变器动态响应加快，输出电压的谐波含量减小。电压电流双环控制是高性能逆变电源的发展方向之一。

选择滤波电容电流 i_C 作为内环反馈可以使 i_C 被瞬时控制，从而使得输出电压 u_C 因 i_C 的微分作用而提前得到矫正，逆变器具有较强的带负载能力，因而选择 i_C 作为内环反馈在电压型逆变器中应用比较广泛。但是，这种方式无法对逆变器进行限流保护。由于对逆变器的过电流保护必须限制输出滤波电感的电流，因此，选择电感电流 i_L 作为内环反馈。但是，由于 i_L 为 i_C 和负载扰动之和，内环在抑制 i_C 变化的同时也抑制了输出电流 i_o 的突变，因此抗输出扰动性能比较差。为改善抗负载扰动性能，电流内环采用电感电流瞬时反馈和负载扰动前馈补偿相结合的控制策略。

单相逆变器双环控制系统框图如图 2-32 所示。电压外环采用 PI 调节器，使得输出电压波形瞬时跟踪给定值；电流内环也采用 PI 调节器跟踪给定电流，电流调节器的比例环节用来增加逆变器的阻尼系数，使整个系统工作稳定，并且具有很强的鲁棒性。

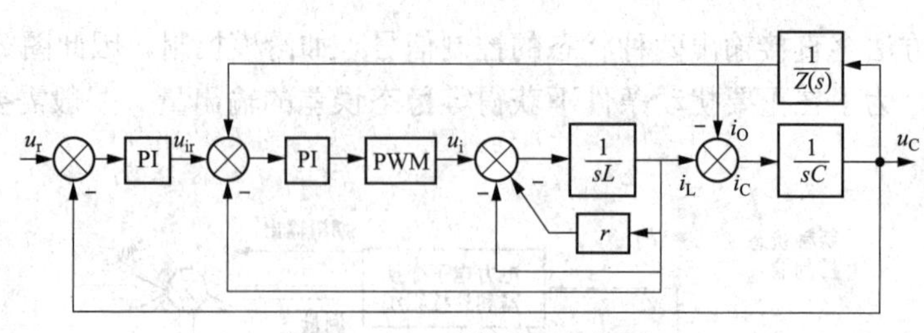

图 2-32 双环控制系统框图

除此之外，双环级联式控制也被广泛应用。图 2-33 为 Boost 直流-直流变换电路的典型控制结构图，所示结构为双环级联式控制结构。当负载在可接受的范围内变化时，需通过控制结构来实现输出电压的稳定或实时调整，在控制输出电压稳定的同时，还能进一步确保对非线性元件（电感 L）的电流跟踪和限流。

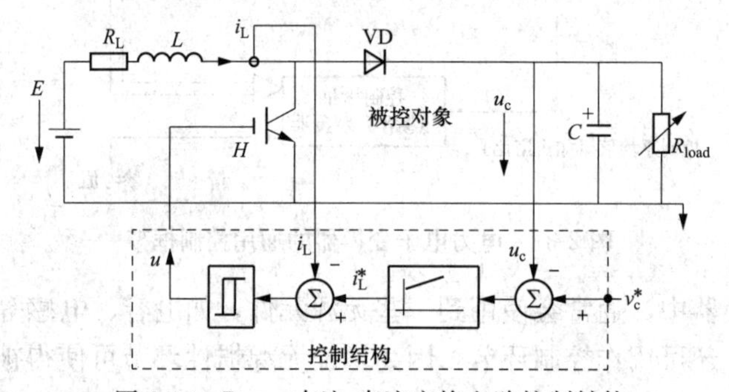

图 2-33 Boost 直流-直流变换电路控制结构

（二）滞环控制

滞环控制是不断用电流的指令值 i^* 与实际值 i 作差，然后用该差值与设定的误差值 V_i 做比较，若差值比 V_i 的值大，则通过控制开关管的通断，使 i 的值减小。反之，若电流的差值小于 $-V_i$ 的值，则通过控制开关管的通断，使得电流 i 的值增大，实现电流跟踪控制。其中的 $2V_i$ 就称为滞环控制策略的环宽。

滞环控制原理如图 2-34 所示，首先采集直流侧电压的实际值，然后与直流侧电压的指令值作差，并经低通滤波器。在后半部分，经过第一个 PI 控制器调节出来的值作为交流电流的幅值，该值乘以单位正弦就可作为交流电流的指令值，将指令值与电流的实际值作比较，然后经过滞环调节，使交流电流的实际值跟随指令值变化。因此，滞环控制的控制策略中只有一个 PI 调节器，调试比较容易。但是，该种控制方式的环宽不容易设置，如果环的宽度过大，虽然开关频率低，但是跟踪误差比较大。反之，如果环的宽度比较小，则会使开关器件的开关频繁，甚至会损坏整流系统中的开关器件。

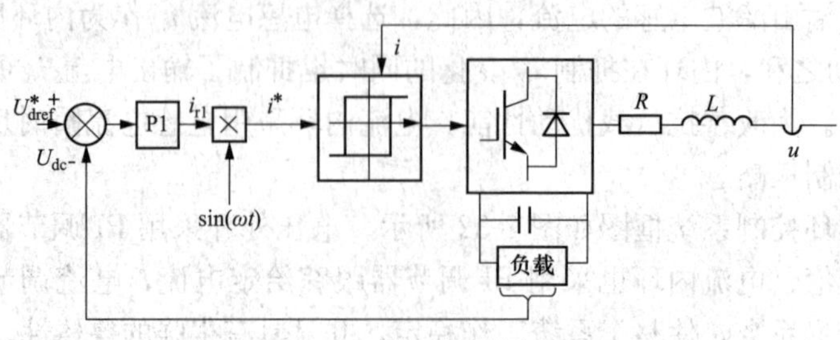

图 2-34 滞环控制原理图

（三）滑模控制

由于电力电子变换器的本质为一个变结构系统，因此滑模控制也是一种被广泛使用的控制方法。

滑模控制（Sliding Mode Control，SMC）也称变结构控制，本质上是一类特殊的非线性控制，且非线性表现为控制的不连续性。这种控制策略与其他控制的不同之处在于系统的“结构”并不固定，而是可以在动态过程中，根据系统当前的状态（如偏差及其各阶导数等）有目的地不断变化，迫使系统按照预定滑动模态的状态轨迹运动。由于滑动模态可以进行设计且与对象参数及扰动无关，这就使得滑模控制具有快速响应、对应参数变化及扰动不灵敏、无需系统在线辨识、物理实现简单等优点。

滑模变结构控制的原理是根据系统所期望的动态特性来设计系统的切换超平面，通过滑动模态控制器使系统状态从超平面之外向切换超平面收束。系统一旦到达切换超平面，控制作用将保证系统沿切换超平面到达系统原点，这一沿切换超平面向原点滑动的过程称为滑模控制。由于系统的特性和参数只取决于设计的切换超平面而与外界干扰没有关系，所以滑模变结构控制具有很强的鲁棒性。超平面的设计方法有极点配置设计法、特征向量配置设计法、最优化设计方法等。所设计的切换超平面需满足达到条件，即系统在滑模平面后将保持在该平面的条件。控制器的设计有固定顺序控制器设计、自由顺序控制器设计和最终滑动控制器设计等设计方法。

在普通的滑模控制中，通常选择一个线性的滑动超平面，使系统到达滑动模态后，跟踪误差渐进地收敛为零，并且收敛的速度可以通过选择滑模面参数矩阵来调节。但理论上讲，无论如何，状态跟踪误差都不会在有限的时间内收敛为零。

终端滑模控制是通过设计一种动态非线性滑模面方程实现的，即在保证滑模控制稳定性的基础上，使系统状态在指定的有限时间内达到对期望状态的完全跟踪。但该控制方法由于非线性函数的引入使得控制器在实际工程中实现困难，而且如果参数选取不当，还会出现奇异问题。对一个二阶系统给出了相应的终端滑模面，由于滑模面的导数是不连续的，因此不适用于高阶系统。

（四）其他控制

图 2-35 为一种新能源并网逆变器的控制结构图。并网逆变器的控制目标是保证并网电压趋于恒定，即控制直流母线电压 u_c 恒定。因此，图 2-35 中的外环控制回路主要用于调节直流母线电压，可通过向电网中注入对应的电流来实现。在这种情况下，控制变量进一步转化为并网滤波电感中的电流，从而间接控制了直流母线电压。外环直流电压为并网电流控制的参考值，内环控制可进一步确保实际并网电流的跟随参考值，从而达到保持电路输入输出功率平衡的目的。同时，对于电感电流与直流电容电压的控制可进一步确保并网逆变器的工作安全性。这种控制结构的另一个优点为通过改变注入电流和电网电压之间的相位差来实现无功功率的注入，从而增加了应用的灵活性。

电力电子变换器的控制方法多种多样，标准控制仍然以经典的 PID 控制为主，控制器参数基于变换器线性化单输入单输出平均模型进行整定。采用嵌套或级联的控制环结构也被广泛使用。这种结构能够支持输出电路的调节与跟踪，还可以保证内部电气量不超出正常工作所允许的安全裕度。

对于三相交流-直流变换器或直流-交流变换器，通常采用旋转 dq 坐标系的方法来线性化平均建模并完成控制。

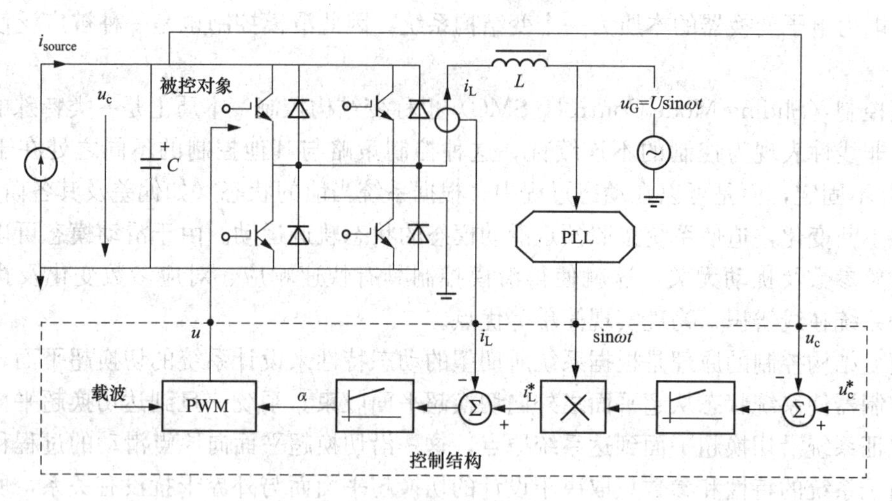

图 2-35　一种新能源并网逆变器的控制结构

第三节　多电平变换电路及其控制

多电平变换电路的基本思想是用多个电平台阶合成阶梯波来逼近正弦输出信号。增加输出电压的电平数可以使得合成的阶梯波更加逼近于正弦，具有更好的谐波频谱，每个开关器件所承受的电压应力也大大减小，无需额外增加均压电路，可避免 du/dt 过大而带来的各种问题。因此，多电平变换器被称为无谐波变换器，应用领域很广泛。

从理论上说，可以设计任意 n 电平的多电平变换器，但在实际应用中，受到硬件成本和控制复杂性等条件的制约，并不一味地追求过高的电平数，以三电平和五电平的应用最为广泛。根据多电平变换电路的主拓扑不同，它可简单分为二极管钳位（Diode-clamped）、悬浮电容钳位（Flying-capacitor-clamped）、独立直流源钳位的级联结构（Separate DC Sources Clamped Cascaded Converter）和模块化多电平结构（modular multilevel converter，MMC）等。

一、二极管钳位多电平变换电路

图 2-36 为五电平变换器单相桥的拓扑结构。假设电平数为 m，则直流分压电容为 $(m-1)$ 个串联，每个桥臂上的主开关器件为 $2(m-1)$ 个串联，每个桥臂上的钳位二极管数量为 $(m-1)(m-2)$ 个，每 $(m-1)$ 个钳位二极管串联后跨接在正负半桥臂对应的开关器件之间进行钳位。二极管钳位多电平变换电路也可构成三相结构，其控制原理与单相相同。若采用两组相同的多电平三相变换器背靠背连接，可实现多电平变换器的四象限可逆运行。

二极管钳位多电平变换电路的优点为：①电平数越多，输出电压的谐波含量越少；②同时具有多重化和脉宽调制的优点，即输出功率大、器件开关频率低、开关损耗小、效率高；③交流侧不需要变压器连接，动态响应好；④可控制无功功率的流向，背靠背连接系统的控制简单，易于功率的双向流动。

缺点主要有：①需要大量的钳位二极管，提高了电路的成本与接线的复杂性。②开关器件的导通负荷不一致。越靠近母线的开关器件导通时间越短，导致开关器件的电流等级不同。若按照导通负荷最严重的情况设计器件的电流等级，则每相中外层器件的电流等级就会被设计得过大，造成浪费。③采用单个变换器难以实现有功功率流的控制。④存在电容电压不平衡问题，增加了控制的复杂度和难度。

二、悬浮电容钳位多电平变换电路

若将二极管钳位多电平变换器中的钳位二极管用悬浮电容来代替，便构成了悬浮电容钳位多电平变换器。因为这两种多电平变换器的结构相近，所以它们的工作原理也很相似。图 2-37 为悬浮电容钳位五电平变换器的单相桥臂结构。当悬浮电容钳位多电平电路可扩展至三相 m 电平时，每相所需的开关器件与二极管钳位型相同，为 $2(m-1)$ 个，直流分压电容为（$m-1$）个。每相的悬浮钳位电容数量为$(m-1)(m-2)/2$ 个。

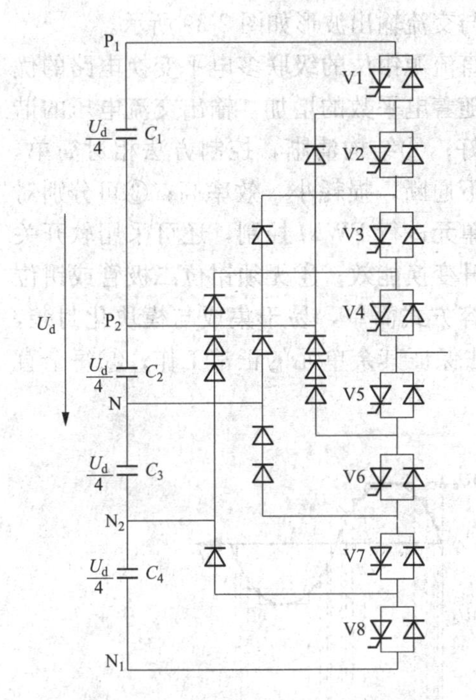

图 2-36　二极管钳位五电平变换器单相桥的拓扑结构

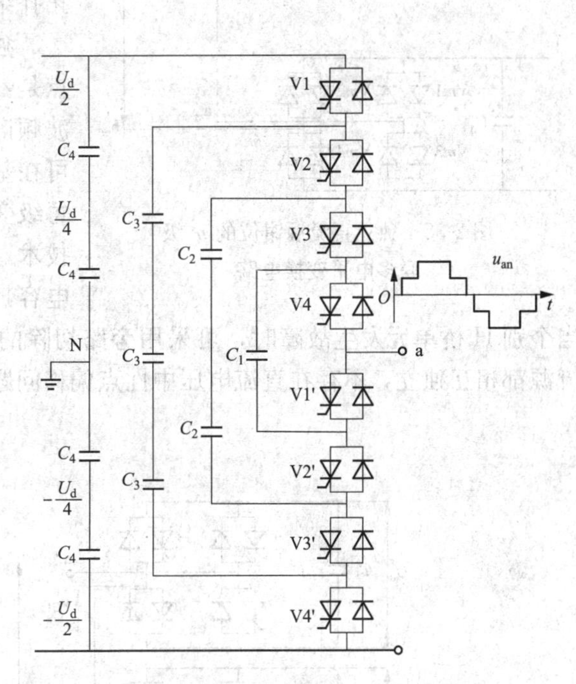

图 2-37　悬浮电容钳位五电平变换器的单相桥臂结构

对比二极管钳位多电平变换电路，悬浮电容钳位多电平变换电路的电平合成灵活度更高。对于相同电平数的输出电压波形，可以由多个不同的开关组合得到。这种开关组合的可选择性为电容电压的均衡控制创造了条件，增加了有功功率变换的可能性。

同时，悬浮电容钳位多电平变换电路继承了二极管钳位多电平变换电路的诸多优点，如输出谐波含量随电平数的增加而减少，单个开关器件承受的电压应力下降，具有多重化和脉宽调制的优点，交流侧无需变压器连接，动态响应好，传输带宽较大等。除此之外，还具有了一些新的优点，如更加灵活的电压合成方式，无功和有功功率流的可控，灵活的电压合成方式等。但这种多电平电路也有一定的局限性和缺点：①需要大量的钳位电容。虽然省去了大量的二极管，但引入了很多电容。而对于高压系统来说，电容的体积更大、成本更高、封装难度更复杂。②有功功率控制复杂度高，开关频率高、损耗大。③确保电容充放电平衡的开关组合控制复杂度高，开关频率与损耗也较大。④与二极管钳位多电平变换电路类似，悬浮电容钳位多电平变换电路也存在导通负荷不一致的问题。

三、独立直流源钳位的级联多电平变换电路

级联多电平变换器的单相电路拓扑如图 2-38 所示，由 m 个单相 H 桥级联而成，每个 H 桥由独立的直流源供电，交流侧电压依次串联起来。与前两种类型的多电平变换电路相比，这种变换电路不再需要大量的钳位二极管或钳位电容，但需要多个独立的直流电源。

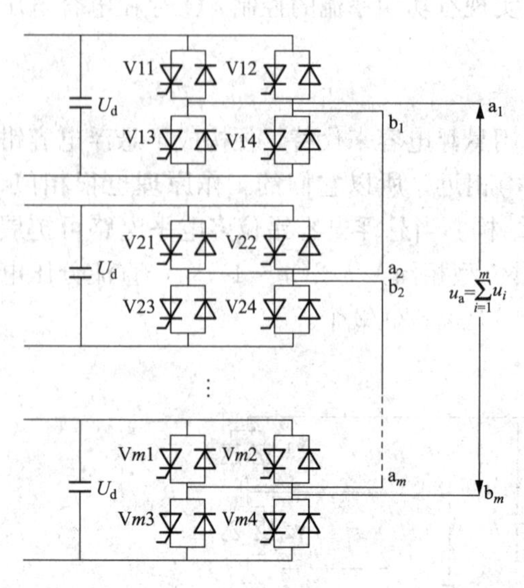

图 2-38　独立直流源钳位的 m 级联多电平变换电路

当 $m=4$ 时，可得到 4 级多电平变换器，其拓扑结构与交流输出波形如图 2-39 所示。

独立直流源钳位的级联多电平变换电路的优点是：①随着电平数的增加，输出交流电压的谐波频谱越好；②结构清晰，控制方法相对简单，可在基频下通断，损耗小，效率高；③可分别对每级变换单元进行 PWM 控制，还可采用软开关技术，提升变换能效；④无须钳位二极管或钳位电容，扩容方式简单，易于集成与模块化封装，当个别 H 桥单元发生故障时，可采用旁路切除的方法保证其余单元的正常工作；⑤每个直流源都相互独立，不存在直流电压中性点偏移问题。

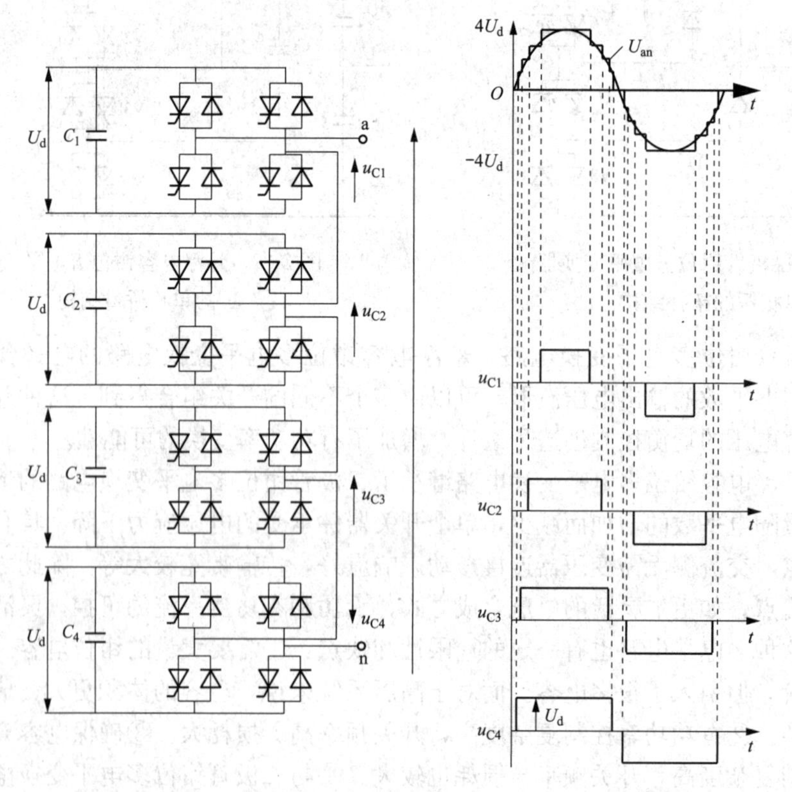

图 2-39　独立直流源钳位的 4 级多电平变换电路和交流电压波形

这种拓扑也存在一些缺点，主要表现为：①每个 H 桥单元都需要一个直流电源进行供电，随着电平数的增加，直流电源的个数也将增加；②使用的功率器件数量较多，成本投入较高，装置体积大；③无法应用于需要能量回馈和四象限运行的场合。

四、模块化多电平结构变换电路

模块化多电平结构变换电路，简称 MMC 变换电路，最早由 R. Marquardt（雷纳・马奈特）教授提出。MMC 变换电路采用模块化设计，通过控制上、下桥臂导通的子模块个数可以使交流输出电压波形逼近正弦波。图 2-40 所示为三相 MMC 变换电路的主电路结构，共有 6 个桥臂，每个桥臂均包含 1 个电感元件 L_{arm} 和 1 个级联子模块（Sub-Module，SM），每相上、下两个桥臂合称为一个单元。每个桥臂上的电感元件作为连接电感的一部分，不仅可以抑制由子模块中电容电压波动而引起的相间环流，还可以抑制直流母线发生短路故障时的冲击电流。除此之外，通过调整每个桥臂中级联子模块的数量可以实现扩容，从而缩短了工程建设的周期。

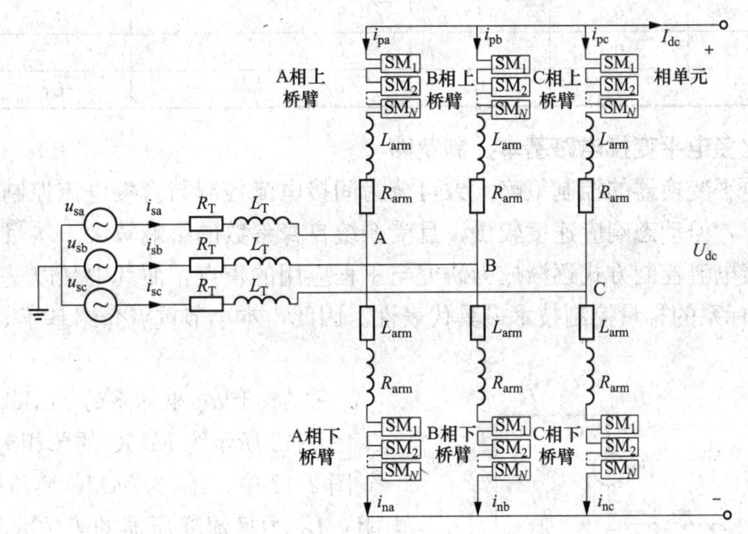

图 2-40　三相 MMC 变换电路的主电路结构

随着 MMC 变换器的工程化探索和应用，多种类型的子模块拓扑相继被提出与研究，如半桥子模块（Half-Bridge Sub-Module，HBSM）、全桥子模块（Full-Bridge Sub-Module，FBSM）、双钳位子模块（Clamp-Double Sub-Module，CDSM）、单钳位子模块（Clamp-Single Sub-Module，CSSM）、改进复合子模块（Improved Hybrid Sub-Module，IHSM）和串联双子模块（Series-Connected Double Sub-Module，SDSM）等。本小节以全桥子模块为例，对其开关状态进行具体分析。

图 2-41 为全桥子模块的拓扑结构图，包括 4 个 IGBT（V1～V4）、4 个反并联二极管 VD1～VD4 和一个电容 C。

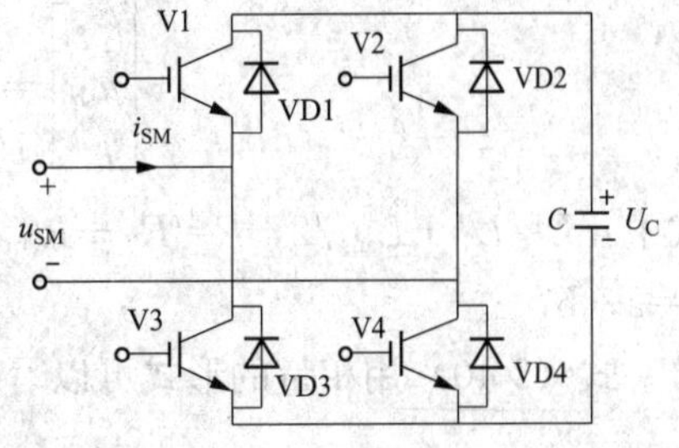

图 2-41　全桥子模块的拓扑结构

在稳态运行条件下，当 V1、V4 导通时，子模块输出电压为电容电压 U_C；V2、V3 导通时，子模块输出为 $-U_C$。当 V1、V2 或 V3、V4 导通时，子模块输出电压为 0。然而，为了能够使得 IGBT 的开关频率与损耗尽量平均，当全桥子模块需要输出 0 电平时，不同导通组别的 IGBT，即 V1 和 V2 或 V3 和 V4，需要轮换往复导通。表 2-2 为子模块的所有工作状态，定义电流从模块正端口流入为电流的正方向。

表 2-2 全桥子模块的开关工作状态

工作模式	V1	V2	V3	V4	i_{SM}	u_{SM}	工作状态
正常运行	1	0	0	1	+	U_C	正向投入
	1	0	0	1	−	U_C	正向投入
	0	1	1	0	+	$-U_C$	负向投入
	0	1	1	0	−	$-U_C$	负向投入
	1	1	0	0	+	0	切除
	1	1	0	0	−	0	切除
	0	0	1	1	+	0	切除
	0	0	1	1	−	0	切除
直流故障	0	0	0	0	+	U_C	闭锁
	0	0	0	0	−	$-U_C$	闭锁

五、模块化多电平变换电路基本控制策略

模块化多电平变换器的控制策略大致可分为间接电流控制与直接电流控制两种。间接电流控制比较简单，但动态响应速度较慢，且受系统自身参数的影响较大。从目前主流的发展趋势来看，直接电流控制方式逐渐成为研究与工程应用的重点，而其中又以基于同步旋转坐标系，即 dq 坐标系的相量控制技术最具代表性。因此，本小节重点介绍基于 dq 坐标系的控制策略。

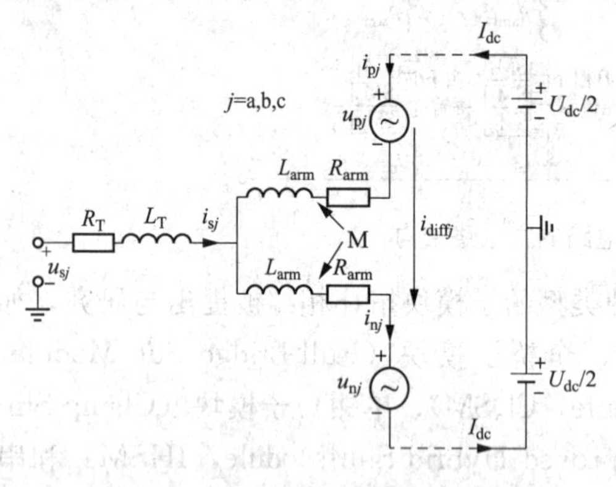

图 2-42 MMC 的单相等效电路模型

（一）基于 dq 坐标系的 MMC 控制模型

图 2-42 所示为 MMC 的单相等效电路模型。

图 2-42 中，R_T 为 MMC 换流变压器的等效电阻，L_T 为换流变压器的等效漏感。i_{pj} 和 i_{nj} 分别为三相中某一相 MMC 上、下桥臂的电流。同理，u_{pj} 和 u_{nj} 分别为某一相 MMC 上、下桥臂的级联子模块输出电压之和。u_{sj} 和 i_{sj} 分别为交流侧系统的电压和电流。L_{arm}、R_{arm} 分别为桥臂电抗器的等效电感和电阻。由此可得到三相静止坐标系下的交流侧动态微分方程为

$$\begin{bmatrix} u_{sa} \\ u_{sb} \\ u_{sc} \end{bmatrix} = L\frac{\mathrm{d}}{\mathrm{d}t}\begin{bmatrix} i_{sa} \\ i_{sb} \\ i_{sc} \end{bmatrix} + R\begin{bmatrix} i_{sa} \\ i_{sb} \\ i_{sc} \end{bmatrix} + \begin{bmatrix} u_{ca} \\ u_{cb} \\ u_{cc} \end{bmatrix} \tag{2-40}$$

式中：$L=L_T+L_{arm}/2$，$R=R_T+R_{arm}/2$；u_{cj} 为换流器的输出电压，即桥臂虚短点 M 的电压，j=a，b，c。

式（2-40）用相量的形式可以写成

$$\boldsymbol{u}_{sabc} = L\frac{\mathrm{d}\boldsymbol{i}_{sabc}}{\mathrm{d}t} + R\boldsymbol{i}_{sabc} + \boldsymbol{u}_{cabc} \tag{2-41}$$

$$\boldsymbol{u}_{\mathrm{cabc}}=\frac{MU_{\mathrm{dc}}}{2}\begin{bmatrix}\sin(\omega t+\delta)\\ \sin(\omega t+\delta-120°)\\ \sin(\omega t+\delta+120°)\end{bmatrix} \tag{2-42}$$

式中：M 为调制比；δ 为移相角。

通过整理可得

$$\frac{\mathrm{d}\boldsymbol{i}_{\mathrm{sabc}}}{\mathrm{d}t}=\frac{1}{L}(\boldsymbol{u}_{\mathrm{sabc}}-R\boldsymbol{i}_{\mathrm{sabc}}-\boldsymbol{u}_{\mathrm{cabc}}) \tag{2-43}$$

将式（2-43）采用派克变换变换至 $dq0$ 坐标系下，为

$$\frac{\mathrm{d}\boldsymbol{i}_{\mathrm{sdq0}}}{\mathrm{d}t}=\frac{1}{L}(\boldsymbol{u}_{\mathrm{sdq0}}-R\boldsymbol{i}_{\mathrm{sdq0}}-\boldsymbol{u}_{\mathrm{cdq0}})-\boldsymbol{P}\frac{\mathrm{d}\boldsymbol{P}^{-1}}{\mathrm{d}t}\boldsymbol{i}_{\mathrm{sdq0}} \tag{2-44}$$

式中：$\boldsymbol{P}$ 为派克变换矩阵，$\boldsymbol{P}^{-1}$ 为其逆矩阵，它们分别为

$$\boldsymbol{P}=\frac{2}{3}\begin{bmatrix}\cos\alpha & \cos(\alpha-2\pi/3) & \cos(\alpha+2\pi/3)\\ \sin\alpha & \sin(\alpha-2\pi/3) & \sin(\alpha+2\pi/3)\\ 1/2 & 1/2 & 1/2\end{bmatrix} \tag{2-45}$$

$$\boldsymbol{P}^{-1}=\begin{bmatrix}\cos\alpha & \sin\alpha & 1\\ \cos(\alpha-2\pi/3) & \sin(\alpha-2\pi/3) & 1\\ \cos(\alpha+2\pi/3) & \sin(\alpha+2\pi/3) & 1\end{bmatrix} \tag{2-46}$$

式中：$\alpha=\omega t$。

因此，式（2-44）可进一步表示为

$$\frac{\mathrm{d}}{\mathrm{d}t}\begin{bmatrix}i_{\mathrm{sd}}\\ i_{\mathrm{sq}}\\ i_{\mathrm{s0}}\end{bmatrix}=\frac{1}{L}\begin{bmatrix}u_{\mathrm{sd}}\\ u_{\mathrm{sq}}\\ u_{\mathrm{s0}}\end{bmatrix}-\frac{R}{L}\begin{bmatrix}i_{\mathrm{sd}}\\ i_{\mathrm{sq}}\\ i_{\mathrm{s0}}\end{bmatrix}-\frac{1}{L}\begin{bmatrix}u_{\mathrm{cd}}\\ u_{\mathrm{cq}}\\ u_{\mathrm{c0}}\end{bmatrix}-\begin{bmatrix}0 & \boldsymbol{\omega} & 0\\ -\omega & 0 & 0\\ 0 & 0 & 0\end{bmatrix}\begin{bmatrix}i_{\mathrm{sd}}\\ i_{\mathrm{sq}}\\ i_{\mathrm{s0}}\end{bmatrix} \tag{2-47}$$

在稳态情况下可以忽略零轴分量，则式（2-47）可表示为

$$\begin{cases}L\dfrac{\mathrm{d}i_{\mathrm{sd}}}{\mathrm{d}t}=u_{\mathrm{sd}}-Ri_{\mathrm{sd}}-u_{\mathrm{cd}}-\omega Li_{\mathrm{sq}}\\ L\dfrac{\mathrm{d}i_{\mathrm{sq}}}{\mathrm{d}t}=u_{\mathrm{sq}}-Ri_{\mathrm{sq}}-u_{\mathrm{cq}}+\omega Li_{\mathrm{sd}}\end{cases} \tag{2-48}$$

由式（2-43）可知，式（2-48）中 $u_{\mathrm{cd}}=\dfrac{MU_{\mathrm{dc}}}{2}\cos\delta$，$u_{\mathrm{cq}}=\dfrac{MU_{\mathrm{dc}}}{2}\sin\delta$。

根据瞬时无功功率理论，可得到 abc 三相静止坐标系下的交流系统所注入的有功功率 P_{s} 和无功功率 Q_{s} 为

$$\begin{cases}P_{\mathrm{s}}=u_{\mathrm{sa}}i_{\mathrm{a}}+u_{\mathrm{sb}}i_{\mathrm{b}}+u_{\mathrm{sc}}i_{\mathrm{c}}\\ Q_{\mathrm{s}}=[(u_{\mathrm{sa}}-u_{\mathrm{sb}})i_{\mathrm{c}}+(u_{\mathrm{sb}}-u_{\mathrm{sc}})i_{\mathrm{a}}+(u_{\mathrm{sc}}-u_{\mathrm{sa}})i_{\mathrm{b}}]/\sqrt{3}\end{cases} \tag{2-49}$$

同样，通过坐标变换可以得到 dq0 坐标系下的 P_{s} 和 Q_{s} 为

$$\begin{cases}P_{\mathrm{s}}=\dfrac{3}{2}(u_{\mathrm{sd}}i_{\mathrm{d}}+u_{\mathrm{sq}}i_{\mathrm{q}})\\ Q_{\mathrm{s}}=\dfrac{3}{2}(u_{\mathrm{sd}}i_{\mathrm{q}}-u_{\mathrm{sq}}i_{\mathrm{d}})\end{cases} \tag{2-50}$$

令 d 轴为电网电压相量的基准轴，即 $u_{\mathrm{sd}}=U_{\mathrm{s}}$，$u_{\mathrm{sq}}=0$，则式（2-50）可以表示为

$$\begin{cases} P_s = \dfrac{3}{2}u_{sd}i_d \\ Q_s = \dfrac{3}{2}u_{sd}i_q \end{cases} \tag{2-51}$$

由式（2-51）可知，在 $dq0$ 坐标轴下，有功功率 P_s 仅由 d 轴电流 i_d 决定，无功功率 Q_s 仅由 q 轴电流 i_q 决定。因此，可通过控制 i_d 和 i_q 来分别实现对交流系统与变换器间所交换的有功功率和无功功率的解耦控制。

（二）基于 dq 坐标系的解耦控制器设计

由前面的分析已得到基于 dq 坐标系的 MMC 控制模型，为了实现有功功率与无功功率的解耦控制，可采用增加前馈补偿耦合项 ωLi_{sd} 和 ωLi_{sq} 的方法来对 i_{sd} 与 i_{sq} 进行 d、q 轴分量的解耦。定义两个新的变量 u_d 和 u_q，即

$$\begin{cases} u_d = u_{sd} - u_{cd} - \omega Li_{sq} \\ u_q = u_{sq} - u_{cq} + \omega Li_{sd} \end{cases} \tag{2-52}$$

同时，还有

$$\begin{cases} u_d = Ri_{sd} + L\dfrac{di_{sd}}{dt} \\ u_q = Ri_{sq} + L\dfrac{di_{sq}}{dt} \end{cases} \tag{2-53}$$

通过式（2-53）可得到在 d 轴和 q 轴上的两个独立的一阶模型，即两个独立的电流控制回路。通过前馈补偿电压平衡方程式中的耦合项 ωLi_{sd} 和 ωLi_{sq}，即可解耦控制 u_{cd} 和 u_{cq}。图 2-43 为采用比例积分（PI）控制方法的双闭环解耦控制器，其中外环控制功率，内环控制电流。

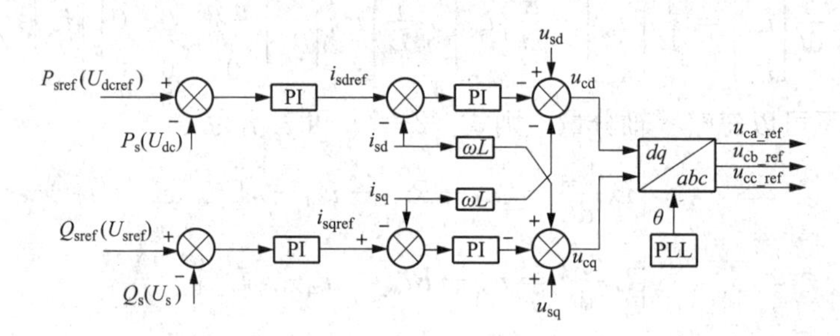

图 2-43 基于 dq 坐标系的双闭环解耦控制器结构示意图

当交流系统发生不对称故障时，MMC 变换器的交流侧将会产生负序电流分量，从而引起传输功率发生波动，并使得直流侧产生大量的谐波，影响系统的正常工作。因此，在交流系统不对称的情况下，为了抑制变换器的负序电流和功率波动，一般还需附加负序的 dq 解耦控制策略，这里不再详细介绍。

第四节 电力电子变换电路的基本应用

一、电力电子变换电路对电力系统的影响

电力系统主要分为三个领域，即发电领域、输配电领域及用电领域，电力电子变换技术的发展对电力系统的各个环节都有着极为深远的影响。

（一）发电领域

新时期发电领域的变革主要体现在新型发电机的应用和新能源的转化上。随着电力电子变换技术的发展，人类对于自然界各种形式能源的利用达到了前所未有的高度，太阳能、风能、潮汐能、地热能、波浪能、生物质能等都可以经过转化而得到电能。由于上述各类能源转化为电能的方式不同，当将其送入电网时，必须应用电力电子变换技术对其进行并网指标的调整与控制，以满足用户的用电需求。

然而，大部分可再生能源都有一个共同的缺点，即能量来源不稳定，且受外界自然环境的影响较大。无论是风力发电还是光伏发电，若将这些能源所转化的电能直接大规模接入电网，将会对电网产生诸多不利甚至是恶化用电质量的影响。因此，在接入电网之前，需要加装电力电子变换装置（通常采用整流-并网逆变型背靠背装置）与储能系统来抑制可再生能源发电的输出功率波动，改善并网的电能质量。

可再生能源的开发与利用，不仅实现了人类生产力的快速发展，还拓宽了电网的能源接入形式。由此而发展起来的分布式储能系统、微电网系统不但缓解了高能耗地区的生产用电，还提高了电网的可靠性和用电的就地灵活性，减轻了电力调度的负担。

（二）输配电领域

在输电领域，随着电力电子变换技术的发展，越来越多的灵活有效的输电形式正在大量涌现，并逐渐进入人们的视野。新型的高压直流输电系统与传统的交流输电系统相比，具有一系列的优点，如造价费用更低，线路上无感抗和容抗，不存在无功损耗等，更加适合远距离的电能输送。

然而，高压直流输电系统需要额外增加由电力电子变换装置构成的换流站，以便在发电侧将交流变换为直流，在负载侧将直流变换为交流。近年来，在全控型大功率电力电子器件的发展和推动下，新一代直流输电技术，即柔性直流输电（HVDC Light，或称为轻型直流输电）也得到了快速发展，它主要采用由 GTO、IGBT 或 IGCT 等全控型功率器件构成的电压源型换流站，并采用 PWM 控制技术来实现电能的变换和输送。

相较于新型的高压直流输电系统，传统的交流输电系统也由于电力电子器件及其变换技术的发展而逐步更新换代，有源滤波技术、静止无功补偿技术等使得交流输电系统的可控性与输送容量极大增加。20 世纪 80 年代，关于静止无功补偿器（SVC）、晶闸管控制串联电容补偿器（TCSC）、静止同步补偿器、静止同步串联补偿器及统一潮流控制器（UPFC）等柔性交流输电技术（FACTS）的提出，极大地推动了电力电子变换技术在交流输电系统中的应用。现今还有诸多 FACTS 装置正处于研发或应用探索的阶段，如晶闸管控制制动电阻、晶闸管控制移相器、超导储能装置等。

在配电领域，大量的电力电子装置提高了电网的电能质量，具有代表性的如动态电压恢复器、有源电力滤波器（Active Power Filter，APF）、统一电能质量调节器（Unified Power Quality Conditioner，UPQC）等。这些电力电子变换装置的应用显著改变了电力系统的运行方式，具有深远的意义。通过控制这些电力电子装置可以提高电力系统的运行稳定水平，优化系统各线路的潮流大小与流向，降低了线路损耗，提高电能的输送效率，改善电能质量。

近年来，采用电力电子变换技术的一种新型变压器被广泛研究，这种变压器通常被称为电力电子变压器或固态变压器。它与传统变压器的不同之处在于：它是一种将电力电子变换技术和基于电磁感应原理的电能变换技术相结合，而实现将一种电力特征的电能，如电压或电流的幅值、频率、相位、相数、相序等，变换为另一种电力特征的电力装置。与常规的铁心绕线式变压器相比，电力电子变压器具有体积小、质量小、功率密度高、无环境污染等优点。在运行时，电力电子变压器可以保证二次侧的电压幅值恒定，不随负载值的变化而变化。同时，还可以保证一次侧的功率因数可调，使一、二次侧的电压和电流均具有高度的可控性。除此之外，它还兼有断路器的功能，当发生故障时，电力电子器件可以瞬时切断故障电流，无须像常规变压器一样配置复杂继电保护装置及其控制单元，既可以实现变压器本身的自检测、自诊断、自保护、自恢复等功能，又可以实现变压器状态或控制的联网和通信。因此，电力电子变压器已经不完全属于传统“变压器”的概念，它的核心主要体现在电力电子变换技术。它在完成变压、隔离、能量传送等功能的同时，也可以辅助完成潮流控制或电能质量调节等功能。

（三）用电领域

用电负载是工业生产和居民生活中直接提高产能与生活质量的设备或装置。例如，照明设备、动力设备、加热设备、电镀设备等均是常用的用电负载。而电动机是冶金、建工、交通运输及家用电器等领域最重要的动力来源。各种类型的电动机占据了全部用电设备总功率的70%左右。

众所周知，电动机一般为感性负载。而LED灯、电池、计算机等多类型用电负载均需要采用整流技术将交流电变换为直流电以供其使用。大量不可控整流、开关电源及感性负载的接入使得大量谐波注入电网中，对电网的其他用电设备的稳定工作产生了严重的电磁干扰。为了减少乃至消除用电负载接入电网后对电网带来的不利影响，功率因数校正电路和PWM整流变换电路被广泛应用于负载侧。同时，功率因数校正和PWM整流省去了烦琐的多重变压器，并且因为输入波形近似正弦且与电网波形同相而具有较高的功率因数。除此以外，谐波失真小、体积小、功率密度高、输出电压稳定等也是电力电子变换电路在用电侧的突出优势。

可以预见的是，未来家用电器等用电负载接入电网之前均需配备功率因数校正电路，以提高负载侧功率因数，消除由于用电侧谐波注入而带来的不利影响。

电力电子变换技术在电力系统中的应用已经日趋普遍，后续几个章节还将会对高压直流输电系统的换流器、无功补偿装置、有源滤波器等进行具体分析，本节则简要介绍其他电力电子变换电路的基本应用。

二、DC-DC+DC-AC组合变换电路及应用

（一）电路结构

图2-44是DC-DC+DC-AC组合变换电路拓扑图，第一级的DC-DC部分主要用于控制输出电压的大小，实现宽输入、高增益、高效率的目标。DC-DC电路主要分为Buck电路和Boost电路，并且可以组合成两象限和四象限H桥复合型直流-直流变换电路。四象限H桥型复合电路使变换器输出电压、电流可正、可负，它对具有反电动势的负载，如直流电机供电时，可以实现负载（电机）的四象限运行，电机的转速和电磁力矩的大小、方向均可通过改变H桥变换器中四个开关器件的通、断状态予以调控，使直流电机可在转矩、转速四个象限区域运行，实现直流电源和电机（原动机或机械负载）之间的能量双向流动。

第二级的DC-AC部分是电压型单相全桥逆变电路，其中全控型开关器件V1、V3同时通、断；V2、V4同时通、断。V1（V3）与V2（V4）的驱动信号互补，即V1、V3有驱动

信号时，V2、V4无驱动信号，反之亦然。V1、V3和V2、V4周期性地改变通、断状态，其主要目的是将系统的直流电转换为交流电，由第一级的DC-DC部分的直流电输出作为第二级的输入，再由第二级输出交流电。交流输出电压基波频率和幅值都应能调节控制，输出电压中除基波成分外，还可能含有一定频率和幅值的谐波。谐波可通过滤波器消除，从而改善输出电流的电能质量。

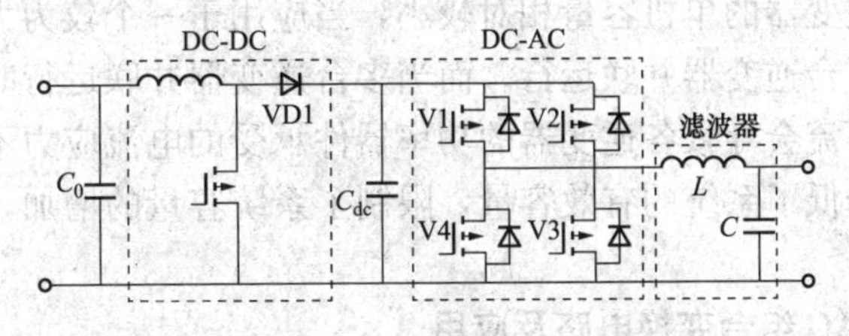

图2-44　DC-DC+DC-AC组合变换电路拓扑图

（二）基本应用

DC-DC+DC-AC组合变换电路主要应用于大中型分布式光伏电站。由组合变换电路实现的逆变器称为组串式逆变器。组串式逆变器通常由DC-DC升压变换器、直流支撑电容、逆变电路和滤波器等组成，图2-45是其并网系统的拓扑结构图。第一级的DC-DC部分主要用于控制光伏组串输出电压的大小，从而对光伏组串进行最大功率点跟踪。对于并联在逆变器直流侧的光伏组串，组串式逆变器一般能保证1～2串光伏组件拥有一路最大功率点跟踪（Maximum Power Point Tracking，MPPT）跟踪电路，这样便能使系统直流侧光伏组件的一致性和匹配性大大提高。第二级的逆变电路和滤波器则主要是将系统的直流电转换为交流电，同时滤除谐波，改善输出电流的电能质量。由于LCL型滤波器对高频谐波的抑制能力强并且受并网阻抗的影响较小，因此组串式逆变器一般采用LCL型滤波器。

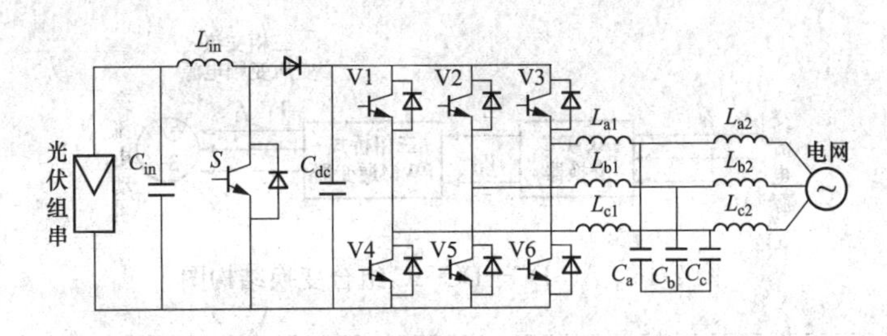

图2-45　组串式逆变器拓扑结构

组串式逆变器的主要优点有：

（1）组串式逆变器拥有多路MPPT跟踪电路，可以使每个光伏组串工作在最大功率点，从而减少因光伏组串间不匹配导致的发电损失。

（2）组串式逆变器一般采用模块化设计，结构简单、小巧轻便，可简化安装和调试过程，降低了施工工艺难度。

（3）光伏组串能直接连接到逆变器，省去了汇流箱和直流柜，减少了直流回路线损，也提高了系统可靠性。

（4）组串式逆变器的维修较为方便，当出现故障时，可以先直接更换发生故障的逆变器，之后再对故障逆变器进行检修，从而避免了设备故障期间的发电量损失。

当然，组串式逆变器也存在一些缺点，主要有：

（1）逆变器所需电子元器件较多，而且功率器件和信号电路布置在同一块电路板上，这使得设计和制造难度加大，可靠性也有所降低。

（2）组串式光伏发电系统经过滤波器后直接并入电网，没有经过隔离变压器环节，易形成共模漏电流，电气安全性稍差。

（3）由于组串式逆变器的单机容量相对较小，当应用于一个较为大型的光伏电站时，往往需要几十台甚至上百台逆变器并联运行。而当多台逆变器并联运行时。势必会在系统内部产生一定的环流。而环流会导致各逆变器的功率器件承受的电流应力不均衡，降低其使用寿命，并在一定程度上降低了系统的有效容量，限制了系统容量的增加，还造成了电路额外的损耗。

三、AC-DC+DC-AC 组合变换电路及应用

（一）电路结构

如图 2-46 和图 2-47 所示，AC-DC+DC-AC 组合变换电路中，交流电源供电时采用 AC-DC、DC-AC 两级变换电路，实现具有中间直流环节的 AC-DC-AC 变换，得到变频、变压交流电源，图 2-47 中第一级 AC-DC 整流变换电路是三相桥式不控整流电路，三相交流电压 u_A、u_B、u_C 相差 120°，VD1、VD3、VD5 三个二极管共阴极，VD2、VD4、VD6 共阳极。第一级一般选用不控整流电路或相控整流电路，少数要求特性优良的应用中已开始采用高频整流电路。今后随着大功率半导体全控型开关器件价格的降低和集成电路、数字信号处理器（DSP）等的发展，高频整流将会得到广泛应用。

第二级是电压型三相桥式逆变电路，同一桥臂上、下两个开关管互补通断，如上管 V1 导通时，下管 V2 截止；V2 导通时，V1 截止，A、B、C 三点也是根据上、下管导通情况决定其电位。第二级逆变电路现在大都采用全控型开关管 PWM 逆变器。

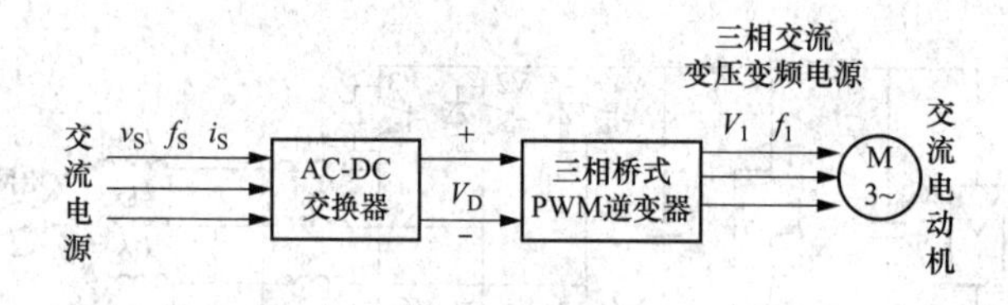

图 2-46 AC-DC+DC-AC 组合变换结构图

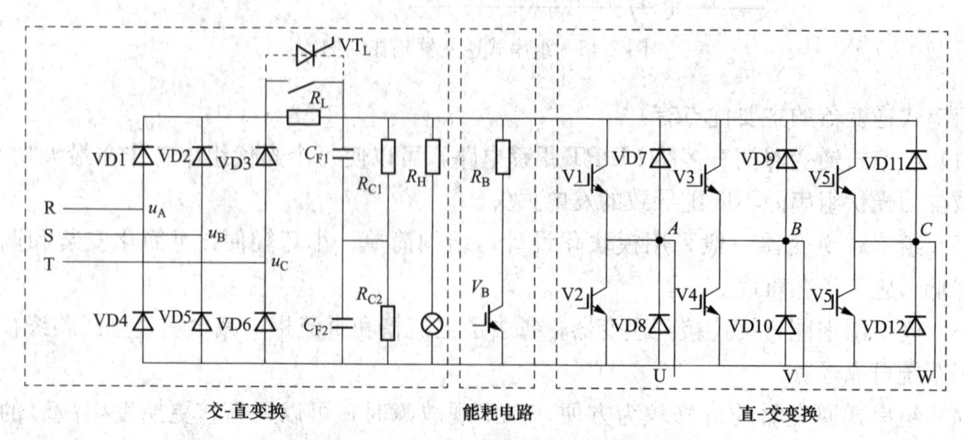

图 2-47 AC-DC+DC-AC 组合变换主电路

(二) 基本应用

1. 风电领域

(1) 早期异步电机发电并网系统。AC-DC-AC 并网逆变系统在初期的时候应用晶闸管通过相控的方法进行整流，如图 2-48 所示。整流的部分应用半控器件晶闸管进行相位控制，且要增加功率补偿电路进行调节。随着电力电子技术的日益发展，PWM 整流成为更好的整流方法，逐渐替换了相控方式的整流，能有效地减少谐波损耗，改善发电机组的传输功率，基本的控制策略如下：当风速满足机组发电的最大功率要求时，控制电路通过相关的控制来达到最大的风能功率捕捉，就是对风能最大化地利用；而当实际的风速比较大，已经大于机组所需的额定风速时，应该降低叶尖速比 C_p 的值，以便风电机组及逆变系统不会过载工作，确保风电系统在恒功率范围内工作。

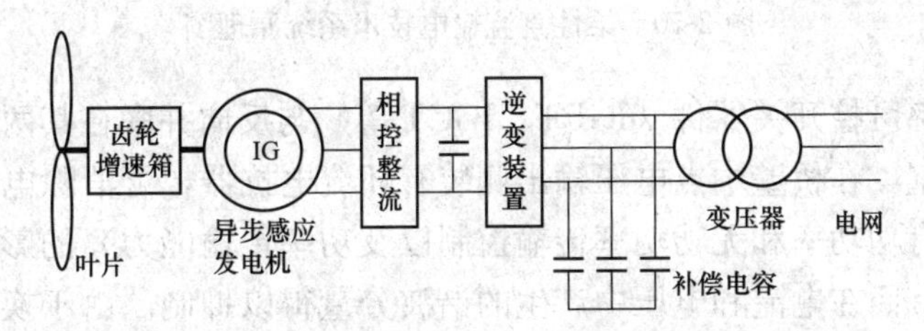

图 2-48　异步电机发电并网系统

AC-DC-AC 变换具有控制相对简单，正常的异步交流发电机便能满足；能够分别对有功分量、无功分量进行调节；能够适应电网小范围波动等优点。但也存在整流器的容量范围及逆变器的容量范围要与风电机组的功率大小相适应；大容量的变流装置花费比较高；逆变系统中的电感、电容等参数值要求较大等缺点。考虑到以上的优势和劣势，AC-DC-AC 型并网发电在 10～200kW 系统时具有较大的应用空间，但对达到兆瓦级的大功率系统并不适用。

(2) 变速恒频同步电机发电并网系统。在直驱同步风电并网系统中，永磁同步发电机具有非常多的转子极对数，足以达到转子所需要的转速需求，因而叶片可以直接与发电机进行连接，完全不需要齿轮增速箱来增速。因为转子的转速与电网频率有着硬性连接的关系，但是风能有很大的突变性，所以通过对风力发电系统安装变流装置来保证发电机组可在不同的转速下转动，如图 2-49 所示。

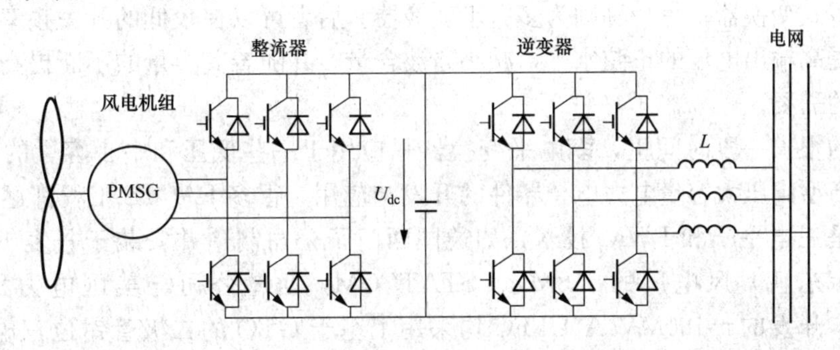

图 2-49　同步电机发电并网系统

2. 直流输电领域

高压直流输电（HVDC）是由发电厂产生交流电，经整流器变换成直流电输送至受电端，然后使用逆变器将直流电转换为交流电传输到接收端交流电网的一种减少电能损耗的传输方法。高压直流输电线路具有投资少、系统稳定、调节速度快、可靠性高等优点。

柔性直流输电技术采用大功率可控电力电子器件构成电压源换流器，利用PWM技术可以降低直流输电的经济应用功率范围，至几十兆瓦。柔性直流输电技术的原理如图2-50所示。

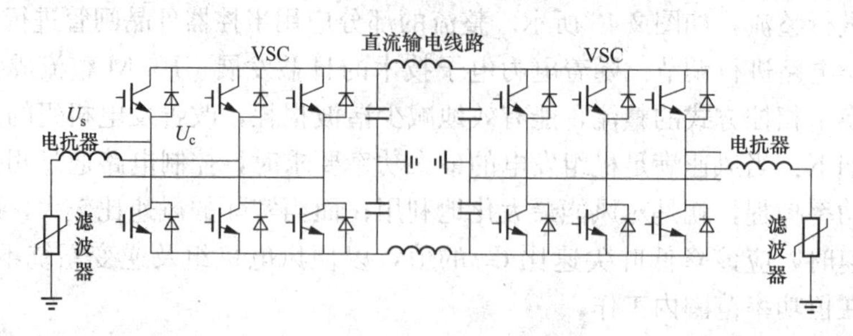

图2-50 柔性直流输电技术系统原理图

其中，由大功率可控开关器件（IGBT、IGCT等）与反向并联在其两端的二极管组成电压源型换流器的桥壁，在桥壁中点电压输出侧装有环流电抗器，可消除电流中谐波分量对换流器各项性能（如有功功率和无功功率传输控制以及功率传输能力）的影响；同时，可以使由于开关频率较高，而在电流和电压中产生的谐波分量得以抑制。由于换流器需要储能，因而在直流侧并有电容，作为储能元件，能够缓冲电压、电流突变对电路造成的损坏。由于电压源型直流输电系统采用PWM技术，该技术要求开关进行高频通断，因而，在输出的电压、电流中高频谐波分量高，低频谐波分量少。由于装有换流电抗器，其对于电流有滤波作用，能够滤除大部分谐波，使电流的谐波分量符合标准。相关文献中提到，由于电压中的高频谐波分量还存在，无法有效地滤除，因而需要在环流母线处安装交流滤波器，滤除电压中的高频谐波分量，使总的电压谐波畸变率达到相关的标准。

四、多电平变换和PWM技术在FACTS中的应用

目前，多电平变换器的主要应用领域为FACTS和高压大电机的变频调速。FACTS设备中有很大一部分是基于电压源型换流器（Voltage Source Converter，VSC）的，如静止同步补偿器（STATCOM）、静止同步串联补偿器（SSSC）、统一潮流控制器（UPFC）、线间潮流控制器（IPFC）、相间功率控制器（IPC）等。而VSC常用的拓扑分为两种，一种是传统的6脉波桥式变换器；另一种则为多电平变换器。后者可以在较低的开关频率下，通过增加电平数来提高输出电压的正弦水平，减小谐波含量，并随着其容量的不断提高，逐渐能满足电力系统的需要。

在过去的很长一段时间里，多电平变换器只应用于一些低压和中小容量的用户电力装置。而随着新型高压大容量电力电子器件的开发与应用，很多FACTS工程都逐渐采用了多电平（特别是三电平）和PWM技术，如德国西门子公司制造并安装于丹麦Rejsby Hede（雷斯比·赤东德）风电厂的±8Mvar STATCOM，西屋公司与美国电力科学研究院（EPRI）合作开发的±160MV A UPFC均采用了基于GTO的二极管钳位三电平变换器。ABB公司开发的一种静止同步补偿器（SVC Light）采用了基于IGBT的二极管钳位三电平变换器。阿尔斯通公司（ALSTOM）、英国国家电网公司（National Grid Company，NGC）合作研制的±75Mvar STATCOM的主电路采用了链式变换器。

采用PWM控制技术的原因主要是为了能灵活调节交流输出，减少低次谐波分量。但脉冲数越多，意味着开关损耗越大，控制也越复杂。因此，在实际工程中，必须进行综合的经济性比较，使得PWM控制技术所获得的好处大于开关损耗增加所带来的损失。目前，大容量FACTS控制器中所采用的PWM控制技术，其开关频率一般在数百至几千赫兹。如EPRI、ABB和美国电力公司（American Electric Power，AEP）合作开发并投运的±72MVA轻型直流输电系统用广义潮流控制器（HVDC Light/GPFC）采用了二极管钳位三电平逆变（NPC VSI）主电路结构和约1.5kHz的PWM控制技术。近年来，诸多研究机构通过采用零电流或零电压型软开关技术来减小谐振型PWM变换器的开关损耗，而这类技术在一些低功率应用中也日趋广泛。但由于设备的成本较高，还未有在高功率范围的应用。

综上可知，随着变换器电压和功率需求的提升，其开关频率呈现下降的趋势。相反，功率只有几十瓦的低压小功率PWM变换器，其内部电路的PWM控制频率可以达到几百千赫兹甚至更高。对于1MW的大功率变换器，如用户电力控制器，其频率为几千赫兹。当应用于大容量、高电压的FACTS控制器时，很多PWM控制脉冲采用额定频率，即最高不过一两千赫兹的工作频率，若频率再升高，则突出的开关损耗问题将使得应用可行性降低。

虽然理论上很容易实现多电平变换和PWM控制，但在综合考虑开通关断机理、各种损耗、电磁干扰（EMI）与辅助电路设计之后，将其应用于大功率、高电压的变换器时，将变得异常复杂。

第三章　发电系统中的电力电子技术

第一节　太阳能光伏发电系统

一、概述

（一）太阳能利用方式

随着经济和生产力的发展，世界各国对能源的需求日益增长，传统能源的消耗与日俱增，储量日益枯竭。开发和利用新能源，无论是从经济的可持续发展，还是从保护地球生态环境的角度来看，都具有重大意义。太阳能光伏发电过程中，光伏电池本身不发生化学反应，也没有机械损耗，因此太阳能发电日益受到人们的重视和发展。

目前，开发利用太阳能已成为世界上许多国家可持续发展的重要战略决策。根据欧洲联合研究中心（Joint Research Center，JRC）预测：预计到 2100 年，太阳能在整个能源结构中将占 68%的份额，能源结构相对现在来说将发生根本的改变。

太阳能的利用形式主要有以下三种：

1. 光-热转换

光-热转换是太阳能热利用的基本方式，它将储于水箱中的水利用太阳能进行加热，将产生的热能应用于工农业生产等各个领域。光热产品是直接把太阳能转换为热能的产品，其中具有代表性的太阳能热水器是太阳能热利用中商业化应用最为普遍的产品。

2. 光-化学转换

太阳能的光化学利用是指物质吸收太阳能，借助特定的光化学反应，把太阳能转化为电能、化学能或生物质能并储存。根据利用机理的不同，光-化学转换可分为光电化学作用、光分解反应、光合作用和光敏化学作用。太阳能分解水制氢技术是其中较有发展前景的关键技术之一。

3. 光-电转换

太阳能的光-电转换是利用光伏效应原理制成光伏电池，将太阳光能量直接转换成电能，主要有直接光发电（如光伏发电等），间接光发电（如光热动力发电、热光伏发电、光生物电池等）两种方式。光伏电池是太阳能光-电转换的主要利用形式，主要应用于独立光伏系统、并网光伏系统、光电光热结合系统、风光互补发电系统和专用系统中。

（二）光伏发电的优缺点

太阳能光伏发电的主要优点如下：

（1）结构简单，体积小，质量小。

（2）易安装，易运输，建设周期短，可靠性高，寿命长。太阳能光伏发电系统的建设周期短，而且发电组件的使用寿命长，发电方式比较灵活，发电系统的能量回收周期短。除了跟踪式外，太阳能光伏发电系统没有运动部件，因此不易损毁，安装相对容易，维护简单；使用方便，在－65～－50℃温度范围均可正常工作。

(3) 清洁能源，安全，无噪声，零排放。太阳能光伏发电不会产生废弃物，并且不会产生噪声、温室及有毒气体，是很理想的清洁能源。安装 1kW 光伏发电系统，每年可少排放 CO_2 600～2300kg、NO_x 16kg、SO_x 9kg 及其他微粒 0.6kg。

(4) 太阳能几乎无处不在，所以光伏发电应用范围广。太阳能光伏发电对于偏远无电地区尤其适用，而且可以减少长距离电网的建设和降低输电线路上的电能损失。

(5) 可以与蓄电池相配组成独立电源，也可以并网发电。

太阳能光伏发电虽然具有上述诸多优点，但是也有其缺点：

(1) 太阳能能量密度低，覆盖面积大。当大规模使用的时候，占用的面积会比较大，而且会受到太阳辐射强度的影响。

(2) 光伏发电具有间歇性和随机性。地理分布、季节变化、昼夜交替会严重影响其发电量，当没有太阳时，无法发电或发电量很小，这就会影响用电设备的正常使用。

(3) 太阳能光伏发电系统的建设成本比较高，使得初始投资高，制约了其广泛应用。

(三) 光伏发电发展现状

1. 各国普遍对光伏产业出台扶持政策

从可持续发展的角度，光伏产业具有天然优势。但光伏产业发展一直面临发电成本相对较高的问题，对政策的依赖性较强。世界各国对于光伏产业的支持政策包括固定价格收购制度、税收优惠政策等，或采用绿证制度通过市场竞价发放补贴、可再生能源配额制等。

2. 世界范围内光伏产业发展迅速

在各国政府的推动下，近年来太阳能开发利用规模快速扩大，技术进步和产业升级加快，成本显著降低，已成为全球能源转型的重要领域。

截至 2019 年 6 月底，全国光伏发电累计装机 18559 万 kW，同比增长 20%，新增 1140 万 kW。其中，集中式光伏发电装机 13058 万 kW，同比增长 16%，新增 682 万 kW，分布式光伏发电装机 5502 万 kW，同比增长 31%，新增 458 万 kW，成为全球增长速度最快的能源品种。

3. 2013 年以来我国光伏产业持续快速成长

我国光伏产业起步较西方国家略晚，早期以太阳能电池制造为主。从 2013 年开始，在我国政府和光伏企业的共同努力下，我国光伏产业迎来转机。凭借良好的产业配套优势、人力资源优势、成本优势以及国家的大力扶持政策，充分利用国内光伏市场崛起的机遇，通过自主创新与引进消化吸收再创新相结合，我国光伏产业逐步形成了具有我国自主特色的产业技术体系，逐步成为我国为数不多的具有国际竞争优势的战略性新兴产业。

从细分领域来看，我国电池片生产规模自 2007 年开始，已经连续 11 年居全球首位。组件方面，以 PERC 技术为代表的高效太阳能电池技术驱动平均转化效率持续提升，导致高效太阳能电池技术改造或扩产速度加快，高效太阳能电池生产线全球布局趋势明显；光伏市场方面，截至 2019 年 6 月底，我国光伏发电累计并网装机 18559 万 kW。2012 年以前，我国国内光伏市场未大规模启动，产品主要外销。2013 年国家相关部委相继出台文件大力鼓励后，光伏市场出现井喷式发展。

目前，我国光伏产品的国际市场不断拓展，在传统欧美市场与新兴市场中均占主导地位。我国光伏制造的大部分关键设备已实现本土化并逐步推行智能制造，在世界上处于领先水平。我国《太阳能发展"十三五"规划》中提出：实施太阳能产业升级计划"以推动我国太阳能产业化技术及装备升级为目标，推进全产业链的原辅材、产品制造技术、生产工艺及生产装备国产化水平提升。光伏发电重点支持 PERC 技术、N 型单晶等高效率晶体硅电池、新型薄膜电池的产业化以及关键设备研制；太阳能热发电重点突破高效率大容量高温储热、高能效太阳能聚集热等关键技术，研发高可靠性、全天发电的太阳能热发电系统集成技术及关键设备。”太阳能电池制造产业在政策和技术的双重推动下，将可持续发展。

4. 光伏发电平价上网趋势明显，将进一步加快光伏产业增长速度

随着光伏发电技术进步、产业升级、市场规模迅速扩大，光伏发电成本在全球范围内持续下降，2010～2015 年光伏发电成本降低了约 60%。随着光伏技术的不断进步，光伏发电成本正在迅速下降，2020 年左右光伏发电的价格将降低至火力发电的水平，在我国有望实现平价上网。平价上网的实现具有里程碑意义，将进一步加快光伏产业的发展速度。

二、光伏电池的基本特性和等效电路

（一）光生伏打效应

光伏发电的基本原理是基于半导体的光生伏打效应，将太阳能直接转化为电能。当太阳光照射同质半导体材料构成的 PN 结时，半导体中原子吸收光子能量而产生电子-空穴对。在势垒区内建电场的作用下，电子被推向 N 区，空穴被推向 P 区，这样 N 区带负电，P 区带正电，在 P 区和 N 区之间形成光生电动势，如图 3-1 所示。这就是光生伏打效应。如果光伏电池外接负载，则负载上就会有光生电流流过，光伏电池对负载输出功率。

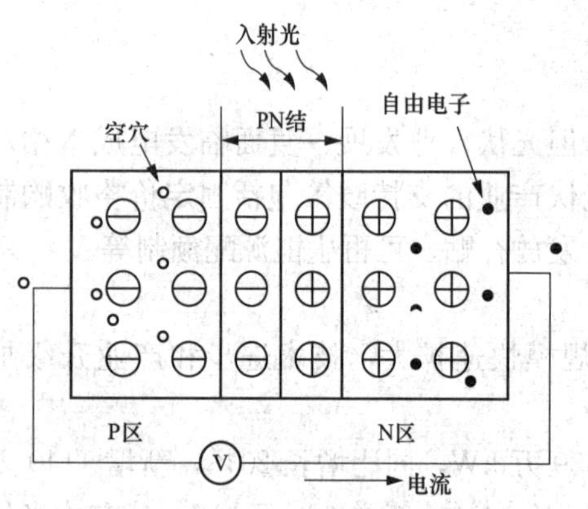

图 3-1 光生伏打效应原理图

（二）光伏电池的基本特性

光伏电池的典型输出特性曲线如图 3-2 所示。图 3-2（a）中，U_{OC}为开路电压，I_{SC}为短路电流，U_m 和 I_m 为光伏电池工作在最大输出功率点（Maximum Power Point，MPP）时的输出电压和输出电流。从图 3-2 中可以看出，在 MPP 的左侧，光伏电池有近似恒流源的特性；在 MPP 的右侧，光伏电池有近似恒压源的特性。通常情况下，U_{OC}、I_{SC}、U_m 和 I_m 可以通过查阅厂家产品手册获得。图 3-2（b）中 MPP 和图 3-2（a）中 MPP 相对应，当负载从 0 增加到 R_m 时，对应图中 MPP 点左侧曲线；当负载从 R_m 继续增加时，对应图中 MPP 点右侧曲线。

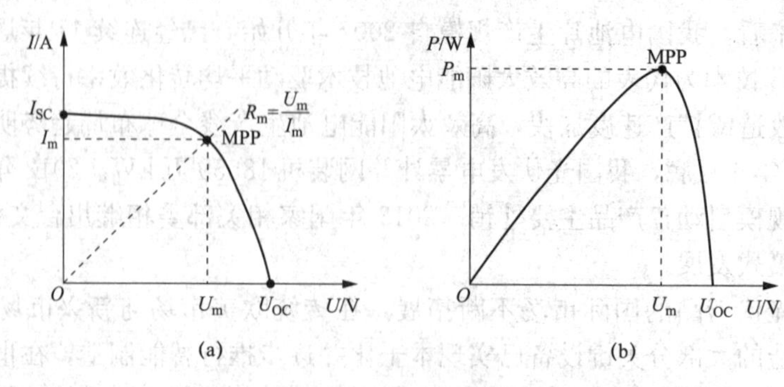

图 3-2 光伏电池的典型输出特性曲线

（a）典型 *I-U* 特性；（b）典型 *P-U* 特性

在光伏发电系统中，光伏电池的输出性能在很大程度上依赖于工作条件。研究表明，光伏电池的实际输出功率取决于光照强度、电池温度和负载阻抗。

1. 光照强度对光伏电池输出的影响

图 3-3 给出了相同温度不同光照强度下光伏电池的 I-U 特性和 P-U 特性。由图 3-3 可知，光照强度主要影响短路电流，对开路电压影响较小。随着光照强度的增加，光伏电池的短路电流增大，最大输出功率也增大；随着光照强度的减弱，光伏电池的短路电流减小，最大输出功率也减小。

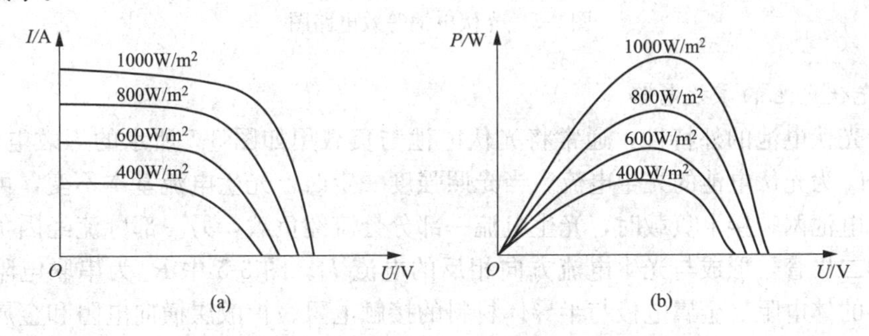

图 3-3　不同光照条件下光伏电池输出特性曲线

(a) 不同光照下 I-U 曲线；(b) 不同光照下 P-U 曲线

同时，由图可见在光照强度改变时，不仅开路电压变化很小，而且最大功率点对应的电压变化也很小。因此，可以近似认为在相同温度的情况下，不同光照强度下光伏电池最大功率点所对应的电压是恒定的。由此特性可得 MPP 的恒定电压法（CVT）。

2. 电池温度对光伏电池输出的影响

图 3-4 给出了相同光照强度不同电池温度下光伏电池的 I-U 特性和 P-U 特性。由图 3-4 可知，电池温度主要影响开路电压，对短路电流的影响较小。随着温度的升高，开路电压降低，最大输出功率也降低；随着温度的降低，开路电压升高，最大输出功率也升高。

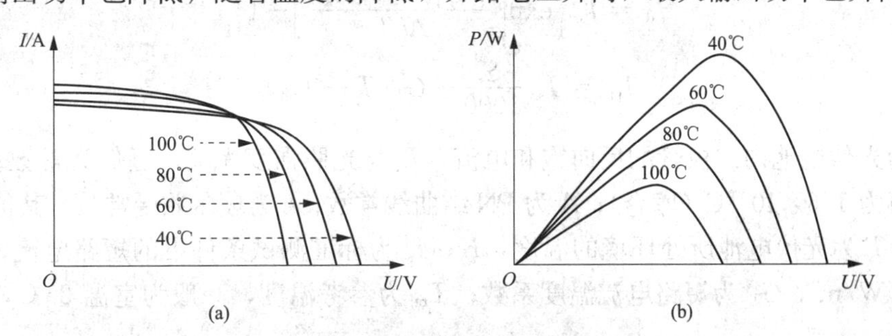

图 3-4　不同温度条件下光伏电池输出特性曲线

(a) 不同温度下 I-U 曲线；(b) 不同温度下 P-U 曲线

3. 负载阻抗对光伏电池输出的影响

在一定的光照强度和温度条件下，光伏电池的输出电压和输出电流之比即是负载阻抗。从 I-U 曲线不难看出，不同电压对应着不同的负载阻抗，并且输出电压和输出功率也有确定的关系。换言之，在一定的光照强度和温度的条件下，不同的负载阻抗对应不同的输出功率。在某一个负载阻抗点上，光伏电池对应的输出功率最大，则此工作点即为 MPP。所以，负载阻抗对光伏电池的输出功率有重要影响。

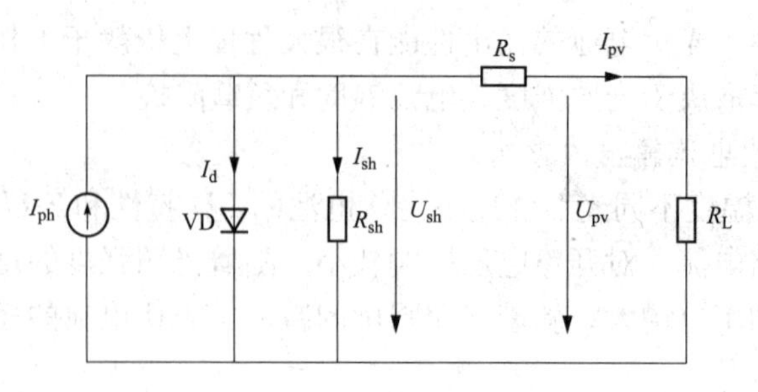

图 3-5　光伏电池等效电路图

（三）光伏电池的等效电路

为分析光伏电池的外特性，通常将光伏电池与负载用如图 3-5 所示的等效电路来描述。图 3-5 中，I_{ph}为光伏电池的光生电流。当光照强度一定时，光生电流基本不变，可看作电流源。当光伏电池两端接上负载时，光生电流一部分会流经负载，另一部分流经因负载电压而正向偏置的二极管，形成与光生电流方向相反的电流 I_d。图 3-5 中 R_s 为串联电阻，主要由半导体材料的体电阻、金属电极与半导体材料的接触电阻、扩散层横向电阻和金属电极本身的电阻组成。R_{sh}为并联电阻（又称为旁路电阻），主要由电池边缘和半导体晶体缺陷引起的漏电等原因产生。在实际的光伏电池中，一般等效电路的串联电阻比较小，大约在 $10^{-3}\Omega$ 至几 Ω 之间。而等效的并联电阻一般在 1kΩ 以上。

由等效电路可得流过的负载电流为

$$I_{pv} = I_{ph} - I_d - I_{sh} \tag{3-1}$$

$$U_{pv} = I_{sh}R_{sh} - I_{pv}R_s \tag{3-2}$$

式中：I_{sh}为 $R_L=0$ 时的短路电流；I_{pv}为光伏电池的输出电流；U_{pv}为光伏电池的输出端电压。

由半导体物理理论可得

$$I_d = I_{sr}\left\{\exp\left[\frac{q(U_{pv}+I_{pv}R_s)}{AkT}\right]-1\right\} \tag{3-3}$$

$$I_{ph} = I_{sc}\frac{S}{1000} + G_T(T-T_{ref}) \tag{3-4}$$

式中：I_{sr}为光伏电池内二极管的反向饱和电流，I_{sr}与光照强度无关，近似为常数；q 为电子电荷，其值为 1.6×10^{-9}C（库仑）；A 为 PN 结曲线常数；k 为玻尔兹曼常数，其值为 1.38×10^{-23}J/K；T 为光伏电池所处环境的温度，K；I_{sc}为标准测试条件下的短路电流；S 为实际日照强度，W/m^2；G_T 为短路电流温度系数；T_{ref}为参考温度，一般为室温 25℃，绝对温度为 298K。

由于 R_s 很小而 R_{sh}很大，在进行理想电路计算时可以忽略不计，即考虑 $R_s=0$，$R_{sh}=\infty$，从而可得理想光伏电池的特性，即

$$I_{pv} = I_{sc}\frac{S}{1000} + G_T(T-T_{ref}) - I_{sr}\left\{\exp\left[\frac{q(U_{pv}+I_{pv}R_s)}{AkT}\right]-1\right\} \tag{3-5}$$

三、光伏发电系统组成

光伏发电系统示意图如图 3-6 所示，它主要由光伏组件、蓄电池组（储能元件）和光伏系统用变换装置等组成。

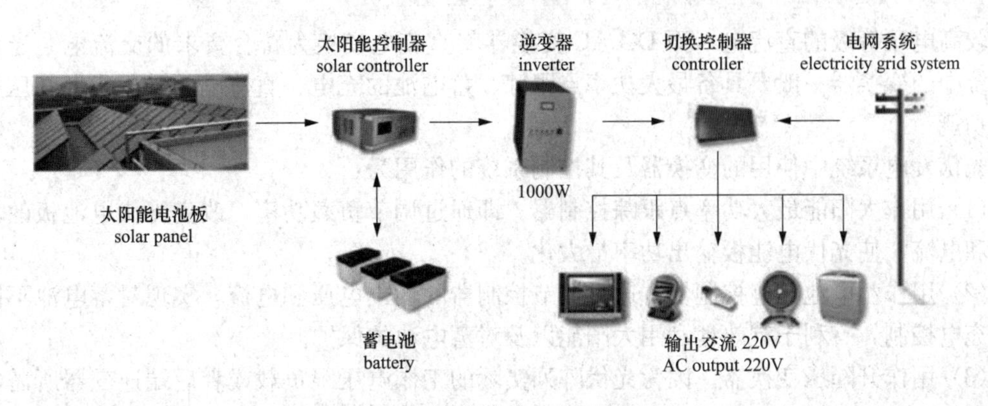

图 3-6　光伏发电系统示意图

（一）光伏电池阵列

单体光伏电池是实现光电转换的最基本单元，单体光伏电池容量很小，开路电压一般为零点几伏，光生电流仅几十 mA/cm^2，所以一般不能直接作为电源使用。实际使用中都是将几片、几十片单体光伏电池串、并联连接并封装起来构成光伏电池组件，其功率一般为几瓦到几百瓦。光伏电池组件可以作为电源单独使用的最小单元。

为了获得更大的功率，还可将若干光伏电池组件进行串并联，构成较大功率的供电装置，该供电装置称为光伏阵列。理想情况下，光伏电池组件串联，要求所串联组件具有相同的电流容量，串联后的阵列输出电压为各光伏电池组件输出电压之和，相同电流容量光伏电池串联后其阵列输出电流不变；光伏电池组件并联，要求所并联的所有光伏电池组件具有相同的输出电压等级，并联后的阵列输出的电流为各个光伏电池输出电流之和，而电压保持不变。

（二）蓄电池

在独立运行的光伏发电系统中，储能装置是必不可少的。因为光伏电池的输出功率随光照强度而变化，当夜间或阴雨天时，光伏电池的输出功率为零或很小，不能满足负载的要求；而当白天阳光充足的时候，光伏电池发出的电相对于负载可能是多余的。因此，需要一个储能装置，既可以作为太阳能不足时候的补充装置，又可以作为多余太阳能的存储装置。

现在可选的储能方法有很多，如电容器储能、飞轮储能、超导储能等，但从方便、可靠、价格等因素综合考虑，多数大中型光伏发电系统采用免维护式铅酸蓄电池作为储能元件。但铅酸蓄电池比较昂贵，初期投资能够占到整个发电系统的 15%～20%。而蓄电池又是整个系统中较薄弱的环节，其寿命一般为 6 年，光伏发电系统的运营时间如果为 20 年，则需要更换 3 次，更新成本约占后期运营成本的 77%，因此蓄电池所带来的更新费用对光伏系统的运行成本影响很大。

（三）光伏发电系统中使用的变换器

虽然光伏电池在太阳光的照射下可以直接将光能转化为电能，但是这种直接转化来的电能并不能满足各类负载的要求；而且，随着外部环境（光照强度、温度等）的变化，光伏电池的工作并不总处于最佳状态；此外，光伏电池输出的是电压较低的直流电，所以不能直接输送给电网。由于这几个方面的原因，光伏发电系统需要增加电力电子变换装置。光伏发电系统中的变换器有 DC-DC 和 DC-AC 两类。DC-DC 变换器将光伏电池输出的低电压直流电变换为较高电压等级的直流电；而DC-AC变换器将直流电变换为符合要求的交流电。光伏发电系统中的变换器一般要具备最大功率点跟踪、蓄电池的充电、直流电的升压或者降压及逆变等功能。

光伏发电系统中使用的变换器及其控制系统的作用为：

（1）用作太阳能最大功率点跟踪控制器。即通过调节负载功率，改变光伏电池板的输出电压和电流，使光伏电池板输出功率最大化。

（2）用作蓄电池充电控制器。通过调节控制器的输出电压和电流，实现对蓄电池不同策略的充电控制，有利于有效地利用太阳能以及对蓄电池的保护。

（3）用作升降压变换器。因为光伏阵列实际的工作电压跟负载或者后端逆变器所需电压不匹配，所以需要对光伏阵列的输出电压进行调节，或升或降，以满足负载的使用要求。

（4）用作逆变器。因为光伏电池发出来的电是直流电，如果光伏发电系统是并交流电网运行或者给交流负载供电，那么就需要逆变器进行直流-交流的变换。

四、光伏发电系统分类

光伏发电系统按照是否并网可分为独立光伏发电系统和并网光伏发电系统两类。

（一）独立光伏发电系统

独立光伏发电系统又称离网光伏发电系统，是指不与电网连接的光伏发电系统，主要应用于偏远地区。独立光伏发电系统的供电可靠性受气象、环境、负载等因素影响很大，供电的稳定性相对较差，因此独立光伏系统一般都需要加装储能装置。图3-7为独立光伏发电系统结构示意图，它有DC-DC和DC-AC两级变换的独立光伏发电系统。

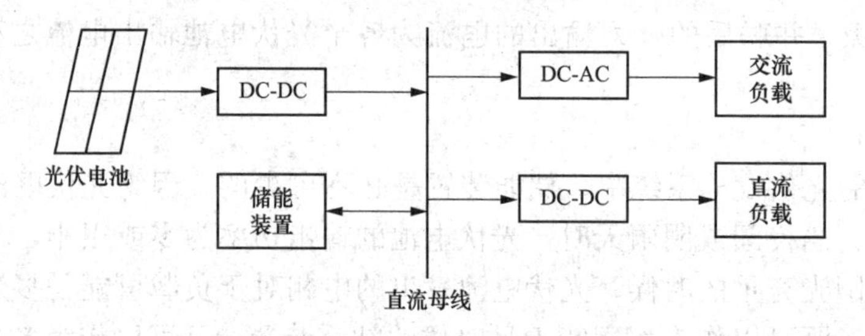

图3-7　独立光伏发电系统结构示意图

独立光伏发电系统的典型应用之一是户用光伏发电系统。户用独立光伏发电系统的容量一般为几十瓦到几千瓦，主要用于照明和小型家电、小型农用机械等，也可用于野外供电如通信塔、灯塔等。对供电能力和稳定性要求较高、供电功率较大的独立系统，通常都应在直流母线上挂有蓄电池，从而稳定供电电压，同时兼用于晚间和阴雨天气器件的供电。为提高供电可靠性和经济性，还可以将风力发电、柴油机发电与光伏发电联为一体，构成风、光、油混合的独立发电系统。

（二）并网光伏发电系统

并网光伏发电系统除了给本地负载供电外，还能将多余的电量输送给电网。同时，当光伏发电系统发电量不足时，电网也能向接入系统的负载供电。

光伏发电系统按照功率变换级数不同可分为单级式并网光伏发电系统和两级式并网光伏发电系统；按照是否具有电气隔离可分为隔离型并网光伏发电系统和非隔离型并网光伏发电系统。

1. 单级式并网发电系统

单级式并网发电系统结构只有一级功率变换装置——DC-AC 功率变换器，此时 DC-AC 功率变换器既需要实现最大功率点跟踪，还要实现并网控制、有功调节和无功补偿等控制功能，控制相对复杂。但单级式并网发电系统电路简单、器件少、系统损耗小，常用于大功率光伏并网发电系统。

（1）单级式非隔离并网发电系统。单级式非隔离并网发电系统如图 3-8 所示，光伏阵列经逆变器直接并网，不考虑电气隔离。这种结构省去了笨重的工频变压器，具有效率高、质量轻、结构简单、可靠性较高等优点。然而不考虑电气隔离的并网系统容易带来安全隐患，特别是电网电压会影响到光伏电池板的两极，从而威胁人身安全。此外，为了使直流侧电压达到直接能够逆变的电压等级，直流侧电压一般需大于 350V，即光伏阵列的开路电压至少为 440V。这对于光伏电池组件及整个系统的耐压绝缘都提出了较高的要求，并且容易造成漏电现象。因此，单级式非隔离并网发电系统很少应用在实际中。

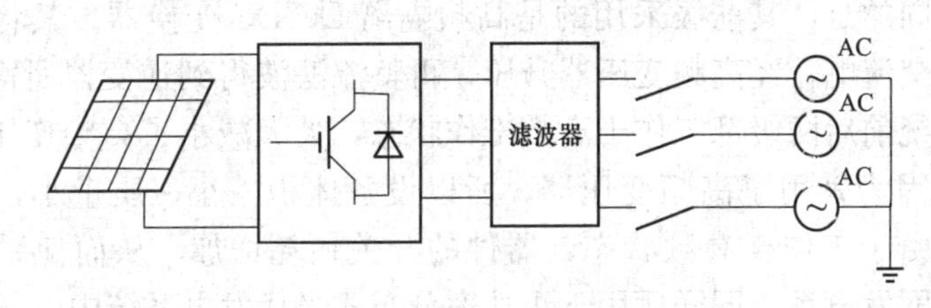

图 3-8　单级式非隔离并网发电系统

（2）单级式隔离并网发电系统。单级式隔离并网发电系统如图 3-9 所示，其使用工频变压器进行电压变换和电气隔离，从而避免了并网系统和地之间的漏电流，同时可以实现并网逆变器输出电压和电网电压的匹配。因此，单级式隔离并网发电系统具有安全性能良好、可靠性高、抗冲击性能好、结构简单等优点。然而工频变压器体积大、质量大，且存在变压器损耗，故该系统整体比较笨重，系统效率相对较低。

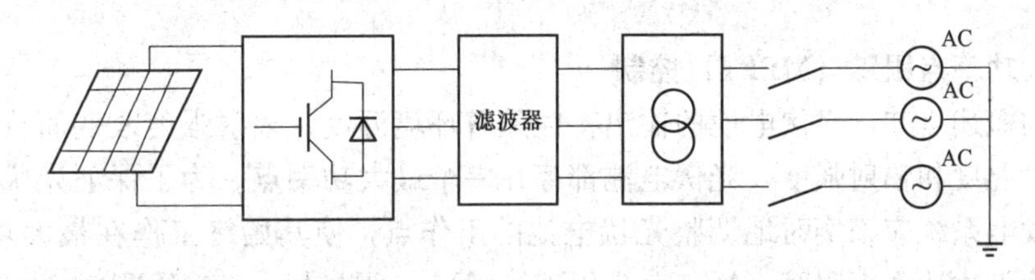

图 3-9　单级式隔离并网发电系统

2. 两级式并网发电系统

两级式并网发电系统结构包括 DC-DC 和 DC-AC 两级电力电子变换装置，其中 DC-DC 变换器实现直流电压和电流的大小变换，并实现最大功率点跟踪控制；DC-AC 变换器将直流电能逆变成交流电能并输送给电网，并实现有功调节、无功补偿等控制功能。这种控制方法相对较简单，但是因为增加了一级电力电子变换装置，其效率较单级式并网系统会低，多用于中小功率的场合。

（1）两级式非隔离并网发电系统。两级式非隔离并网发电系统如图 3-10 所示。前级采用非隔离的 DC-DC 变换器（较常用的是 Boost 变换器），实现升压变化和最大功率点跟踪控制；后级为DC-AC逆变器，主要将直流电逆变为需要的交流电。两级式非隔离并网发电系统结构简单、前后级的控制相对独立，由于没有笨重的工频变压器，其具有效率高、质量小等优点，在小功率分布式光伏发电系统中应用较广。由于没有电气隔离环节，因此该系统不宜在安全要求较高、需要电气隔离的场合使用。

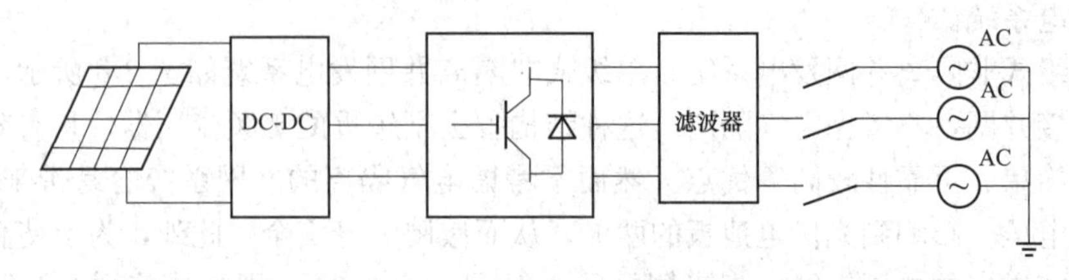

图3-10　两级式非隔离并网发电系统

（2）两级式隔离并网发电系统。两级式隔离并网发电系统如图3-11所示。与两级式非隔离并网发电系统不同的是，其前级采用的是高频隔离DC-DC变换器，其将光伏电池输出的直流电逆变成高频交流电，经高频变压器升压，再整流滤波得到逆变器所需的直流电。两级式隔离并网发电系统前后两级都工作于高频工作状态，大大减小了高频变压器的体积和输出的谐波电流。同时因为采用了高频变压器，所以设备体积减小、质量小，并实现了电气隔离。不过，也正是由于工作于高频状态，器件的开关损耗增加，从而使系统的效率有所降低。两级式隔离并网发电系统同样适用于小功率分布式光伏发电系统中。

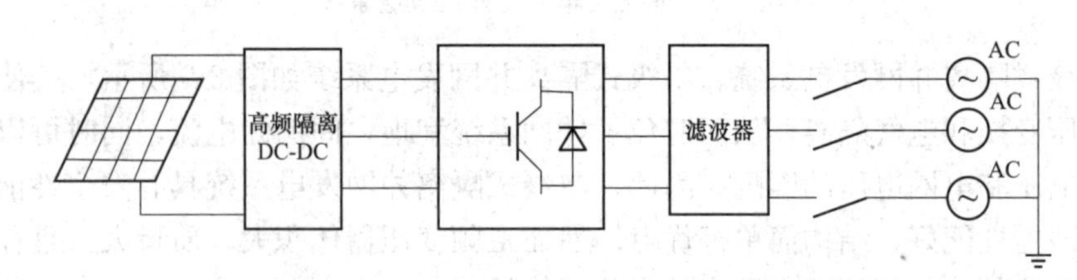

图3-11　两级式隔离并网发电系统

五、最大功率点跟踪（MPPT）控制

由本节的概述可知，光伏电池的输出特性随着环境温度、辐射强度改变而改变，但是对于特定的环境温度和辐射强度，光伏电池都存在一个最大功率点。为了保证光伏电池的转换效率，光伏发电系统应该实时地调整光伏电池的工作点，使其始终工作在最大功率点附近，这一过程称为最大功率点跟踪（Maximum Power Point Tracking，MPPT）。

（一）最大功率跟踪原理

根据电路最大功率传输定理，当外接电阻与光伏电池的等效内阻相匹配时，光伏电池的输出功率最大。若负载电阻一定，为使光伏电池等效内阻与负载电阻相匹配，可以在光伏电池和负载电阻之间加上DC-DC变换器，通过调节DC-DC变换器中开关元件的占空比来调节外接负载的大小。下面以Boost电路为例分析MPPT的基本原理。光伏电池最大功率跟踪原理图如图3-12所示。

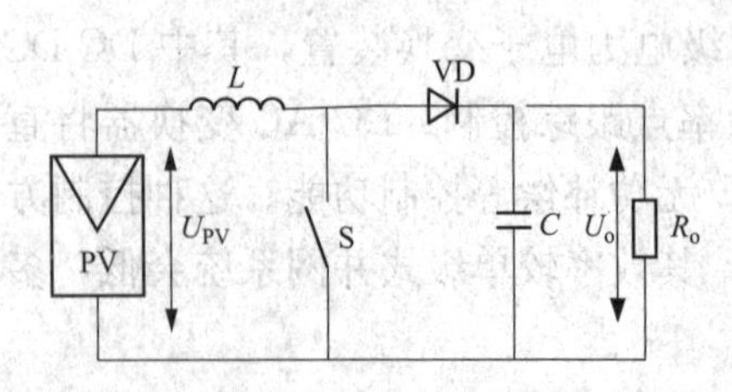

图3-12　光伏电池最大功率跟踪原理图

从Boost电路的输入侧看，电路的等效阻抗为

$$R_{PV}=\frac{U_{PV}}{I_{PV}}=\frac{U_o(1-D)}{I_o/(1-D)}=(1-D)^2\times\frac{U_o}{I_o}=(1-D)^2\times R_o \qquad (3\text{-}6)$$

式中：R_{PV}为光伏电池的等效内阻；U_{PV}为光伏电池的输出电压；I_{PV}为光伏电池的输出电流；U_o为负载电压；I_o为负载电流；D为开关管S的占空比R_o为负载电阻。

从式（3-6）中可以看出，负载一定时，光伏电池的等效内阻与占空比D有关，因此可以通过改变D来调节光伏电池的等效内阻，使其与负载阻抗R_o匹配，从而保证光伏电池的输出功率达到最大值。

根据光伏电池的输出特性，光伏电池的电流随着输出电压的增大而减小。当光伏电池的输出电压处于最大功率点电压的左侧，即$U_{PV}<U_m$时，则可以通过减小D来增大U_{PV}；反之，输出电压处于最大功率点电压的右侧，即$U_{PV}>U_m$时，则可以通过增大D来减小U_{PV}，最终使得光伏电池的工作点越来越接近最大功率点（U_m，I_m）。

MPPT的实现需要软硬件共同完成。硬件实现电路有DC-DC和DC-AC两种。DC-DC电路中应用较多的是Boost电路，因为Boost电路输出电压波动较小，故能将光伏阵列的输出电压升压至并网要求。DC-AC电路是将最大功率跟踪控制集成在逆变器控制中，无需加变换电路，单级式并网发电系统多用此方法。

目前最为常用的MPPT算法主要有恒定电压跟踪法、扰动观察法、电导增量法和模糊控制法等，下面对几种常用算法的原理进行阐述。

（二）恒定电压法

恒定电压跟踪法（Constant Voltage Track，CVT）并不是一种真正意义上的最大功率跟踪方式，它属于一种曲线拟合方式。忽略温度效应时的光伏阵列输出特性与负载匹配曲线如图3-13所示，忽略温度效应时，光伏阵列在不同光照强度下的最大功率输出点a'、b'、c'、d'和e'总是近似在某一个恒定的电压值U_m附近。假如曲线L为负载特性曲线，a、b、c、d和e为相应光照强度下直接匹配时的工作点。显然，如果采用直接匹配，其阵列的输出功率比较小。为了弥补阻抗失配带来的功率损失，可以采用CVT法，在光伏阵列和负载之间通过一定的阻抗变换，可使系统实现稳压的功能，使阵列的工作点始终稳定在U_m附近。这样不但简化了整个控制系统，还可以保证它的输出功率接近最大输出功率，如图3-14所示。采用CVT控制与直接匹配的功率差值在图3-13中可以视为曲线L与曲线$U=U_m$之间的面积。因而，在一定的条件下，CVT法不但可以得到比直接匹配更高的功率输出，还可以用来简化和近似最大功率点跟踪控制。

CVT法具有控制简单、可靠性高、稳定性好、易于实现等优点，比不带CVT的直接耦合光伏发电系统可望多获得20%的电能。但是，这种方法忽略了温度对光伏阵列开路电压的影响。以单晶硅光伏阵列为例，当环境温度每升高1℃时，其开路电压下降率为0.35%～0.45%。这表明光伏阵列最大功率点对应的电压也将随着环境温度的变化而变化。对于四季温差或日温差比较大的地区，CVT法并不能在所有的温度环境下完全地跟踪到光伏阵列的最大功率点。采用CVT法实现MPPT控制，由于其良好的可靠性和稳定性，在光伏发电系统曾被广泛使用，但随着光伏发电系统数字信号处理技术的应用，该方法正在逐步被新方法所替代。

（三）扰动观察法

扰动观察法（Perturb & Observe，P&O）是一种很常见的MPPT控制方法，其原理简

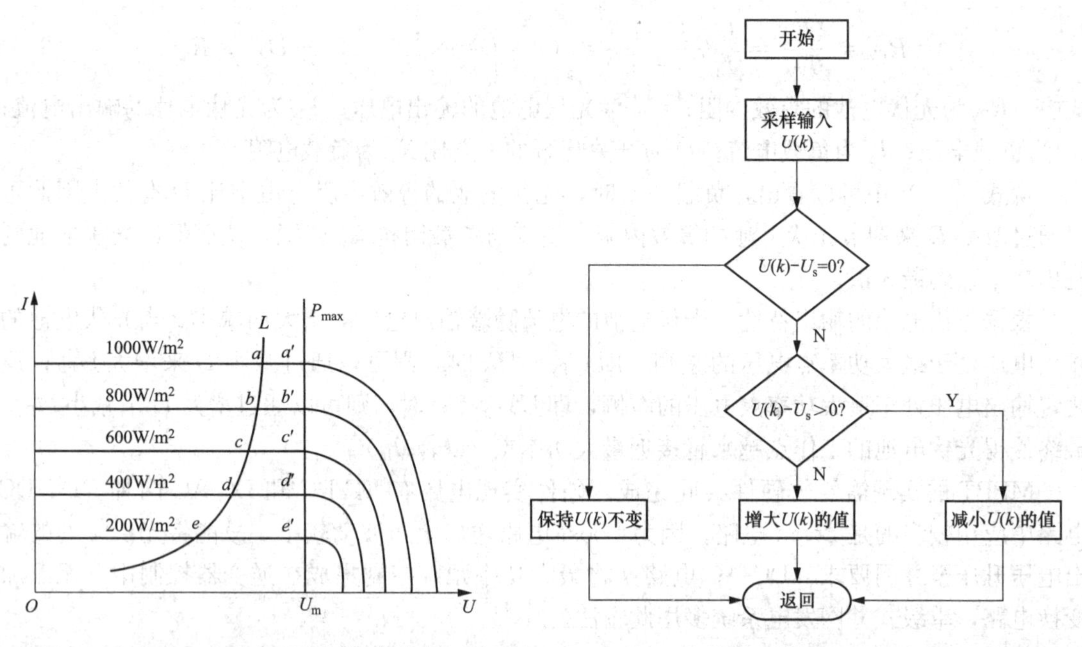

图 3-13 忽略温度效应时的光伏阵列输出特性与负载匹配曲线

图 3-14 恒定电压跟踪法流程图

单，易于理解。其基本原理是测量当前光伏阵列的输出功率，然后每隔一定的时间增加或者减少光伏阵列输出电压，并观测改变前后其输出功率的变化，来决定下一步的控制信号。这种控制算法一般采用功率反馈方式，通过两个传感器对光伏阵列输出电压及电流分别进行采样，并计算获得其输出功率。

图 3-15 给出了扰动观察法示意图。光伏发电系统控制器在每个控制周期用较小的、一定的步长改变光伏阵列的输出，步长方向是可以改变的，可以增加也可以减小，控制对象可以是光伏阵列输出电压或电流，这一过程称为“扰动”；然后，比较干扰周期前后光伏阵列的输出功率，若 $\Delta P>0$，说明参考电压调整的方向正确，可以继续按原来的方向“干扰”；若 $\Delta P<0$，说明参考电压调整的方向错误，需要改变“干扰”的方向。当给定参考电压增大时，若输出功率也增大，则工作点位于图 3-15 中最大功率点 P_{max} 左侧，需继续增大参考电压；若输出功率减小，则工作点位于最大功率点 P_{max} 右侧，需要减小参考电压。当给定参考电压减小时，若输出功率也减小，则工作点位于 P_{max} 的左侧，需增大参考电压；若输出功率增大，则工作点位于 P_{max} 的右侧，需继续减小参考电压。这样，光伏阵列的实际工作点就能逐渐接近当前最大功率点，最终在其附近的一个较小范围往复达到稳态。

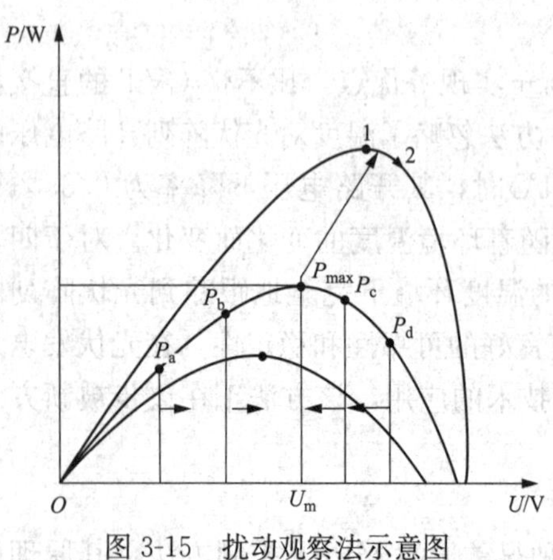

图 3-15 扰动观察法示意图

传统的扰动观察法实行固定步长，控制算法简单，容易实现，同时对传感器的要求不高。扰动观察法设定干扰步长是关键。当设置步长较大时，跟踪速度较快，然而精度不是很高；反之，较小的步长能保证精度，但是跟踪速度较慢。所以在实际应用中往往采用改进型的扰动观察法。在某种意义上说，即在控制系统中增设电压门槛值，通过变换步长的方式进行实时最大功率点跟踪。

扰动观察法的流程如图 3-16 所示。

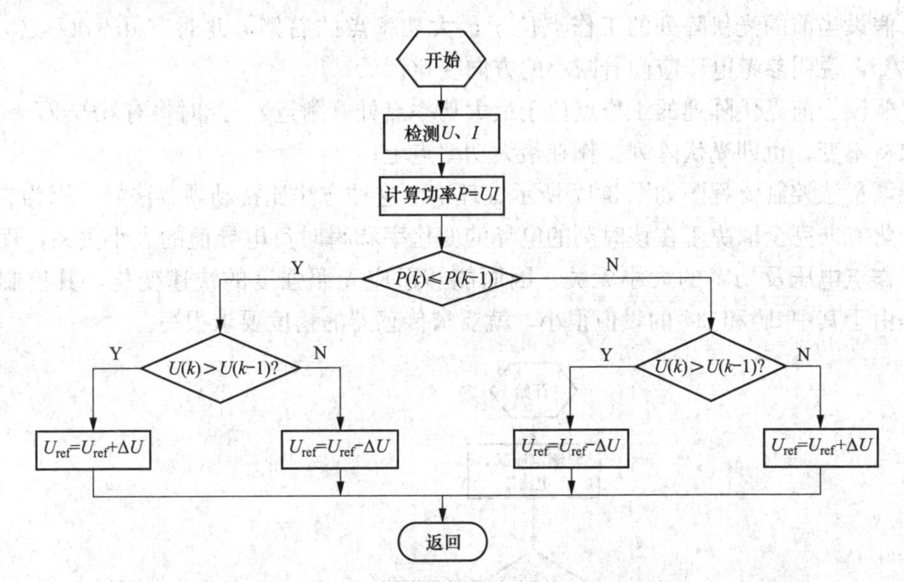

图 3-16　扰动观察法流程图

给定参考电压变化的过程实际上是一个功率寻优的过程。由于在寻优过程中不断地调整参考电压，因此光伏阵列的工作点始终在最大功率点附近振荡，无法稳定工作在最大功率点上，从而造成了一定的功率损失。同时，当光照强度快速变化时，参考电压调整方向可能发生错误。如图 3-15 所示，假设系统处于稳态，光伏阵列工作电压在 P_{max}点左右波动，当光照强度突然增加时，光伏阵列输出功率增加，这时如果参考电压偏移到 1 的位置，则系统会认为此时参考电压调整的方向与功率变化的方向相同，而继续增大参考电压使工作点移动至位置 2，导致工作点进一步远离最大功率点。

扰动观察法具有控制概念清晰、简单、被测参数少等优点，因而被广泛应用。但是，采用这种方法时，电压初始值及扰动电压步长对跟踪精度和速度有很大影响。同时系统容易在最大功率点附近振荡运行，当环境快速变化时，有较大功率损失且可能发生误判。

（四）电导增量法

电导增量法（Incremental Conductance，INC）主要以光伏电池输出功率随输出电压变化率而变化的规律为依据，推导出系统工作点位于最大功率点时电导和电导变化率之间的关系，进而提出相应的 MPPT 算法。在最大功率点两边 dP/dU 符号相异，在最大功率点处 $dP/dU=0$。

电导增量法是根据光伏阵列 P-U 曲线为一条一阶连续可导的单峰曲线的特点，利用一阶导数求极值的方法，即对 $P=UI$ 求全导数，可得

$$dP/dU = I + UdI/dU \tag{3-7}$$

令 $dP/dU=0$，可得

$$dI/dU = -I/U \tag{3-8}$$

式（3-8）即为达到光伏阵列最大功率点所需满足的条件。这种方法通过比较输出电导

的变化量和瞬时电导值的大小来决定参考电压变化的方向，下面就几种情况加以分析：

（1）假设当前的光伏阵列的工作点位于最大功率点的左侧，此时有 $\mathrm{d}P/\mathrm{d}U>0$，即 $\mathrm{d}I/\mathrm{d}U>-I/U$，说明参考电压应向着增大的方向变化。

（2）假设当前的光伏阵列的工作点位于最大功率点的右侧，此时有 $\mathrm{d}P/\mathrm{d}U<0$，即 $\mathrm{d}I/\mathrm{d}U<-I/U$，说明参考电压应向着减小的方向变化。

（3）假设当前光伏阵列的工作点位于最大功率点处（附近），此时将有 $\mathrm{d}P/\mathrm{d}U=0$，参考电压将保持不变，也即光伏阵列工作在最大功率点上。

电导增量法控制流程图如图 3-17 所示。理论上这种方法比扰动观察法好，因为它在下一时刻的变化方向完全取决于在该时刻的电导的变化率和瞬时负电导值的大小关系，而与前一时刻的工作点电压及功率的大小无关，因而能够适应光照强度的快速变化，其控制精度较高，但是由于其中 $\mathrm{d}I$ 和 $\mathrm{d}U$ 的量值很小，就要求传感器的精度要求很高。

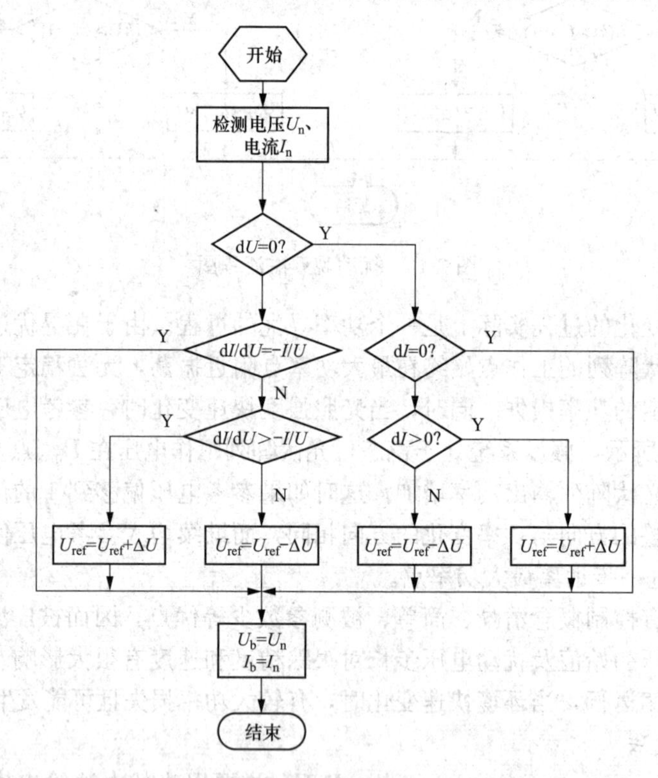

图 3-17 电导增量法控制流程图

（五）常用的 MPPT 方法比较

除了上述几种常用的 MPPT 方法，还有其他多种方法可以实现光伏阵列的最大功率点跟踪，包括滞环比较法、神经元网络控制法、最优梯度法等。它们实现 MPPT 控制的基本原理都是类似的，但具体实现方法各有差别。表 3-1 给出了几种常用的 MPPT 算法比较。

表 3-1 MPPT 的几种常用算法比较

算法	基本原理	优点	缺点
恒定电压跟踪法	将光伏电池输出电压控制在恒定电压值	控制简单且易实现，稳定性良好	精度较差，稳定性不高

续表

算法	基本原理	优点	缺点
扰动观察法	每隔一定时间增大或减小电压，根据其功率的变化方向确定参考电压的调整方向	原理简单，被测参数少，易于实现	步长对响应速度和跟踪精度无法兼顾；易误判
电导增量法	在最大功率点处 P 对 V 的导数为零	控制效果好，控制稳定度较高，不受功率-时间曲线影响	控制算法较复杂，对控制系统要求较高，不易实现
变步长的电导增量法	通过设置合适的步长，同时结合电导增量法，具有跟踪精度较高的优点，可实现变步长的跟踪	控制效果较好，且控制稳定性较高，具有良好的快速性	稳定性较差，算法较复杂
滞环比较法	将目前的工作点与上一个扰动点比较，判断功率的变化方向，从而决定工作电压的移动方向	避免干扰和误判，并减少扰动造成的损耗	造成较多的扰动损失，可能发生程序的失序现象
模糊控制方法	根据功率变化的幅度自动调节占空比，并迅速感知外界的环境变化，找到最大功率点	能克服非线性影响，跟踪速度快	控制算法复杂，不易实现

六、孤岛效应及检测

（一）光伏并网发电中的孤岛效应

光伏并网发电中的孤岛效应是指由电气故障、误操作或自然因素等原因造成电网中断供电时，光伏并网发电系统仍在运行，并且与本地负载连接，处于独立运行状态。

孤岛效应的危害十分巨大，可能会对配电系统设备及用户端的设备造成不利的影响，甚至会对维修人员的生命安全造成威胁。其主要危害包括：

（1）危害电力维修人员的生命安全。

（2）影响配电系统上的保护开关动作程序。

（3）孤岛区域所发生的供电电压与频率的不稳定会给用电设备带来破坏。

（4）当供电恢复时造成的电压相位不同步将会产生浪涌电流，可能会引起再次跳闸或给光伏系统、负载和供电系统带来损坏。

（5）光伏并网发电系统因单相供电而造成系统三相负载的欠相供电问题。

国际通行的光伏系统入网标准 IEEE Std 929—2000 及分布式电站入网标准 IEEE Std 1547 都对并网逆变器的孤岛检测功能做出了要求。检测的公共点电能质量有电压异常、频率异常两种异常 IEEE Std 929—2000 规定了在公共点电压异常情况下逆变器停止供电时间的标准，见表 3-2。

表 3-2　电压异常情况下逆变器停止供电时间标准

公共点电压	最大断开时间
小于 50%	6 个工频周期
50%～88%	120 个工频周期
88%～110%	正常工作
110%～137%	120 个工频周期
大于 137%	6 个工频周期

在 IEEE Std 1547—2003 标准中，将 60Hz 作为电网电压的标准频率，则系统运行的频率正常范围是 59.3～60.5Hz。

按照我国的光伏系统并网技术要求（GB/T 19939—2005），并网系统正常运行时，单相电压的允许偏差为额定电压的－10%～＋7%，频率的偏差值允许±0.5Hz；总谐波电流应小于逆变器额定输出电流的5%；逆变器向电网馈送的直流电流分量不能超过其交流额定值的1%；分布式发电系统对电网异常电压的响应需在表3-3规定的时间内发生。

表3-3 国内标准下的电压响应时间

公共点电压	最大断开时间
小于50%	0.1s
50%～85%	2.0s
85%～110%	正常工作
110%～135%	2.0s
大于137%	0.05s

在防孤岛效应方面做出如下规定：

（1）应设置至少一种主动和被动防孤岛效应保护。

（2）当电网失压时，防孤岛效应保护应2s内动作，将光伏系统与电网断开。

（3）由于超限状态导致光伏系统停止向电网送电后，在电网的电压和频率恢复到正常范围后的20～300s的时间范围内，光伏系统不应该向电网送电。

（二）孤岛检测盲区

几乎所有的孤岛检测方法都存在检测失败的可能，即存在检测盲区（Non-Detection Zone，NDZ）。当所用检测方法不能可靠检测出孤岛状态时，其所对应的负荷空间或负载参数区间即可定义为孤岛检测盲区。孤岛检测盲区的大小可以作为判断孤岛检测方法好坏的重要标准，通过对孤岛检测盲区进行恰如其分的描述，可以对相应的孤岛检测方法的性能进行评价，进而有效地揭示孤岛检测方法的适用范围。一般来说，检测盲区越小，则孤岛检测方案越准确，然而在实际应用中孤岛检测盲区不能太小，否则容易引起孤岛检测误判断。

（三）孤岛检测方法

目前孤岛检测方法主要分为电网侧检测和分布式电源侧检测。电网侧检测方法是基于通信线路开展的。这种方法主要采用无线通信手段来检测断路器的开断状态，并在电网侧发出载波信号，而安装在分布式发电（Distributed Generation，DG）侧的接收器将根据这些信号的变化来确定是否发生了孤岛，在电网断电时发送孤岛状态信号给并网逆变器使其断开与电网的连接。分布式电源侧检测方法是指通过对分布式电源侧逆变器检测来完成孤岛检测，根据其检测方式的不同，可以分为无源检测法和有源检测法（也可称为被动法和主动法）两种方式，其检测原理是通过输出电压和频率之间的变化来判断孤岛状态是否发生。常见孤岛检测方法分类见表3-4。

表3-4 孤岛检测方法分类

分类	检测方法
电网侧检测	基于电力线路载波通信检测法
	传输断路器跳闸法
	基于监控与数据采集方式（数据采集与监视控制SCADA）

续表

分类		检测方法
分布式电源侧检测	被动式孤岛检测方法	电压频率检测法
		电压谐波检测法
		电压相位突变检测法
		关键电量变化率检测法
	主动式孤岛检测方法	有功功率扰动法
		无功功率补偿法
		主动频率偏移法
		滑模频率偏移法
		特定频率的阻抗检测法
		Sandia 电压偏移法
		阻抗测量法
	复合式孤岛检测方法	将被动式孤岛检测方法和主动式孤岛检测方法相结合的方法

1. 电网侧孤岛检测方法

电网侧孤岛检测方法的主要原理是通过无线通信技术来实时监视断路器等保护装置的状态，或者是利用安装在电网侧和分布式电网侧的信号发送和接收装置来判断是否发生孤岛效应。这种检测方法的性能同各种发电装置的类型没有必然联系，而且同步机型与并网逆变器也同时适用。但该方法的实施较为复杂，建设成本较高，对通信网络依赖性较强，当通信网络发生故障时，该方法也随之失效。目前传输断路器跳闸信号法（也可称为开信号传送法）、SCADA 和基于电力线载波通信（PLCC）法是基于电网侧使用得比较多的三种检测方法。

由于对通信线路的依赖和高昂的建设成本，目前电网侧孤岛检测的方法还未实现商业化。

2. 公布式电源侧被动式孤岛检测方法

被动式孤岛检测方法主要是通过检测孤岛前后功率不匹配所引起的系统电压幅值、频率、相位和谐波等参数的变化来实现孤岛检测的。常用的被动式孤岛检测方法有电压频率检测法、电压谐波检测法、电压相位突变检测法、关键电量变化率检测法等。

（1）电压频率检测法。当处于孤岛状态时，若逆变器的输出功率和本地负载功率不平衡，则系统输出电压或频率就会发生变化。一旦检测到电网电压、频率超过正常的范围，即判断为孤岛发生，保护电路［一般包括过电压保护（OVR）、欠电压保护（UVR）、过频保护（OFR）、欠频保护（UFR）四种保护］就将并网逆变器切离电网。在几乎所有的光伏、风电分布式电源标准中均规定了设备的电压和频率的正常运行范围，有的甚至规定了分布式电源在过/欠电压和高/低频率情况下判断系统进入孤岛状态的最大检测时间。

该方法的优点是只需利用已有的检测参数进行判断，不需外加任何硬件电路，容易实现，而且对电能质量无影响。但是如果孤岛前后功率的不匹配度很小，则由此引起的系统电压和频率的变化很小，可能导致系统无法触发电压频率阈值，从而孤岛检测失败。由于检测盲区的存在，仅采用电压频率检测法不能实现对孤岛的判断。因此，电压频率检测法一般不单独使用，而是和其他方法组合使用。

（2）电压谐波检测法。电压谐波检测法的原理是通过监测检测点电压的总谐波失真来检测孤岛状态。正常并网时，电网阻抗小，逆变器输出电流谐波主要流入电网，公共耦合点电压为电网电压钳制，电压的谐波含量通常很小。当电网断开后，由于变压器磁滞非线性特性，输出的电流在变压器上产生失真；逆变器产生的谐波电流流入非线性负载，由于负载阻抗高，会产生较大的谐波。

这种检测方法能够检测到更广泛的孤岛现象，多逆变器基本上不会对检测效果产生影响。但这种方法也存在一定的缺陷，在非线性负载和其他因素的情况下，电网电压谐波会比较大，谐波检测的动作阈值确定较困难。

(3) 电压相位突变检测法。电压相位突变检测法的原理是通过检测孤岛前后，由无功功率不匹配所引起的电压电流的角度偏差来实现的。通常并网分布式电源的输出电流与电网电压同相，即保持单位功率因数不变，当与电网断开后，分布式电源的输出电流与终端电压之间的相角由负载决定，这时一个瞬间的相角变化将发生，然后触发孤岛保护电路。这种检测方法可以通过简单的过零比较检测来实现，即在每次交流电压过零时更新电流相位记录值，从而快速地判断出电压/电流相位的突变。

这种方法比较简单，易于实现。但是对于特定的负载，如一个纯电阻负载，检测到细微的相位变化或无变化，将导致检测失败。除此之外，阈值的相位差的选取也比较困难，在容性、感性负载投切或电机负载起动时，会瞬间有较大相位突变，阈值过低会引起系统保护误动作。

(4) 关键电量变化率检测法。由于孤岛发生后，电源供电系统非常不稳定，电压振幅、频率、相位、功率等电信号量都很敏感，因此它们的变化率会增加。

3. 分布式电源侧主动式孤岛检测方法

当分布式电网系统所提供的功率和本地负载所需求的功率正好平衡时，大电网脱网以后，公共耦合点处电压幅值、频率及相位等由于有功功率和无功功率的平衡而不会发生明显的变化，被动检测方法将会失效。为了解决被动检测方法失效的问题，主动检测方法应运而生。主动检测法是在分布式电源的控制信号中加入很小的电压、频率或相位扰动信号，然后检测分布式电源的输出，若分布式电源与电网相连则扰动信号的作用很小；当孤岛效应发生时扰动信号的作用就会显现出来，如果输出变化超过规定的门限值就能判断孤岛效应的发生。几种常见的主动检测方法如下。

(1) 有功功率扰动法。有功功率扰动法是周期性地改变分布式电源的输出功率，这样就能破坏电源和负载的平衡状况。对于电流输出型分布式电源，具体的方法是对逆变器的输出电流幅值进行间歇性扰动，使输出有功功率变化。当电网正常时，逆变器输出电压恒为电网电压，负载所需功率不足部分将从电网得到；当电网断电后，逆变器输出电压由负载决定，一旦到达扰动时刻，输出电流幅值改变，则负载上电压随之变化，即可检测到孤岛发生。

有功功率扰动法的优点是控制简单，实现方便；对传感器精度要求不高；对负载阻抗大于电网阻抗的单逆变器，检测盲区很小。但是若多个分布式电源与电网相连，由于逆变器之间的干扰不同步，可能导致这种检测方法的失败。

(2) 无功功率补偿法。无功功率补偿法的原理是利用可调节的无功功率输出来改变孤岛状态下的电源与负载之间的无功匹配度，通过负载频率的持续变化达到孤岛检测的目的。正常并网，负载端电压频率受电网电压钳制，不受逆变器输出的无功功率的影响；当孤岛发生时，若逆变器输出的无功功率和负载需求不匹配，负载电压幅值或频率将发生变化。

这种方法在分布式电网中引入了无功补偿，所以无需额外的硬件设备。但是其控制策略比较复杂，动作时间长，速度较慢，超过了很多自动重合闸的重合时间，只能为其他快速反孤岛系统提供后备保护。

(3) 主动频率偏移法（Active Frequency Drift，AFD）。相比较而言，主动频率偏移法是更为常用的检测方法，因为电网频率比较稳定，所以通过检测输出电流频率的变化来判断孤岛的发生比较容易。周期性地在逆变器输出电流的频率中引入微小变化；当电网正常工作时，锁相环（PLL）可自动化调节较小误差，输出电流频率与电网电压维持同步，输出电流频率不会偏离额定值。当电网断电后，锁相环失去作用，为了达到负载电路的谐振频率和相角，逆变器的输出频率跟随电网电流和负载的性质变化会持续地增减，直至超越频率额定值，孤岛状态即被检测出来。

AFD仅在逆变器输出电流中加入少量的干扰，因而比较容易实现。但是，增加的干扰会影响电能质量，所以，当使用这个方法时要兼顾检测效果和电能质量。同时，在多逆变器并网时，若频率偏移方向不一致，输出会相互抵消，降低检测效率。为了防止引入的多逆变器电流的干扰互相抵消，应当保持频率的偏移方向一致。传统AFD基准电流控制较为复杂，对不同负载的控制结果不同，严重时孤岛检测将放缓，甚至出现检测故障。

(4) 滑模频率偏移法（Slide-Mode Frequency Shift，SMS）。滑模频率偏移法和AFD的原理类似，所不同的是SMS是将逆变器输出电流相对于耦合点电压的相位平移θ，以此来改变频率。θ被设为偏离电网频率的正弦函数。

$$\theta=\theta_m \sin[\pi/2(f-f_g)/(f_m-f_g)]$$

式中：θ_m为最大相移角；f_m为产生θ_m时的频率；f为上一周期的频率；f_g为电网额定频率。

正常并网时，电网提供固定的参考相角和频率，逆变器工作点稳定在工频；当孤岛形成后，引入相角偏移，公共耦合点电压、频率增大，又会使偏移角进一步增大，形成正反馈，使公共耦合点的频率超出阈值，从而检测到孤岛发生。

SMS只需在原逆变器的PLL基础上稍加改动，较易实现；检测效率很高，NDZ很小；检测效率不受多逆变器并联的影响。但是由于修正逆变器输出电流的相位，会影响输出电能质量，在设计时要折中考虑检测效率和输出电能质量；此法建立在外部扰动的基础上，孤岛发生后系统所需的断开时间无法预测。

(5) 特定频率的阻抗测量法（Specific Frequency Impedance Measurement，SFIM）。特定频率的阻抗测量法是电压谐波检测法的一个特例，与电压谐波检测法不同的是，该方法是通过向电网中注入特定的谐波电流来破坏孤岛发生后的“平静”状态。当逆变器正常运行时，流入电网的谐波电流不会出现异常电压，一旦孤岛发生，谐波电流流入局部负载，则流入的谐波电流将会使得线性负载产生负载电压，当谐波电压超过了预先设置好的阈值时，孤岛就可以顺利地被检测出来。

这种检测方法的优点和缺点与电压谐波检测法相同。虽然使用这种方法注入的次谐波电流可以部分克服其缺点，但是注入次谐波会给用电设备或变压器带来很大的影响，况且根据对电能质量的要求，实际工程中需要限制注入电流，以降低谐波电压对电能质量的影响。当谐波电压振幅增大时，注入相同的谐波可能使多台变频器发生故障。

(6) Sandia电压偏移法（Sandia Voltage Shift，SVS）。Sandia电压偏移法通过对逆变器输出电流有效值或有功调节环施加正反馈，使电网断开后公共点电压能很快地偏离正常范围，从而检测出孤岛状态。电网处于正常状态时，由于大电网对微电网具有很强的控制作用，系统电压受钳制作用基本不会发生变化；当孤岛发生时，大电网与逆变器连接处公共耦合点频率和电压的微小变化都将使得逆变器输出电流发生很明显的波动。该检测法中添加正反馈的作用是使公共耦合点处电压加快变化，这样周期往复下去直至超出检测允许的范围。

这种检测方法对于带有微控制器的逆变电源易于实现；合理地设置正反馈控制系统的参数，则检测效率很高；此法与利用频率来检测孤岛的方法结合时，具有很高的效率，检测盲区非常小。但是这种方法会对电能质量和暂态响应产生不利影响：电网正常工作时，电网电压幅值并不恒定，可能会使逆变器传输功率离开额定工作点，如果传输功率偏大，长期运行会损坏逆变器，降低使用寿命。

为了适应现在电网对电能质量的高要求、对供电可靠性的高标准等，提高对孤岛检测的实效性，今后孤岛检测的研究发展方向主要有三个方面：①多检测算法的结合使用；②逆变器并联运行下的孤岛检测技术；③基于多种智能算法的孤岛检测方法。

第二节 风力发电系统

一、风力发电系统概述

自20世纪70年代出现石油危机以来，世界各发达国家纷纷制定能源供应多样性战略。而20世纪90年代联合国气候大会通过《京都议定书》以后，随着人类对生态环境的要求和能源的需要，各国政府和各种国际组织对可再生能源的开发利用的支持力度也越来越大，从而促进了水能、氢能、太阳能、风能、海洋能、地热能等可再生清洁能源的发展。其中，风力发电是目前可再生能源开发利用中技术较成熟、较具规模开发和商业化发展前景的发电方式之一，风电与火电、水电及核电相比，其建设周期短、见效快，因此越来越受到世界各国的重视并得到了广泛地开发和利用。

近几年，随着我国对可再生能源产业的重视，大规模风电场逐步并入电网，对于改善电源结构起到了积极作用。风电场作为可再生电源，虽然在节能减排、优化电源结构方面具有一定价值，但自然界的风具有不稳定性、脉动性，风速时大时小，有时还会出现强风和暴风，具有很强的随机性和不可控性。而风力发电机的转子线圈、风轮和其他电子元件的超载能力是有一定限度的，不能够随着风速随意增加。另外，风机桨叶强非线性的空气动力学特性、系统参数的不确定性给此类系统的控制带来了困难。因此，风电场并网必然对电网原有的运行方式带来不利影响。这些影响包括风电接入点局部地区电能质量、有功潮流、无功潮流、电压稳定、全网旋转备用容量安排、系统调频和经济运行等方面。

由于条件限制，风电场所在位置往往散布于电网末端，而且风电机组运行通常需要较强的无功功率支撑，所以风电场输出功率的波动还将造成风电场接入点电压的明显变化，对电能质量产生较大的影响，如电压偏差、电压波动和闪变、谐波等。特别是随着上网风电容量的激增和风电单机容量的不断增大，这一问题显得越来越突出。因此，为了提高风电机组并网运行的稳定性和电能质量，要求风电机组能够在尽可能实现最大风能捕获的同时，输出较为平滑的有功功率。

在传统电力系统中，系统频率的动态特性与系统惯性有关，而系统惯性又与接入系统的同步发电机组有关。但是由于现代并网风力发电机组越来越多地采用双馈式发电机（Doubly Fed Induction Generator，DFIG）或同步发电机加电力电子变换器接口的变速运行技术，使机械功率与系统电磁功率解耦，转速和电网频率解耦，阻断了风力发电机组对系统频率变化的响应，因此，传统的变速恒频风电机组转子的惯性动能对系统转动惯量的贡献非常少。当越来越多的常规同步发电机组被取代后，整个系统惯量就相对减少，系统频率的变化速率将会增大，失去发电机组所导致的频率偏移也会增大，降低了系统的频率稳定性，不利于整个电力系统的安全稳定运行。

单个风力发电系统是构成风电场的基础，本节首先介绍风电系统的类型，其中重点介绍交流励磁双馈式变速恒频风电系统，再详细分析最大风能追踪原理、风电机组低电压穿越技术等。

二、风力发电系统的类型

风力发电是利用风能来发电的，风力发电包含两个能量转换过程，即风能与机械能之间的转换和机械能与电能之间的转换。所以，整个风力发电系统包括两大主要部分，一部分是风力机，可把风能转化成机械能；另一部分是发电机，可把机械能转化成电能。

根据风力机风轮轴线的安装位置与水平轴轴向不同，分为水平轴风力机和垂直轴风力机；根据风力机风轮叶片数的不同，可以分为双叶式风力机、三叶式风力机和多叶式风力机；根据风机桨叶控制方式不同，可以分为定桨距调节型风力机、变桨距调节型风力机和主动失速调节型风力机。定桨距是指桨距角固定不变，即当风速变化时，桨叶的迎风角度不能随之变化。变桨距是指桨距调节装置可以根据风速变化来改变叶片攻角来进行功率调节，而不再完全依赖于叶片的气动特性。主动失速调节型风力发电机组将定桨距失速调节型与变桨距调节型两种风力发电机组相结合，充分吸取了被动失速和桨距调节的优点，桨叶采用失速特性，调节系统采用变桨距调节。风力发电机及其控制系统是风力发电系统的另一核心部分，它负责将机械能转换为电能。根据发电机的运行特征和控制技术，风力发电技术可分为定速恒频风力发电技术和变速恒频风力发电技术。

（一）笼型发电机式风力发电系统

1. 笼型发电机式定速恒频风电系统

定速恒频方式可保持发电机的转速不变，从而得到恒频的电能。笼型发电机式定速恒频风电系统的结构示意图如图 3-18 所示，它具有结构与控制简单、性能可靠的优点，但定速风电机组的一个显著缺点是风速变化时，风能利用系数不可能一直保持在最佳值，不能最大限度地捕获风能，风能利用率不高。此外，对定速风电机组来说，当风速跃升时，风能将通过风力机传递给主轴、齿轮箱和发电机等部件，在这些部件上产生很大的机械应力，如果上述情况频繁出现会引起这些部件的疲劳损坏，因此设计时不得不加大安全系数，从而导致机组质量加大、制造成本增加。

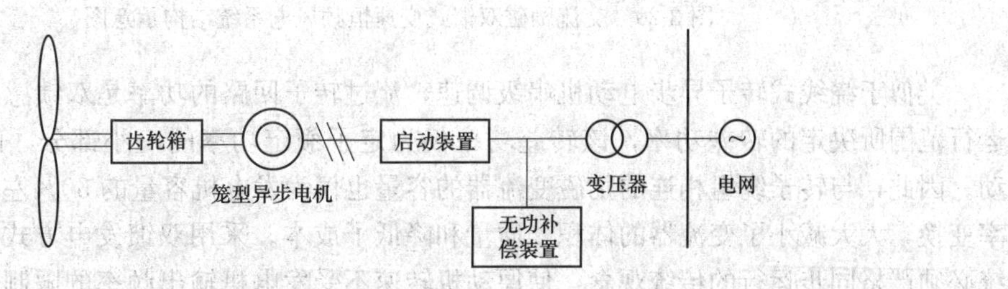

图 3-18　笼型发电机式定速恒频风电系统的结构示意图

2. 笼型发电机式变速恒频风电系统

在笼型发电机式定速恒频风电系统的基础上，在定子侧配备变流装置，即可构成笼型发电机式变速恒频风电系统，其系统结构示意图如图 3-19 所示。

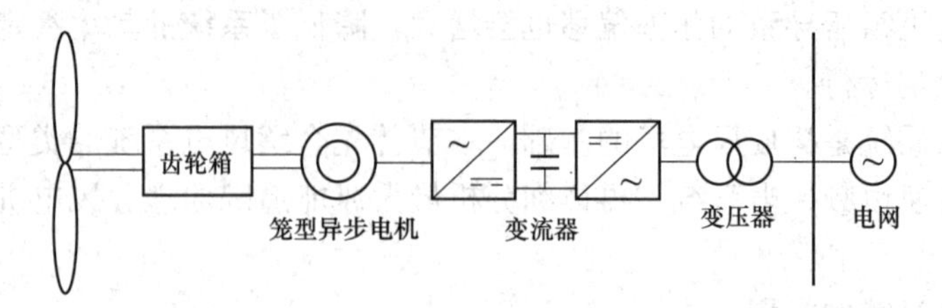

图 3-19 笼型发电机式变速恒频风电系统的结构示意图

由于风速的不断变化，风力机及转子的转速也随之变化，所以发电机发出的电能的频率也是变化的。因此，在定子绕组与电网之间增加一个变流器环节，先整流再逆变就可以把频率变化的电能转换为与电网频率相同的恒频电能送入电网。这种方案实现了变速恒频，具有变速运行范围广的优点，适用于风速变化较大的环境，而且维护简便。但是由于变流器在发电机定子侧，变流器的容量必须与发电机的容量相等，属于全功率变换，导致变流器体积大、质量大，系统成本较高。

（二）双馈感应发电机式风力发电系统

1. 交流励磁双馈式变速恒频风电系统

交流励磁双馈式发电机是在同步发电机和异步发电机的基础上发展起来的一种新型发电机，其结构类似绕线式转子异步发电机，具有定子、转子两套绕组，其转子一般由接到电网上的电力电子变流器进行交流励磁，即发电机的定子、转子均接交流电（双向馈电），“双馈式发电机”由此得名，其本质上是具有同步发电机特性的交流励磁异步发电机。双馈感应发电机的变速恒频控制方案是在转子电路中实现的，其系统结构示意图如图 3-20 所示。

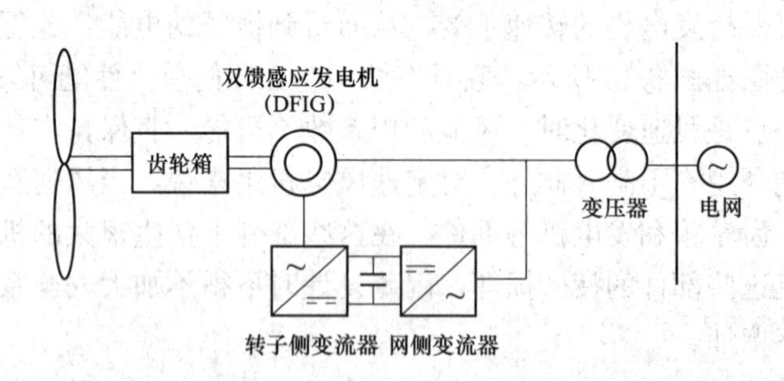

图 3-20 交流励磁双馈式变速恒频风电系统结构示意图

类似于绕线式转子异步电动机串级调速，流过转子回路的功率是双馈感应发电机的转速运行范围所决定的转差功率，该转差功率仅为定子额定功率的一小部分，而且可以双向流动。因此，与转子绕组相连的励磁变流器的容量也仅为发电机容量的 30%左右，属于转差功率变换，大大减小了变流器的体积、质量和降低了成本。采用双馈发电方式，突破了机电系统必须严格同步运行的传统观念，使原动机转速不受发电机输出频率的限制，而发电机输出电压和电流的频率、幅值及相位也不受转子速度和瞬时位置的影响，机电系统之间的刚性连接变为柔性连接。基于上述诸多优点，由双馈感应发电机构成的并网型变速恒频风电系统已经成为目前风电方面的研究热点和发展趋势。

2. 无刷双馈式变速恒频风电系统

无刷双馈式变速恒频风电系统示意图如图 3-21 所示，其定子有两套极数不同的绕组，一套称为功率绕组，直接与电网连接；另一套称为控制绕组，通过双向变流器接电网。无刷双馈感应发电机转子为特殊设计的笼型或磁阻式结构，取消了电刷和集电环，转子的极对数应为定子两个绕组极对数之和。无刷双馈感应发电机定子的功率绕组和控制绕组的作用分别相当于标准型双馈感应发电机的定子绕组和转子绕组。无刷双馈式变速恒频控制方案是在定子电路中实现的，但流过定子控制绕组的功率仅为发电机总功率的一小部分，因此控制绕组外接变流器的容量也仅为发电机容量的一小部分，从而大大减小了变流器的体积和质量。尽管标准型双馈感应发电机和无刷双馈感应发电机的运行机制有着本质的区别，但可以通过完全相同的控制策略实现变速恒频控制。

在结构上通常可以将双馈感应发电机作为绕线式转子异步电动机考虑，因而有集电环、电刷等装置存在，这种摩擦接触式结构增加了运行维护工作量。无刷双馈感应发电机的出现理论上弥补了传统标准型双馈式发电机的不足，但是兆瓦级无刷双馈感应发电机由于定子设计、制造工艺的制约还没有实现产业化，所以影响了其在大型风电系统中的应用。

（三）直驱永磁式同步风电系统

在常规火力发电系统中，同步发电机使用最为普遍。同步发电机在运行时既能输出有功功率，又能提供无功功率，且频率稳定，在电力系统中得到广泛应用。在同步发电机中，发电机的极对数、转速及频率之间有着严格不变的关系，以便维持发电机的频率与电网的频率相同，否则发电机将与电网解列。直驱式永磁同步发电机变速恒频风电系统结构示意图如图 3-22 所示。

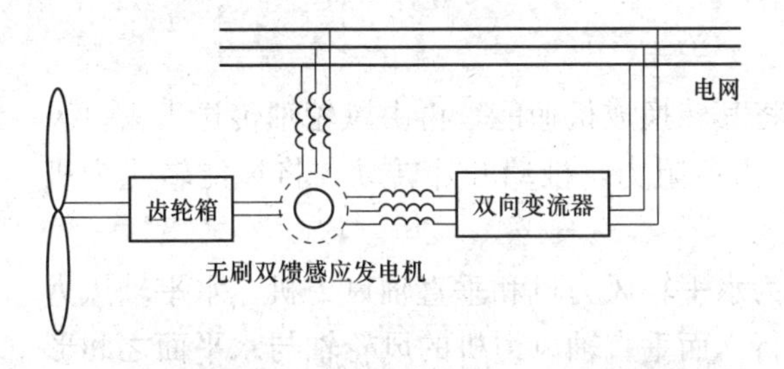

图 3-21　无刷双馈式变速恒频风电系统示意图

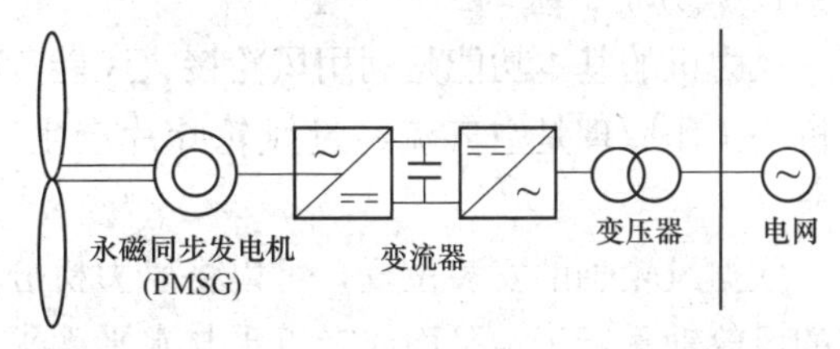

图 3-22　直驱永磁式同步发电机变速恒频风电系统

该系统所采用的发电机为永磁同步发电机（Permanent Magnet Synchronous Generator，PMSG），转子为永磁式结构，无需外部提供励磁电源，提高了效率。其变速恒频控制也是在定子电路中实现的，把永磁同步发电机发出的频率变化的交流电通过交-直-交并网变流器转变为与电网同频的交流电，因此变流器的容量与系统的额定容量相同。采用永磁同步发电机可做到风力机与发电机的直接耦合，省去齿轮箱，即为直接驱动式结构，这样可大大减小系统运行噪声，提高可靠性。直驱式永磁同步发电机的转速很低，致使发电机体积增大、成本增加，但由其构成的风电系统不使用价格昂贵的齿轮箱，故系统的总成本有所降低。

三、交流励磁双馈式变速恒频风电系统

（一）交流励磁双馈式变速恒频风电系统结构

双馈式变速恒频风电系统主要由风轮、传动系统、双馈异步电机、变频器、转子侧及网侧变流器以及变桨距机构等部分构成，其系统结构如图 3-23 所示。目前常用双馈感应发电机作为机组的变速机构。

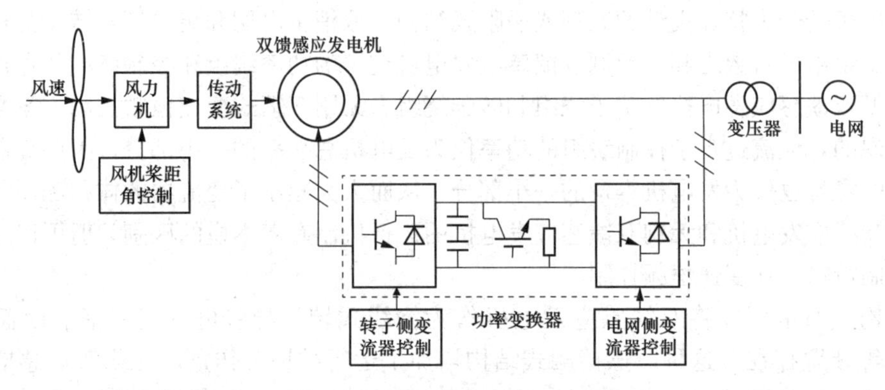

图 3-23 交流励磁双馈式变速恒频风电系统

双馈感应发电机无论处于亚同步转速或超同步转速状态，均可以在不同的风速下运行，其转速随风速的变化而做出相应的改变，以使风力机始终处于最佳运行状态。同时通过控制转子励磁电流的频率，可使定子频率恒定，实现变速恒频发电。由于是通过电力电子变换器对转子进行交流励磁，该风电系统具有更宽的调速范围，一般为同步转速附近±30%，相应的转子励磁变频器容量仅为发电机额定功率的 30%左右，可以大大降低成本，能够实现有功功率、无功功率的解耦控制。可根据电网的要求输出相应的感性或容性无功功率，实现对电网的无功功率补偿，有利于电网的稳定运行。

（二）风力机基本工作原理和运行特性

1. 风力机的基本工作原理

风力机的基本功能是利用风轮接收风能，将其转换成机械能，再由风轮轴传送出去。风力机的工作原理是空气流经过风轮叶片产生升力或阻力，推动叶片转动，将风能转化为机械能。

依据风轮轴的安装位置，可以将风力机分为水平轴风力机和垂直轴风力机。水平轴风力机的风轮轴平行于水平面或者近乎与水平面平行，而垂直轴风力机的风轮轴与水平面之间形成的夹角为直角。依据叶片的工作原理，可以将风力机分为升力型风力机和阻力型风力机。升力型风力机利用叶片升力工作，阻力型风力机利用空气阻力工作。升力型风力机旋转速度较快，阻力型风力机旋转速度较慢。

国内外普遍应用的风力机为水平轴升力型风力机。从空气动力学的知识可以知道，空气流过一块风力机叶片时，叶片板上方和下方的气流速度不同（上方速度大于下方速度），因此叶片板上、下方所受的压力也不同（下方压力大于上方）。因此，风机叶片在流动空气中所受合力即为空气动力，其方向垂直于地面。此力可分解为两个分力：与气流方向垂直，使叶片上升的力称为升力；与气流方向一致，称为阻力。升力是推动风轮旋转的动力，而阻力则形成对风轮的正面压力，由风力机的塔架承受。

2. 风力机的特性系数

风力机不可能将风轮扫掠面上的全部风能转换为扭转机械动能 P_m，通常以风能利用系数 C_p 来表示风机的能量利用效率

$$C_p = \frac{P_m}{P_w} = \frac{P_m}{0.5\rho A v^3} \tag{3-9}$$

式中：P_m 为风力机输出的机械功率；P_w 为风力机的输入功率；v 为距离风机一定距离的上游风速；ρ 为空气密度；A 为风轮的扫风面积。

叶尖速比 λ 是风电系统中的另一个主要参数，用于表示在不同风速下，风轮叶片的叶尖速与风速的比值，即

$$\lambda = \frac{\omega R}{v} = \frac{2\pi n}{60}\frac{R}{v} \tag{3-10}$$

式中：ω 为叶片旋转角速度；n 为叶片转速；R 为风轮半径。

在空气密度和风轮扫掠面积及风速恒定的条件下，风能利用系数 C_p、桨距角 β、叶尖速比 λ 呈现非线性关系，有

$$\left.\begin{aligned} C_p(\lambda,\beta) &= 0.22\left(\frac{116}{\lambda_1} - 0.4\beta - 5\right)e^{\frac{-12.5}{\lambda_1}} \\ \frac{1}{\lambda_1} &= \frac{1}{\lambda - 0.08\beta} - \frac{0.035}{\beta^3 + 1} \end{aligned}\right\} \tag{3-11}$$

式中：λ_1 为中间变量。

所以风力机输出的机械功率可以表示为

$$P_m = 0.5\rho A v^3 C_p(\lambda,\beta) \tag{3-12}$$

由式（3-12）可以看出，风能利用系数与叶尖速比的关系如图 3-24 所示。对不同的桨距角，最大的风能利用系数不同，当桨距角一定时，桨距角 β 在零度附近时，风能利用系数 C_p 相对最大；当桨距角增大时，风能利用系数 C_p 减小。因此，在一定风速下，若要使风能的利用效率达到最高，只要使系统运行在最佳叶尖速比 λ_{opt} 所对应的转速下，就能使风力机所捕获的风能最大。

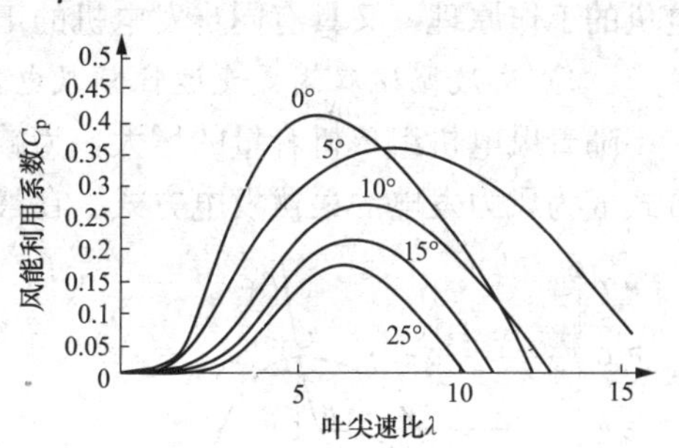

图 3-24　风能利用系数与叶尖速比的关系曲线

（三）双馈感应发电机运行原理

双馈感应发电机的结构类似于绕线式异步电机，旋转电机的定子和转子均安放对称三相绕组，其定子与普通交流电机定子相似，定子绕组由具有固定频率的对称三相电源激励。电机定子、转子极数相同。转子绕组由具有可调节频率的对称三相电源激励。电机的转速由定转子之间的转差频率确定。电机的定转子磁场是同步旋转的，因此它又具有类似同步电机的特性。

设双馈感应发电机的定转子绕组均为对称绕组，电机的极对数为 p，根据扭转磁场理论，当对定子对称三相绕组施以对称三相电压，有对称三相电流流过时，会在电机的气隙中形成一个扭转的磁场，扭转磁场的转速 n_1 称为同步转速，它与电网频率 f_1 及电机的极对数 p 的关系为

$$n_1 = \frac{60 f_1}{p} \tag{3-13}$$

同样，当转子三相对称绕组通入频率为 f_2 的三相对称电流时，所产生的扭转磁场的转速与所通入的交流电频率的关系为

$$n_2 = \frac{60f_2}{p} \tag{3-14}$$

若定子旋转磁场在空间以 n_1 的速度旋转，则转子旋转磁场相对于转子的转速 n 满足 $n_2 = n_1 - n = n_1 - (1-s)n_1 = n_1 s$，进而可得 $f_2 = f_1 s$，s 为转差，f_2 为转差率。只要维持 $n_1 = n \pm n_2$ 不变，则双馈感应发电机定子绕组感应的电动势的频率始终为 f_1 不变。所以在双馈感应发电机转子转速变动时，只要在转子三相绕组中通入转差频率（$f_1 s$）的对称三相交流电，则在双馈感应发电机定子绕组中就能产生 50Hz 的恒频电动势。

根据双馈感应发电机转子转速的变化，双馈感应发电机可有以下 3 种运行状态：

（1）亚同步运行状态。在此种状态下 $n < n_1$，由转差频率为 f_2 的电流产生的扭转磁场转速 n_2 与转子的转速方向相同，因此有 $n + n_2 = n_1$。

（2）超同步运行状态。在此种状态下 $n > n_1$，改变通入转子绕组的频率为 f_2 的电流相序，则其所产生的扭转磁场的转速与转子的转速方向相反，因此有 $n - n_2 = n_1$。

（3）同步运行状态。在此种状态下 $n = n_1$，转差率 $f_2 = 0$，即直流电流，与普通同步电机一样。

综上所述，双馈感应发电机与普通异步发电机的工作原理是一致的。二者的区别在于普通异步发电机转子电流的频率取决于电机的转速，由转子短路条感应电势的频率决定，与转差率有关，而转子电流本身的频率不能自主地、人为地调整。而双馈感应发电机转子绕组的频率由外加交流励磁电源供电，其频率可以随之变化。因此，双馈感应发电机既具有异步发电机的工作原理，又具有同步发电机的工作特性。

（四）交流励磁双馈式变速恒频风电系统最大风能追踪

随着风电机组单机容量的增大，为减少运行成本，追踪最大风能以提高发电效率的控制方式成为风力发电的最优发电方式。在最大风能追踪阶段，系统采用定桨距控制方式且桨距角为零。图 3-25 为不同风速下风力机输出功率与转速的关系图。

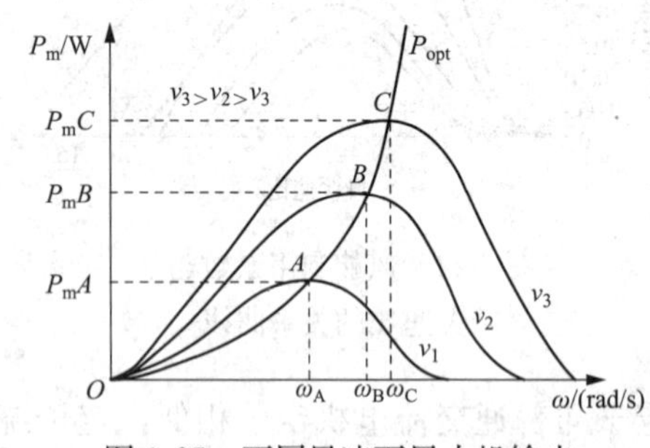

图 3-25　不同风速下风力机输出功率与转速的关系曲线

由图 3-25 可知，输出功率在风力机转速固定时，随着风速增加而增加；但在风速不变时，输出功率则因为转速的不同而不同，存在最佳转速，使得风力机输出最大功率。将风力机在不同风速下的输出功率曲线最大点 P_{opt} 连接，得到最佳功率曲线。通过曲线可知，风力机在风速变化的情况下，如果运行在 P_{opt} 曲线上，则系统的输出功率最大，P_{opt} 为

$$\left.\begin{aligned} P_{opt} &= k_{opt}\omega^3 \\ k_{opt} &= 0.5\rho\pi C_{pmax}\frac{R^5}{\lambda_{opt}^3} \end{aligned}\right\} \tag{3-15}$$

式中：k_{opt} 为与风力机相关的定值；C_{pmax} 为最大风能利用系数；λ_{opt} 为最大风能利用系数所对应的最佳叶尖速比；ω 为转速。

因此，当风速发生变化时，需要实时对风力机转速进行调节，以保持最佳叶尖速比，使其运行在最佳功率曲线上，从而实现最大风能的捕获。由于变速齿轮箱的关系，发电机转速

得以增大，增大的转速为风力机自身转速的 N 倍。这里我们对双馈感应发电机转速进行控制，以此间接控制风力机转速使之达到在不同风速下的最佳转速，以便取得最大输出功率。对双馈感应风力机转速进行控制是基于调节发电机转速来实现的，也就是调节双馈感应发电机输出的有功功率，这样可以使其达到对应风速下的最佳功率点，实现最大风能追踪。双馈感应发电机功率的关系为

$$\left.\begin{aligned} P_{sl} &= P_e - P_{Cul} - P_{Fel} \\ P_e &= \frac{P_m - P_{loss}}{1-s} = \frac{P_{mes}}{1-s} \end{aligned}\right\} \tag{3-16}$$

式中：P_{sl} 为双馈感应发电机定子输出的有功功率；P_e 为双馈感应发电机的电磁功率；P_{Cul} 为定子铜耗；P_{Fel} 为定子损耗；P_m 为双馈感应发电机输出的机械功率，P_{loss} 为机械损耗，P_{mes} 为双馈感应发电机的净输入机械功率；s 为转差率，$s=(n_1-n_2)/n_1$，n_1、n_2 分别表示为同步转速和转子转速。

当风力机输出最大功率时，式（3-16）变为

$$\left.\begin{aligned} \Delta P &= P_{Cul} + P_{Fel} + \frac{P_{loss}}{1-s} \\ P_{slmax} &= \frac{P_{mmax}}{1-s} - \Delta P \end{aligned}\right\} \tag{3-17}$$

忽略定子和转子的损耗及机械损耗的情况下，可得

$$P_m = P_{sl}(1-s) \tag{3-18}$$

由式（3-18）可知，在变速发电运行中，要使风力机输出的机械功率最大，则对应的定子输出有功功率要最大，调节发电机转速可实现风能最大追踪。

（五）交流励磁双馈式变速恒频风电系统运行原理

双馈感应发电机在稳态运行时，按照感应电机定、转子绕组电流发生的扭转磁场相对于静止的关系，其数学表达式如下

$$\left.\begin{aligned} \Delta P &= P_{Cul} + P_{Fel} + \frac{P_{loss}}{1-s} \\ P_{slmax} &= \frac{P_{mmax}}{1-s} - \Delta P \end{aligned}\right\} \tag{3-19}$$

$$f_1 = \frac{pn}{60 \pm f_2} \tag{3-20}$$

$$\frac{n_1 - n}{n_1} = \pm \frac{n_2}{n_1} \tag{3-21}$$

式中：n、n_1、n_2 分别为定子电流磁场扭转速率、转子扭转速度和转子电流磁场；f_1、f_2 分别为定子、转子电流频率；p 为发电机极对数。

由式（3-19）～式（3-21）可知，当双馈感应发电机转子转速发生变化时，调节转子电流频率，可实现双馈异步发电机的变速恒频节制。当风速变化时，变速恒频风力发电系统工作过程如下：

（1）当风速下降时，风力机转速下降，双馈感应发电机转子转速也下降，转子绕组电流发生的扭转磁场转速将低于双馈感应发电机的同步转速，定子绕组感应电动势的频率低于50Hz，与此同时转速测量装置立即将转速下降的信息反馈到节制转子电流频率的电路，使转

子电流的频率升高，则转子扭转磁场的转速又回升到同步转速，如此定子绕组感应电动势的频率又恢复到额定频率（50Hz）。

（2）当风速升高时，风力机及双馈感应发电机转子转速升高，双馈感应发电机定子绕组感应电动势的频率将高于同步转速对应的频率，测速装置会立即将转速和频率升高的信息反馈到节制转子电流频率的电路，使转子电流的频率下降，从而使转子扭转磁场的转速回降至同步转速，定子绕组的感应电动势频率恢复到50Hz。应当注意的是，当超同步运行时，转子扭转磁场的转向应与转子本身的转向相反，所以当超同步运行时，转子绕组应能主动变更相序。

（3）当双馈感应发电机转子转速达到同步转速时，转子电流的频率应为0，即转子电流为直流电流，这与传统同步发电机转子励磁绕组内通入直流电是一致的。实际上，在这类情况下双馈异步发电机已与传统同步发电机无异。双馈异步发电机输出端电压的节制是靠改变发电机转子电流的大小来实现的。当双馈感应发电机的负载变大时，双馈感应发电机输出端电压将下降，此信息由电压检测取得，并反馈到节制转子电流的电路，使三相半控或全控整流桥的晶闸管导通角增大，从而使双馈感应发电机转子电流增大，定子绕组的感应电动势升高，双馈感应发电机输出端电压恢复到额定电压。反之，当双馈感应发电机负载减小时，双馈感应发电机输出端电压将升高，经由过程电压检测取得的反馈信息将使半控或全控整流桥的晶闸管的导通角减小，从而使转子电流减小，定子绕组输出端电压降至额定电压。

通过对实际运行效果进行分析，与传统失速型风力发电机相比，变速恒频风力发电机具有下列优势：

（1）变速恒频风力发电机可控制异步发电机的滑差在合适的数值范围内转变，从而可以实现优化风力机叶片的桨距调节。

（2）因为风力机是变速运行，其运行速率可以在一个较宽的范围内被调至风力机的最优化效力数值，使风力机的功率系数得到优化，从而取得较高的体系效力。

（3）可以实现双馈感应发电机光滑的电功率输出，优化体系内的电网质量，同时减小双馈感应发电机温度转变。

（4）可以降低机组剧烈的转矩起伏和噪声水平，从而能够减小所有部件的机械应力。

（5）可孤网运行，也可并网运行，并可实现功率系数的调节。

四、变速恒频风电机组低电压穿越技术

（一）风电机组低电压穿越技术

电网电压跌落故障对风电机组的影响主要表现为：机械、电气功率的不平衡会影响机组的稳定运行；暂态过程导致发电机组中出现过电流，器件可能被损坏；附加的转矩、应力可能导致机械部分被损坏。

由于风电容量占电网总容量的比例逐年上升，风电机组与局部电网之间的相互影响也越来越大，必须将风电机组与电网作为一个整体来实施运行控制。对于风电比例较高的电力系统，如果大量风电机组在电网故障时发生脱网、解列，将导致系统潮流的大幅变化甚至引起大面积停电，给社会生活、工业生产带来巨大影响。为此，电网运营商提出了风电设备的并网导则，从电力系统稳定的角度出发，要求风电机组具备低电压穿越能力。

低电压穿越是指风力机在并网点电压跌落的时候，能够保持并网，甚至向电网提供一定的无功功率，支持电网恢复，直到电网恢复正常，从而“穿越”这个低电压时间段。即电网

电压跌落期间风力机应满足故障期间风力机仍连接于电力系统；故障期间向电网提供无功功率以支撑电压恢复；故障切除后能快速返回正常运行状况。

目前，对于电网电压跌落故障下风电机组的动态响应特性及其低电压穿越能力的研究，已成为国内外风电技术研究领域的热点问题。最新的电网导则要求风电系统的低电压穿越能力不能低于被它取代的传统发电方式，因此各国的风电设备生产商及相关科研机构都对风电设备的故障运行进行了大量研究，并提出了低电压穿越技术。本节将以变速恒频双馈感应发电机、变速恒频同步直驱风电机为例，阐述低电压穿越技术的规则和要求，介绍相关原理和主要的低电压穿越实现方案。

（二）低电压穿越技术的要求

低电压穿越特性是由整个故障持续时间的最低电压和故障清除后电压上升恢复至正常的电压水平来定义的。各国电力行业相关机构根据本国的国情制定了相应的风电机组低电压穿越技术规范，美国要求电压跌落至15％额定电压时可以维持并网运行625ms，并且能在跌落后3s内恢复至90％额定电压的过程中，风电场仍保持并网运行；德国的要求更为严格，要求并网点电压降为0时，依然能够持续运行150ms，且要求风电机组能够发出无功电流控制并网点电压；丹麦提出了双重电压降落特性要求，即当发生一次电压跌落事故100ms后间隔300ms内再发生一次100ms电压跌落故障时，风电机组仍能不从电网分离。

我国根据2012年6月国家颁布的GB/T 19963—2011《风电场接入电力系统技术规定》要求，风电机组在并网点电压波动在±10％范围内时应能够保持正常并网运行；当出现严重故障，并网点电压跌落至20％额定电压时，机组需要具有保持不脱网运行625ms的低电压穿越能力。图3-26表示了我国的风电机组低电压穿越要求，其中实线上方区域表示风电机组必须保持并网运行，在其下方的电压水平时风电机组可以从电网中断开。在故障清除后电压应恢复到接近扰动前的水平。

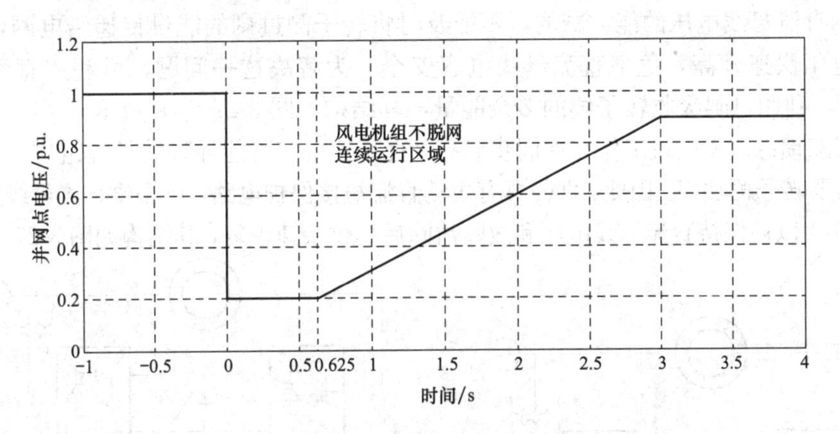

图3-26　我国风电场低电压穿越要求

另外，电压恢复的速度取决于所连接的电网的强弱和无功功率的支撑能力，系统越强则电压恢复越快，对风电机组的要求就越小。准则通常还要求在低电压穿越期间，风电场应当能够对并网点提供正比于电压的有功功率，需要时还能提供最大无功功率而不使风电机组的电力电子变换器过负荷。

(三)交流励磁双馈式变速恒频风电机组低电压穿越技术的实现

1. 双馈感应发电机对电网电压跌落的响应

研究低电压穿越技术的前提是分析风力机在电网电压出现跌落与恢复时的一些暂态过程，如出现过电压、过电流或转速上升等。不同风电机组类型的暂态和导致的影响不完全相同。

双馈异步发电机的定子侧直接连接电网，这种直接耦合使得电网电压的降落直接反映在电机定子端电压上，导致定子磁链出现直流成分，发生不对称故障时还会出现负序分量。定子磁链的直流分量和负序分量相对于旋转的转子会形成较大的转差(转差频率分别在 ω_s 和 $2\omega_s$ 附近，ω_s 为同步角频率)，从而感生出较大的转子电动势和较大的转子电流，导致转子电路中电压和电流在大幅增加。

双馈感应发电机的转子侧接有 AC-DC-AC 变换器，其电力电子器件的过电压、过电流能力有限，如果电网电压跌落时不采取控制措施限制故障电流，暂态转子电流过大会对脆弱的电力电子器件构成威胁；而控制转子电流会使变换器直流电压升高，电压过高同样会损坏变换器；且变换器输入、输出功率的不匹配有可能导致直流电压的上升或下降。电网发生故障(尤其是不对称故障)的过渡过程中，电机电磁转矩会出现较大的波动，对风力机齿轮箱等传动部件造成冲击，影响风力机的运行和寿命。定子电压跌落时，电机输出功率降低，若对风力机捕获功率不进行控制，传递到电网的电功率和输入的机械功率之间会失配，必然导致电机转速上升。在风速较高即风力机驱动转矩较大的情况下，即使故障切除，发电机的电磁转矩也有所增加，也难抑制其转速进一步升高，吸收的无功功率进一步增大，使得定子端电压下降，进一步阻碍了电网电压的恢复，严重时可能导致电网电压无法恢复，致使系统崩溃。这种情况与电机惯量、额定值及故障持续时间有关。因此，双馈感应发电机系统的低电压穿越能力受转子侧变换器的制约，实现复杂，可能比其他直接联网的发电机或直驱式发电技术更费力。

2. 交流励磁双馈式变速恒频风电机组低电压穿越技术

(1) 母线侧方法。电压跌落期间，转子故障电流引起直流母线电压波动，同时也使网侧变换器控制直流母线电压的能力减弱，不能及时将转子侧过剩的能量传递给电网，可能导致直流母线电压快速升高，危害直流母线电容安全。为解决这一问题，可利用直流短接保护(Crowbar)，利用电阻吸收转子侧的多余能量，其结构如图 3-27 (a) 所示。

但如果双馈感应发电机工作在次同步状态，直流短接有可能导致转子绕组再一次短接，此时发电机需要转子侧功率。因此，即便具有主动直流短接保护电路，仍需要直流母线连接不间断电源(UPS)，以便保持直流母线电压和故障清除后提供快速恢复，其结构如图 3-27 (b) 所示。

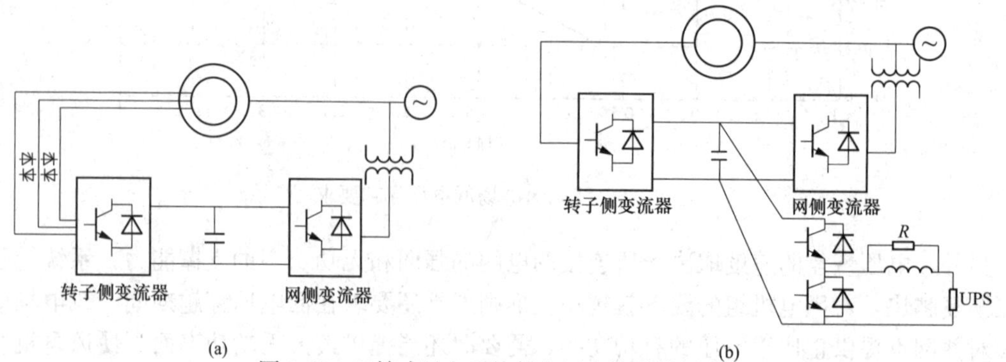

图 3-27 双馈式风电系统低电压穿越母线侧实现

(a) 直流短接保护；(b) 接不间断电源

该方法的优点是利用直流母线和UPS之间的双向潮流，可以在直流母线电压过高的情况下吸收直流母线上的能量，也可以在直流母线电压过低的情况下释放能量。该方法的缺点是成本过高，限制了其商业化的推广。

(2) 定子侧方法。定子侧方法的基本思想是在电压跌落期间采用定子并网开关将双馈异步发电机定子暂时从电网中切除，直到电网电压恢复到一定程度时再重新并网。在定子切除期间，励磁变流器仍与电网连接，并可以利用网侧变流器向电网提供无功。

但实际上这并非是真正的不脱网运行，且由于网侧变流器的容量较小，对电网的恢复作用十分有限。常通过增设复杂的开关电阻阵列、额外的电网侧串联电流器，以提高低电压穿越的能力。上述方案的优点是可以避免电网电压的骤降、骤升对机组的冲击，但存在成本过高、控制复杂的问题，难以实际应用。

(3) 转子侧方法。通过增设直流短接电路短接转子绕组以旁路转子侧变流器，可为转子侧的浪涌电流提供一条通路，起到保护发电机和变流器的作用。转子侧直流短接电路的控制方式是当转子侧电流或直流母线电压增大到预定的阈值时触发导通开关元件，同时关断转子侧变流器中所有开关器件，使得转子故障电流流过直流短接电路，旁路转子侧变流器。适合于双馈感应发电机的直流短接电路的常见拓扑结构有反并晶闸管结构、二极管桥加可控器件结构、混合桥型（每个桥臂由二极管和可控器件串联而成）结构、IGBT型（在二极管桥的直流侧串入一个IGBT和一个吸收电阻）结构、ICBT桥加旁路电阻结构。如图3-28（a）所示是双向晶闸管型直流短接电路，这种结构最为简单，但其不对称结构易引起转子电流中出现很大的直流分量，并不实用。如图3-28（b）表示带双向晶闸管和旁路直流短接电路，除电路对称外，更可利用其电阻消耗转子侧多余的能量，加快定子、转子故障电流的衰减。

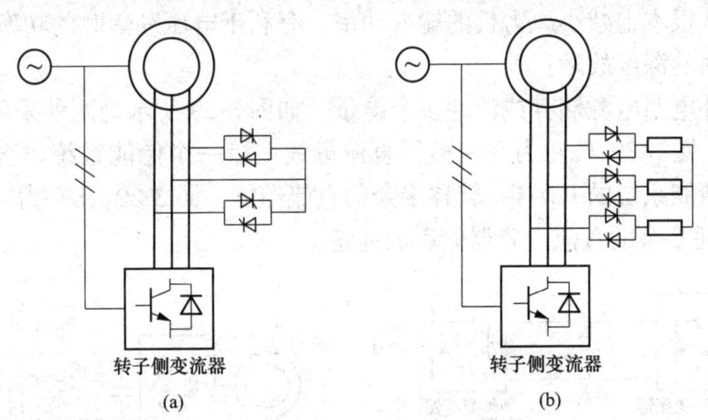

图3-28　两种典型的直流短接电路

(a) 带双向晶闸管型直流短接电路；(b) 带双向晶闸管和旁路直流短接电路

该方法的优点是可以确保励磁变流器的安全，加快故障电流的衰减，缺点是直流短接电路动作期间将短接DFIG转子绕组，使DFIG变为笼型异步发电机运行，需从电网吸收大量无功功率用于励磁，这将不利于电网故障的迅速恢复，而且增加了硬件设备，使得控制更加复杂。此外，直流短接电路的投入和切除的时刻选择也十分重要，若选择不当可能会引起直流短接电路多次动作，也可能引起大电流冲击。

(四) 直驱式风电机组低电压穿越技术原理和实现

1. 直驱式同步发电机对电网电压跌落的响应

直驱式同步发电机的定子经AC-DC-AC变换器与电网相连接，发电机和电网不存在直接耦合。电网电压的瞬时降落会导致输出功率的减小，发电机的输出功率瞬时保持不变，这时功率失配将导致变换器直流电压升高，威胁电力电子器件的安全。直流电压允许升高的量取决于变换器的额定值和直流母线的电容器。如采取控制措施稳定直流电压，必然会导致输出到电网的电流增大，过大的电流同样会威胁变换器的安全。当变换器直流电压在一定范围波动时，发电机侧变换器一般能保持可控性，所以在电网电压跌落期间，变换器仍然能够维持发电机的控制。因为发电机几乎看不到电网的故障，仍以正常运行期间的方式运行，所以也不需考虑过速的问题。因此，直驱式同步发电机系统的低电压穿越相较于双馈异步发电机系统容易实现。

2. 直驱式风电机组低电压穿越技术

电压跌落期间，直驱式同步发电机的主要问题在于能量失配导致直流电压的升高。因此，可采取措施储存或消耗多余的能量以解决能量的匹配问题。这种设计需考虑成本、电网规范、故障深度和持续时间等。

对于持续时间短的故障，可采取以下方法：

（1）增大变流器额定值。选择高一级额定电压和额定电流的电力电子器件，并提高直流电容的额定电压。由此可以把直流电压限定值提高，以储存多余的能量，并允许网侧逆变器电流增大，以输出更多的能量。但考虑到电力电子器件成本，增加电力电子器件额定值是有限度的，且在长时间严重故障下，有可能超出电力电子器件容量。

（2）减小发电机的发电功率。减小同步电磁转矩设定值，使发电机的转速上升，从而允许转速的暂时上升来存储风力机部分输入能量，减少了发电机的输出功率。如果故障不严重，可以不采取变桨控制；一旦电机转速上升过多或升速储能到达极限，可直接采取变桨控制。变桨控制可从根本上减小风力机的输入功率，有利于电压跌落时的功率平衡。

对于更长时间的深度故障：

（1）采用额外电路电源储存或消耗多余能量。如图 3-29 所示为两种采用外接电路实现低电压穿越的方案。图 3-29（a）为在变换器直流母线上接一个储能系统，当检测到直流电压过高时，则触发储能系统的 IGBT，转移多余的直流储能。图 3-29（b）为采用 Buck 变换器，直接用电阻 R 消耗多余的直流电容器储存的能量。

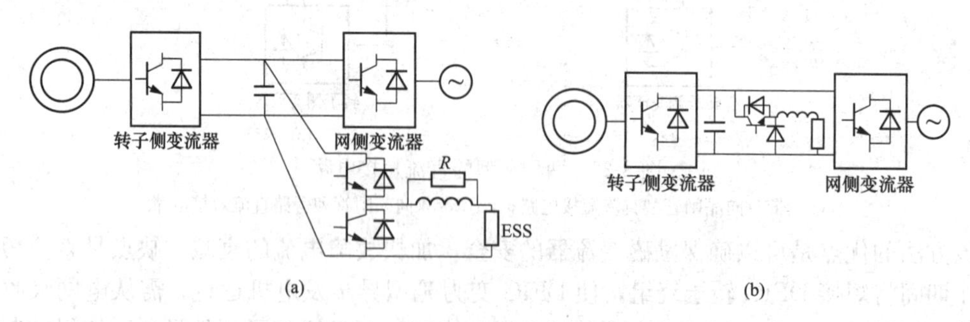

图 3-29 直驱式同步发电机低电压穿越实现

（a）接储能系统；（b）接电阻耗能

（2）采用辅助变流器的保护电路。电网电压跌落时，对变流器的主要影响是过电流和直流侧电压上升，因此可以在直流侧和电网之间增加辅助变流器来实现保护功能。图 3-30 是采用并联辅助变流器的保护电路，图 3-31 是采用串联辅助变流器的保护电路。并联辅助变流器在电网正常时不参与工作，发生电压跌落等故障时，网侧变流器采用的 IGBT、IGCT 等功率器件所能承受的过电流有限，而辅助变流器采用的器件，可以承受较大的有功电流，因而在电网电压较低时，变流器可以输出较大的电流，使输出功率与故障前保持一致，保证直流侧的功率平衡。电网电压恢复正常后，关闭辅助变流器，使网侧变流器恢复正常输出。

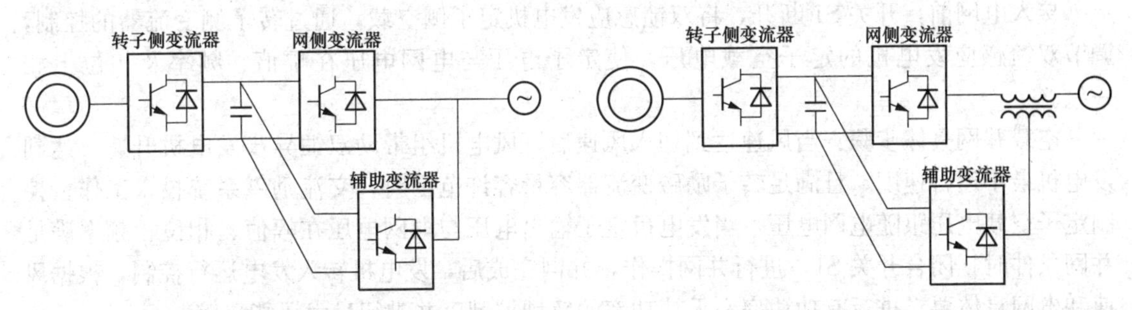

图 3-30　直驱式系统增加并联辅助变流器的保护电路　　图 3-31　直驱式系统增加串联辅助变流器的保护电路

五、交流励磁双馈式变速恒频风电机组并网运行

随着风电机组单机容量的增大，在并网时对电网的冲击也增大。这种冲击严重时不仅引起电力系统电压的大幅度下降，并且可能对发电机和机械部件（塔架、桨叶、增速器等）造成损坏。如果并网冲击持续时间过长，还可能使电力系统解列或威胁其他挂网机组的正常运行。

在风电机组的起初阶段，需要对发电机进行并网前调节以满足并网条件（发电机定子电压和电网电压的幅值、频率、相位均相同），使之能安全地切入电网，进入正常的并网发电运行模式。发电机并网是风电系统正常运行的“起点”，其主要的要求是限制发电机在并网时的瞬变电流，避免对电网造成过大的冲击。当电网的容量比发电机的容量大得多时（大于 25 倍），发电机并网时的冲击电流可以不予考虑。但风电机组的单机容量越来越大，目前已经发展到兆瓦级水平，机组并网对电网的冲击已不能忽视。比较严重的后果是，不但会引起电网电压的大幅下降，还会对风电机组各部件造成损坏。更为严重的是，长时间的并网冲击，甚至还会造成电力系统的解列以及威胁其他风电机组的正常运行。因此，必须通过合理的发电机并网技术来抑制并网冲击电流，并网技术已成为风电技术中一个不可忽视的环节。

（一）并网运行控制方式

传统的恒速恒频发电机与电网之间为“刚性连接”，并网操作依赖于机组速度的调节，实现条件严格，因而比较困难。交流励磁变速恒频风力发电机与电网之间为“柔性连接”。采用转子交流励磁后，双馈异步发电机和电网之间构成了“柔性连接”。“柔性连接”是指可根据电网电压、电流和双馈异步发电机的转速，通过控制机侧变流器来调节双馈异步发电机转子励磁电流，从而精确地控制双馈异步发电机定子电压，使其满足并网条件。本节将从分析变速恒频风电机组的运行特点出发，把磁场定向矢量控制技术应用到双馈异步发电机的并网控制上。根据双馈异步发电机并网前的运行状态，双馈异步发电机并网方式有两种：①空载并网方式，并网前双馈感应发电机空载，调节双馈感应发电机的定子空载电压实现并网；②带负载并网方式，并网前双馈感应发电机接独立负载（如电阻），调节其定子电压实现并网。两种并网方式都允许机组转速在较大的范围内变化，故适用于变速恒频风电系统。在两种并网方式控制下，双馈感应发电机定子电压均能迅速向电网电压收敛，实现较小冲击的并网。

1. 空载并网方式

交流励磁变速恒频双馈感应发电机风电系统空载并网运行结构如图 3-32 所示。

接入电网前，开关 S1 断开，将双馈感应发电机定子侧空载，通过转子侧变流器的控制，调节双馈感应发电机的定子空载电压，使定子电压与电网电压在幅值、频率及相位上相一致。

空载并网具体步骤：当风速达到切入风速后，风电机组带动双馈异步发电机升速，达到发电机最小运行速度，且满足转子励磁变流器容量容许范围时，交流励磁系统投入工作，控制定子空载电压跟随电网电压，当发电机定子输出电压与电网电压在幅值、相位、频率满足并网条件时，闭合开关 S1，进行并网操作，并网完成后，发电机转入发电运行控制，根据风速和电网具体要求进行有功功率和无功功率的解耦控制，并进行最大风能追踪。

这种并网方式很好地实现了定子电压控制，其原理清晰，实现简单，是一种较为理想的实施方案。在并网过程中，定子的冲击电流较小，转子电流也能够平稳过渡，能实现变速恒频双馈式风电机组的顺利并网。

2. 带负载并网方式

交流励磁变速恒频双馈感应发电机风电系统带独立负载并网结构如图 3-33 所示。发电机并网前投入励磁系统，定子带负载（如电阻）运行，此时 S2 闭合，因此对转子有电磁力矩作用，能对转子转速进行控制。在励磁变流器的控制下，当满足并网条件时，S1 闭合接入电网，同时 S2 断开将负载电阻切出。

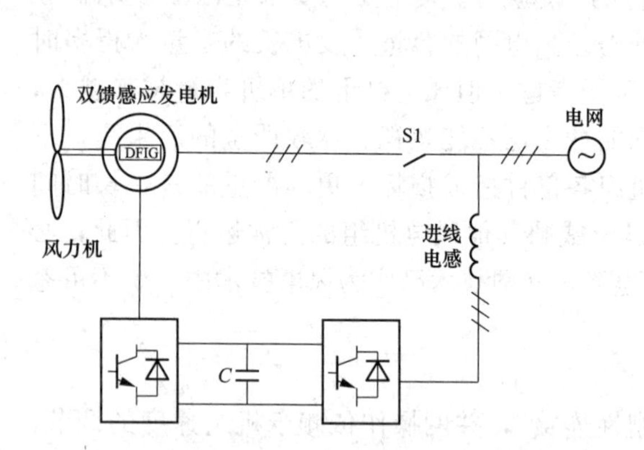

图 3-32 交流励磁变速恒额双馈感应发电机风电系统空载并网运行结构图

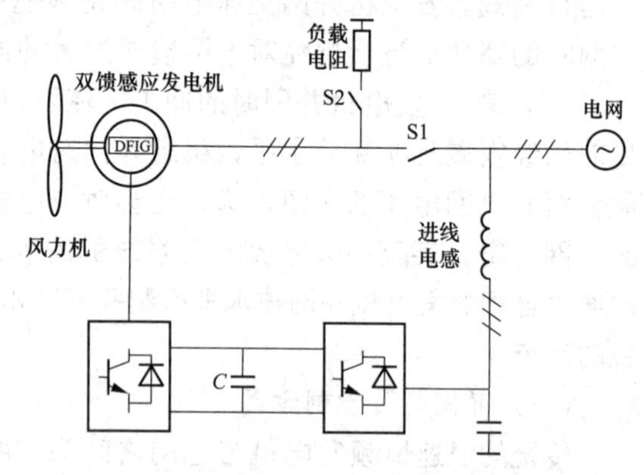

图 3-33 交流励磁变速恒频双馈感应发电机负载并网运行结构图

带负载并网有如下特点：双馈感应发电机并网前已经带有独立负载，定子电流不为零，因此并网控制所需要的信息不仅取自于电网侧，还取自于双馈感应发电机定子侧负载。负载并网方式发电机能够对能量进行一定的调节，因此降低了对风电机组调速能力的要求，能够与风电机组调速相结合实现双馈感应发电机并网，但控制较为复杂。

（二）运行工作区

变速恒频风力发电机在运行时，为了实现对风能的最大利用，以及发电的吸收功率不超过额定功率，在不同风速情况下采用不同的控制方式。风力发电机根据发电机转速大小不同，主要运行在四个区域：启动区、最大风能追踪区、恒转速区、恒功率区。如图 3-34 所示，图中横坐标为发电机转速标幺值，纵轴为风力机输出功率标幺值，*AB* 段为启动区，*BC* 段为最大风能追踪区，*CD* 段为恒转速区，*DE* 段为恒功率区。下面详细介绍变速恒频风力发电机运行的各个区域。

1. 启动区

在风速低于启动风速时，风力发电机发出功率为 0，不与电网相连，通过控制风力涡轮机桨距角，使风力机处于恒转速状态；当风速大于启动风速时，图 3-34 中设为 0.7 倍的额定转速，发电机并网运行，转速上升，发出有功功率和无功功率。

2. 最大风能追踪区

该区域是变速恒频风力发电机的功率控制区域。图 3-34 中取风力发电机的最高转速为 1.16 倍的额定转速。在发电机转速低于最高转速时，风力发电机一直处于最大风能追踪区。风能利用系数与风力涡轮机的桨距角和叶尖速比有关，在桨距角一定的情况下，改变风力发电机转速，可改变风力机的叶尖速比，进而追踪风能利用系数最大值。

如图 3-35 所示，在风速分别为 v_1、v_2 和 v_3 时，风力机的功率-转速曲线不相同，在不同的风速时，风力机吸收最大功率时对应的风力机转速不相同。在额定风速以下时，随着风速的增加，对应吸收最大功率的风力机机械旋转角速度也在增加。在低风速 v_1 时风力机运行在 *A* 点，此时为该风速下的最大风能利用点。随着风速增加为 v_2，此时若不改变风力机转速，风力机将运行在 *B* 点。为了在该风速下最大地利用风能，通过风机转速控制环节增加风力机转速，使其运行在 *C* 点，以提高该风速下的风能利用系数。

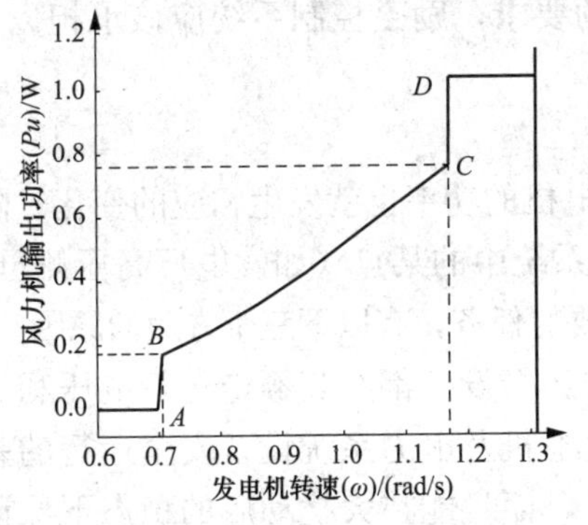

图 3-34　风力机输出功率-转速特性曲线图

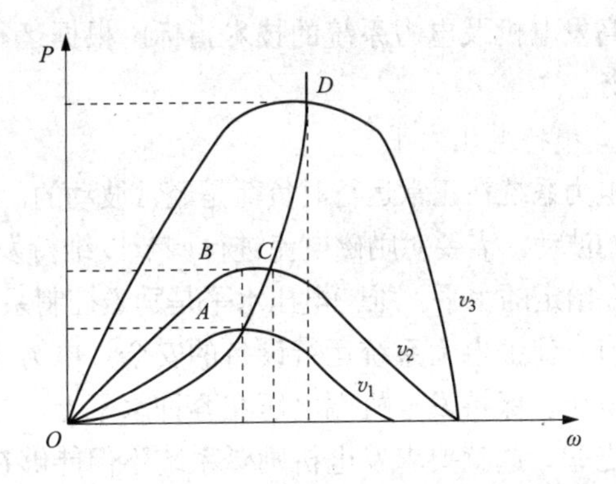

图 3-35　不同风速时风力机的功率-转速曲线图

3. 恒转速区

随着风速的增加，在发电机转速高于最高转速以后，发电机转速不能够随着风速的增加再上升，而风力机的吸收功率还没有达到额定值，这时可以通过控制环节增加发电机的吸收功率，风力机进入恒转速控制区域。风力机通过控制系统调节桨距角，限制风力发电机组的转速在最大转速以下，发电机吸收功率随着风速的增加而增加，并且低于发电机额定功率。

4. 恒功率区

此时发电机已经运行在额定功率状态，进入恒功率恒转速控制区。风力机的吸收功率不再随着风速的增加而增加，通过控制环节限制风力机组吸收的功率，以保证风力发电机组稳定安全运行。

第三节 同步发电机的励磁系统

电力电子技术除了在新能源发电系统中广泛应用外，在同步发电机的励磁系统中也有应用。现代同步发电机的直流励磁电源都是由交流励磁电源经半导体整流器变为直流后向转子直流励磁绕组提供直流电流的。

一、励磁系统概述

同步发电机的运行特性与它的空载电动势的大小有关，而空载电动势是发电机励磁电流的函数，改变励磁电流就可影响同步发电机在电力系统中的运行特性。因此，对同步发电机的励磁进行控制是对同步发电机的运行进行控制的重要内容之一。

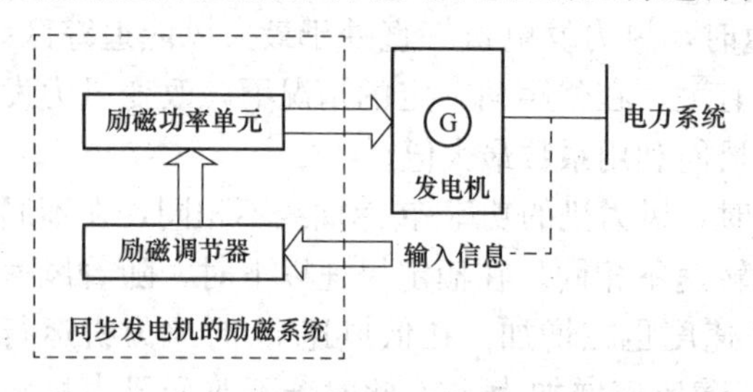

图 3-36 同步发电机的励磁控制系统框图

励磁系统一般由励磁功率单元和励磁调节器两部分构成。发电机和它的励磁系统所构成的闭环系统称为励磁控制系统，它是一个典型的反馈控制系统，其控制原理如图 3-36 所示。励磁功率单元向同步发电机转子提供直流电流，即励磁电流；励磁调节器根据输入信号和给定的调节准则控制励磁功率单元的输出。

（一）同步发电机励磁控制系统的主要任务

优良的励磁系统不仅可以保证发电机运行的可靠性和稳定性，提供合格的电能，还可有效提高发电机及电力系统的技术指标。根据运行方面的要求，励磁控制系统应该承担以下 4 个任务。

1. 维持电压水平

电力系统在正常运行时负荷是经常波动的，同步发电机的功率也就发生相应的变化。随着负荷的波动，需要对励磁电流进行调节以维持发电机或系统中的某点（如发电厂高压侧母线）电压在给定的水平。维持电压水平是励磁控制系统最主要的任务，有以下三个方面的原因。

（1）保证电力系统运行设备的安全。电力系统中的运行设备都有其额定运行电压和最高运行电压。保持发电机端电压在容许水平上，是保证发电机及电力系统设备安全运行的基本条件之一，这就要求发电机励磁系统不但能够在静态下，而且能在大扰动后的稳态下保证发电机电压在给定的容许水平上。发电机运行规程规定，大型同步发电机运行电压值不得高于额定值的 110%。

（2）保证发电机运行的经济性。发电机在额定电压附近运行是最经济的。如果发电机电压下降，则输出相同的功率所需的定子电流将增加，从而使损耗增加。《发电机运行规程》规定大型发电机运行电压不得低于额定电压的 90%；当发电机电压低于额定电压的 95%时，发电机应限负荷运行。

（3）提高维持发电机电压能力的要求和提高电力系统稳定的要求在许多方面是一致的。励磁控制系统对静态稳定、动态稳定和暂态稳定的改善，都有显著的作用，而且是最为简单、经济而有效的措施。

2. 控制无功功率的合理分配

与无穷大母线并联运行的机组，调节它的励磁电流可以改变发电机无功功率的数值。然而，在实际运行中，与发电机并联运行的母线并不是无穷大母线，即系统等值阻抗并不等于零，母线的电压将随着负荷波动而改变；电厂输出无功电流与它的母线电压水平有关，改变其中一台发电机的励磁电流不但影响自身电压和无功功率，而且将影响与之并联运行机组的无功功率，其影响程度与系统情况有关。因此，同步发电机励磁的自动控制系统还担负着并联运行机组间无功功率合理分配的任务。

3. 提高同步发电机并联运行的稳定性

保持同步发电机稳定运行是保证电力系统可靠供电的首要条件。电力系统在运行中随时可能遭受各种干扰，在各种扰动后，发电机组能够恢复到原来的运行状态或者过渡到另一个新的运行状态，则称系统是稳定的。其主要标志是在暂态过程结束后，同步发电机能维持或恢复同步运行。

为了便于研究，一般将电力系统的稳定分为静态稳定和暂态稳定两类。

(1) 电力系统静态稳定是指电力系统在正常运行状态下，经受微小扰动后恢复到原来运行状态的能力。

(2) 电力系统暂态稳定是指电力系统在某一正常运行方式下突然遭受大扰动后，能否过渡到一个新的稳定运行状态或恢复到原来运行状态的能力。所谓大扰动是指电力系统发生某种事故，如高压电网发生短路或发电机被切除等。

现在又把电力系统受到小的或大的干扰后，在自动调节和控制装置作用下保持长过程运行的稳定问题称为动态稳定。

在分析电力系统稳定性问题时，无论静态稳定还是暂态稳定，在数学模型表达式中总含有发动机电动势，因而与励磁电流有关。可见，励磁控制系统是通过改变励磁电流来改变发动机的电动势，从而改善电力系统稳定性的。

4. 改善电力系统的运行条件

当电力系统由于种种原因出现短时低电压时，励磁控制系统可以发挥其调节功能，即大幅度增加励磁以提高系统电压。励磁控制系统可以改善电力系统的运行条件，主要体现在以下 3 个方面：①改善异步电动机的自启动条件；②为发电机异步运行提供条件；③提高继电保护装置工作的正确性。

(二) 对励磁系统的基本要求

1. 对励磁调节器的要求

励磁调节器的主要任务是检测和综合系统运行状态的信息，以产生相应的控制信号，控制信号经放大后控制励磁功率单元以得到所要求的发电机励磁电流。所以对它的要求如下：

(1) 系统正常运行时，励磁调节器应能反映发电机电压的大小，以维持发电机电压在给定水平。

(2) 励磁调节器应能合理分配机组的无功功率。

(3) 为使远距离输电的发电机组能在人工稳定区域运行，要求励磁调节器没有失灵区。

(4) 励磁调节器应能对系统故障迅速做出反应，具备强行励磁等控制功能，以提高暂态稳定和改善系统运行条件。

(5) 具有较小的时间常数，能迅速响应输入信息的变化。

2. 对励磁功率单元的要求

励磁功率单元受励磁调节器控制，并向同步发电机转子提供励磁电流。对其要求如下：

（1）要求励磁功率单元有足够的可靠性并具有一定的调节容量。在电力系统运行中，发电机依靠励磁电流的变化进行系统电压和本身无功功率的控制。因此，励磁功率单元应具备足够的调节容量，以适应电力系统中各种运行工况的要求。

（2）具有足够的励磁顶值电压和电压上升速度。从改善电力系统运行条件和提高电力系统暂态稳定性来说，希望励磁功率单元具有较强的强励能力和快速的响应能力。因此，在励磁系统中励磁顶值电压和电压上升速度是两项重要的技术指标。

二、励磁系统的分类

同步发电机的励磁系统实质上是一个可控的直流电源。为了满足正常运行要求，发电机励磁电源必须具备足够的调节容量，并且要有一定的强励倍数和励磁电压响应速度。在设计励磁系统方案时，首先应考虑它的可靠性。为了防止系统电网故障对它的影响，励磁功率单元往往作为发电机的专用电源，另外，它的起励方式也应力求简单。

早期的同步发电机的容量不大，励磁电流由与发电机组同轴的直流发电机供给，即直流励磁机励磁系统。随着发电机容量的提高，所需励磁电流也相应增大，机械整流子在换流方面遇到了困难，而大功率半导体整流元件制造工艺却日益成熟，于是现代同步发电机的直流励磁电源就采用了交流励磁机和半导体整流元件组成的交流励磁机励磁系统。

无论是直流励磁机系统还是交流励磁机系统，励磁机通常都与主机同轴旋转。为了缩短主轴长度、降低造价、减少环节，又出现了发电机自身作为励磁电源的励磁系统，即静止励磁系统。

因此，根据励磁电源类型不同，同步发电机励磁系统可分为直流励磁机励磁系统、交流励磁机励磁系统和静止励磁系统，具体分类如图 3-37 所示。

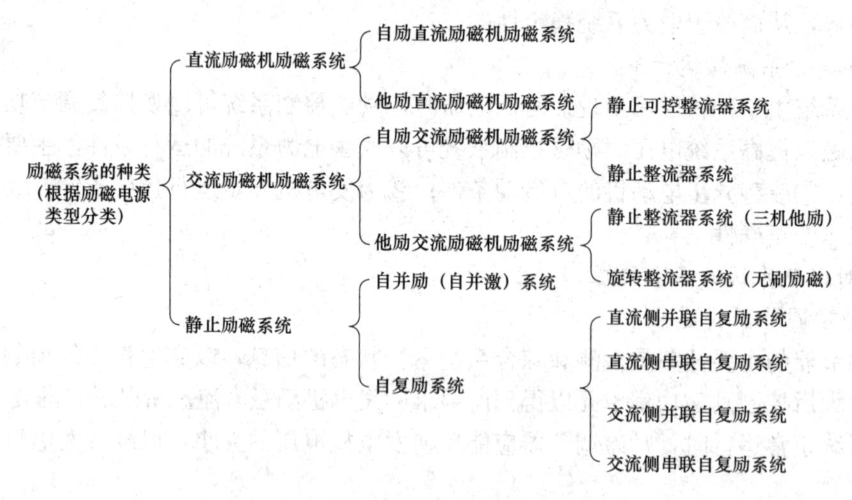

图 3-37　同步发电机的励磁系统分类图

下面对几种常用的励磁系统作简要介绍。

（一）直流励磁机励磁系统

直流励磁机励磁系统是过去常用的一种励磁系统。由于它是靠机械整流子换向整流的，当励磁电流过大时，换向就很困难，所以这种方式只能在 100MW 以下中小容量机组中使用。直流励磁机大多与发电机同轴，它是靠剩磁来建立电压的。按励磁机励磁绕组供电方式的不同，又可分为自励式和他励式两种。在此不作详细介绍。

（二）交流励磁机励磁系统

目前，容量在100MW以上的同步发电机组普遍采用交流励磁机励磁系统，同步发电机的励磁机也是一台交流同步发电机，其输出电压经大功率整流器整流后供给发电机转子。交流励磁机励磁系统的核心设备是励磁机，它的频率、电压等参数是根据需要特殊设计的，其频率一般为100Hz或更高。

交流励磁机励磁系统根据励磁机电源整流方式及整流器状态的不同又可分为以下几种。

1. 他励交流励磁机励磁系统

他励交流励磁机励磁系统采用与主发电机同轴的另一个小容量交流发电机作为交流电源，经硅整流器整流后供给发电机直流励磁。这类励磁系统由于励磁电源来自主发电机之外的另一个独立交流电源，故称他励系统。其中硅整流器可以是静止的，也可以是旋转的，因此又可以分为以下两种方式：

（1）他励静止半导体整流器励磁系统。如图3-38所示的励磁系统由与主机同轴的交流励磁机、中频副励磁机和调节器等组成。为了提高励磁调节速度，交流励磁机通常采用100～200Hz的中频发电机，而交流副励磁机则采用400～500Hz的中频发电机。在这个系统中发电机的励磁电流由交流励磁机经硅整流器供给，交流励磁机的励磁电流由晶闸管可控整流器供给，其电源由副励磁机提供。副励磁机是自励式中频交流发电机，用自励恒压调节器保持其端电压恒定。由于副励磁机的起励电压较高，不能像直流励磁机那样依靠剩磁起励，所以在机组启动时必须外加起励电源，直到副励磁机的输出电压足以使自励恒压调节器正常工作时，起励电源方可退出。在此励磁系统中，励磁调节器通过控制晶闸管元件的导通角来改变交流励磁机的励磁电流，达到控制发电机励磁的目的。

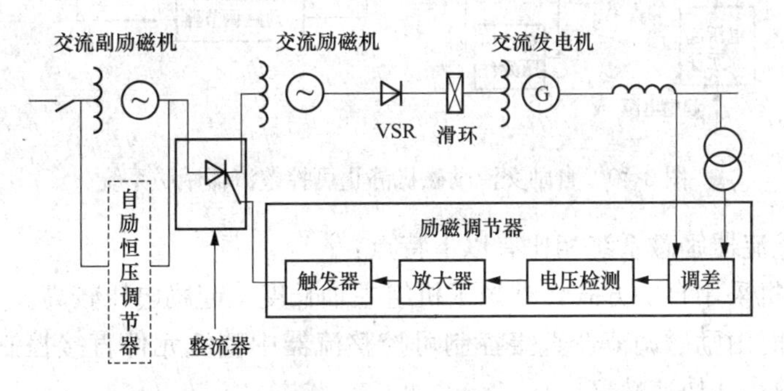

图3-38　他励静止半导体整流器励磁系统

这个交流励磁机励磁系统有一个薄弱环节——滑环。滑环是一种滑动接触元件，随着发电机容量的增大，转子电流也相应增大，这给滑环的正常运行和维护带来了困难。为了提高励磁系统的可靠性，就必须设法取消滑环，使整个励磁系统都无滑动接触元件，即所谓无刷励磁系统。

（2）他励旋转半导体整流器励磁系统。图3-39是无刷励磁系统的原理接线图。它的副励磁机是永磁发电机，其磁极是旋转的，电枢是静止的，而交流励磁机正好相反。交流励磁机电枢、硅整流元件、发电机的励磁绕组都在同一根轴上旋转，所以它们之间不需要任何滑环与电刷等接触元件，这就实现了无刷励磁。无刷励磁系统没有滑环与电刷等滑动接触部件，转子电流不再受接触部件、技术条件的限制，因此特别适合于大容量发电机组。

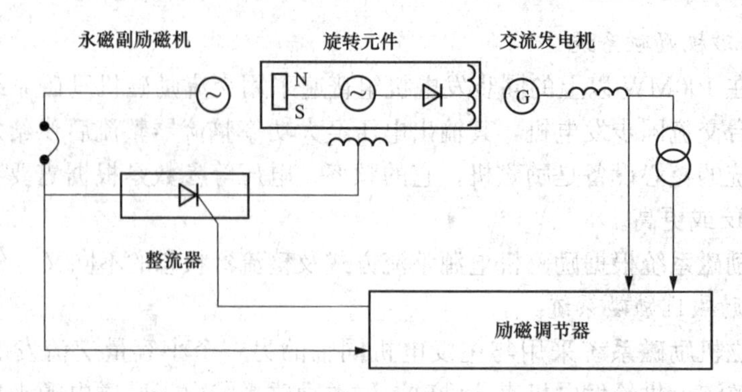

图 3-39　他励旋转半导体整流器励磁系统

2. 自励交流励磁机励磁系统

自励交流励磁机的励磁电源也是从本机获得，但为了维持其端电压恒定，改用了可控整流元件。

（1）自励交流励磁机静止可控整流器励磁系统。这种励磁方式的原理如图 3-40 所示。交流发电机 G 的励磁电流由交流励磁机经晶闸管整流装置供给。交流励磁机的励磁一般采用晶闸管自励恒压方式。励磁调节器直接控制晶闸管整流装置。

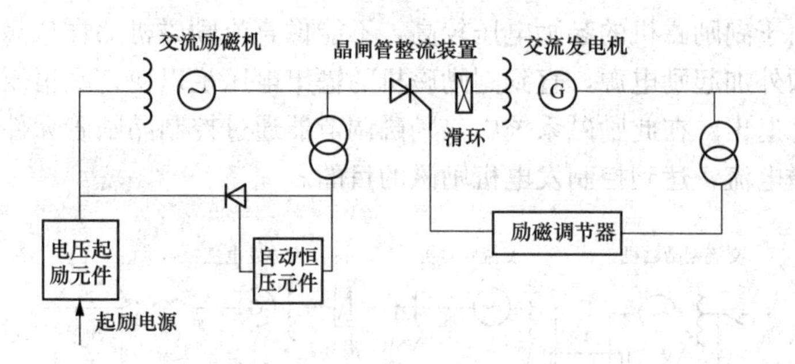

图 3-40　自励交流励磁机静止可控整流器励磁系统

与他励静止整流器励磁系统相比有以下特点：

1）交流励磁机采用自励方式，缩短了机组主轴长度，起励电压较高。

2）正常工作时由励磁调节器直接控制可控整流器中整流元件直接控制发电机的励磁电流，所以时间常数小，快速性好。

3）可控整流器控制的电流较大，需要的可控整流元件容量大。

（2）自励交流励磁机静止整流器励磁系统。自励交流励磁机静止整流器励磁系统原理如图 3-41 所示。发电机的励磁电流由交流励磁机经硅整流器供给，励磁调节器通过控制可控整流装置来控制励磁机的机端电压，从而达到调节发电机励磁的目的。

与自励交流励磁机静止可控整流器系统相比，其响应速度较慢，因为增加了交流励磁机自励回路环节，使动态响应速度受到影响。

（三）静止励磁系统

静止励磁系统采用一个励磁变压器作为交流励磁电源。因为这种励磁方式中，励磁电源取自发电机自身或发电机所在的电力系统，励磁变压器和整流器等都是静止元件，所以称为静止励磁系统。

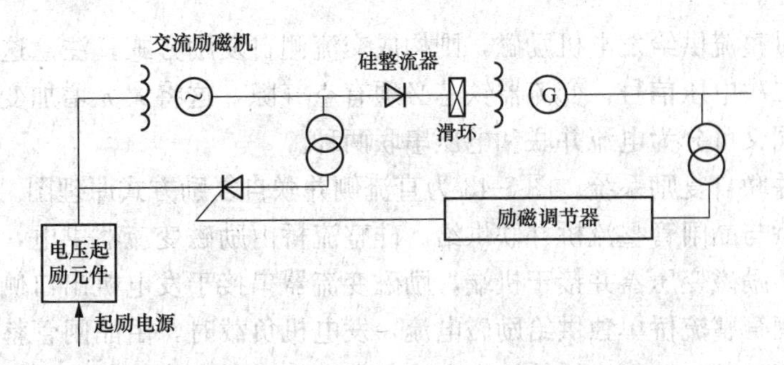

图 3-41　自励交流励磁机静止整流器励磁系统

静止励磁系统又可分为两类，分别是自并励系统和自复励系统。如果只用一台励磁变压器并联在发电机端，则称自并励系统。如果除了并励的励磁变压器外还用发电机定子电流回路串联的励磁变压器（或串联变压器），由两者共同形成励磁电流，则称为自复励系统。

1. 自并励系统

自并励系统是自励系统中接线最简单的一种励磁系统。其原理如图 3-42 所示，发电机的励磁电源不用励磁机，而是由机端励磁变压器供给整流电路电源，经三相全控整流桥直接控制交流发电机的直流励磁。

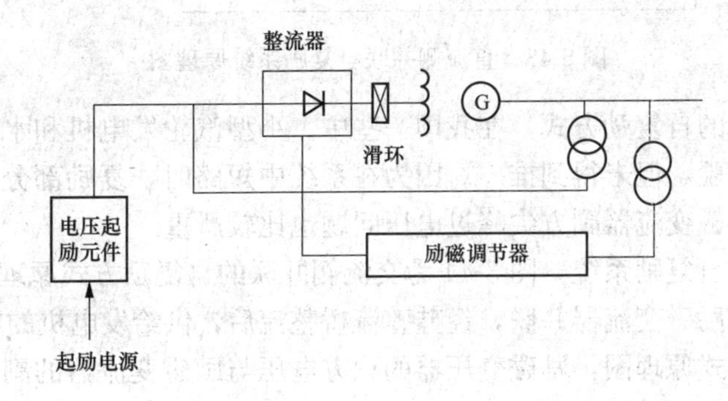

图 3-42　自并励系统

自并励系统具有如下优点：

（1）励磁系统接线和设备比较简单，因为没有转动部分，所以具有较高的可靠性，且造价低、维护费用低。

（2）因为不需要同轴励磁机，励磁变压器可以放置在任意空间位置，可缩短主轴长度，从而减小基建投资。

（3）直接用晶闸管整流电路控制转子电压，可获得很快的励磁电压响应速度。

因为自并励系统的明显优势，其被越来越多地采用，国外一些公司把这种方式列为大型机组定型励磁系统。我国已在一些中小型机组和引进的大型机组上采用这种自并励系统。

2. 自复励系统

自复励系统根据其叠加位置不同可分为直流侧自复励系统和交流侧自复励系统。在自并励的基础上加一台与发电机定子回路串联的励磁变压器，后者另供给一套“硅整流装置”，二者在直流侧叠加，则构成直流侧叠加的自复励方式。励磁变压器的输出与励磁变流器的输出先叠加，再经过整流供给发电机励磁，则构成交流侧自复励方式，注意这时励磁变流器一次电流要转换成二次电压信号，变流器铁芯必须有空气隙，这将大大增加变流器的体积。根据叠加方式的不同又可分为电流并联和电压串联两种。

（1）直流侧并联自复励系统。图 3-43 为直流侧并联自复励方式原理图。发电机的转子励磁电流由硅整流桥与晶闸管整流桥并联供给。硅整流桥由励磁变流器供电，晶闸管整流桥由励磁变压器供电。励磁变压器并接于机端，励磁变流器串接于发电机出口侧或中性点侧。发电机空载时由晶闸管整流桥单独供给励磁电流，发电机负载时，由晶闸管整流桥与硅整流桥共同供给励磁电流。其中硅整流桥的输出电流与发电机定子电流成正比，晶闸管整流桥的输出电压受励磁调节器的控制，起电压校正作用。

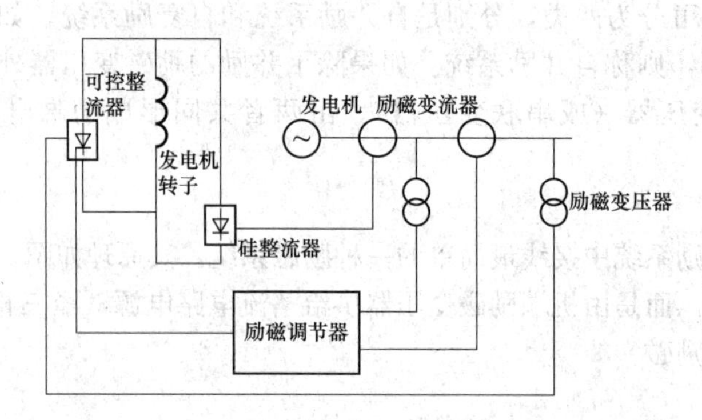

图 3-43 直流侧并联自复励系统原理图

这种直流侧并联的自复励方式，在我国一些中、小型汽轮发电机和水轮发电机上采用较早，有一定的运行经验，但未得到推广。因为在系统中短路时，复励部分与自并励部分协调配合较差，此外，励磁变流器副方尖峰过电压问题也比较严重。

（2）交流侧并联自复励系统。图 3-44 为交流侧并联的自复励方式原理图。励磁变压器串联一个电抗器之后与励磁变流器并联，经硅整流桥整流后，供给发电机的励磁。图 3-45 为交流侧串联的自复励方式原理图，励磁变压器的副方电压与励磁变流器的副方电压相联（相量相加），然后加在晶闸管整流桥上，经整流后供给发电机的励磁。当发电机负载情况变化时，如电流增大或功率因数降低，则加到晶闸管整流桥上的阳极电压增大，故这种励磁方式具有相复励作用。

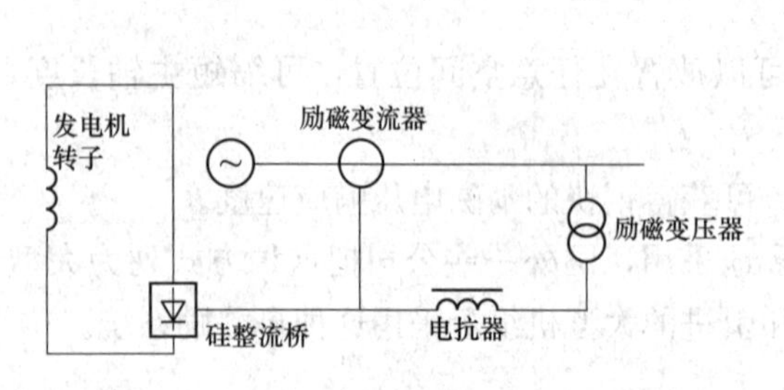

图 3-44 交流侧并联的自复励系统原理图

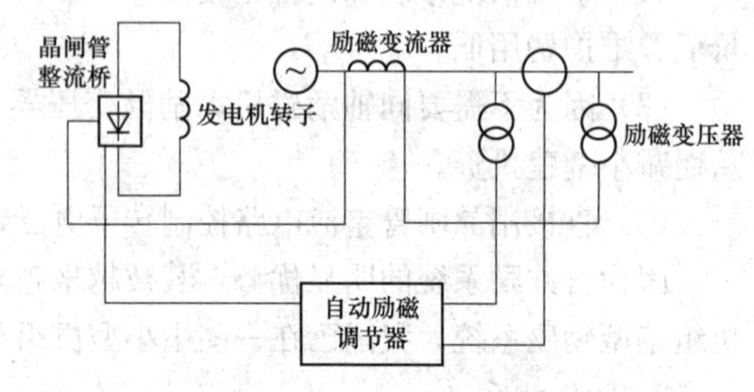

图 3-45 交流侧串联的自复励系统原理图

交流侧自复励方式，由于反应发电机的电压、电流及功率因数，故又称为相补偿自复励方式。

笔记

第四节　某小型光伏项目实例

一、工程任务和规模

（一）工程任务

本项目建设于某地区县某湖水产养殖鱼塘水面上。项目场址不涉及军事用地、自然保护区。规划后该项目充分利用土地资源，形成“上可发电，下可养鱼”的发电模式，实现了渔业生产和节能减排两不误，实现了可再生能源的利用。

（二）工程规模

综合考虑光伏发电装机规模的主要影响因素，如太阳能资源条件、开发建设条件、光伏发电工程分期开发情况及开发时序等，规划装机容量为 100.25MWp。光伏方阵采用 30°倾角固定系统，分为 100 个光伏发电系统分区，每个光伏发电分系统容量约为 1MWp，每个分系统通过 2 台 500kW 逆变器整流逆变输出 315kV 三相交流电后，通过电缆分别连接到 1000kVA 双分裂变压器的低压侧，通过集电线路送至电控楼内 35kV 配电装置，再通过主变压器升压至 110kV，然后以 110kV 电压等级接入电网。

项目总装机容量 100.25MWp，25 年年均发电量约为 11680.78kWh。项目采用 245Wp 多晶硅太阳能组件，共计铺设 409200 片。

二、系统总体方案设计

（一）光伏组件选型

世界各国研发出了多种太阳电池，部分尚处于小范围尝试阶段，未进入产业化大面积推广阶段，目前硅基材料的太阳电池占据市场的主流，单晶硅太阳电池、多晶硅太阳电池及非晶硅薄膜太阳电池占整个光伏发电市场的 90%以上，而非晶硅薄膜太阳电池近年来的发展非常快。表 3-5 对 3 类 5 种太阳电池组件进行比较。

表 3-5　太阳电池组件比较

电池种类	晶硅类		薄膜类		
	单晶硅	多晶硅	非晶硅	碲化镉	铜铟镓硒
商用效率	14%～17%	13%～16%	6%～8%	5%～8%	5%～8%
实验室效率	24%	20.3%	12.8%	16.4%	19.5%
使用寿命	25 年	25 年	25 年	25 年	25 年
组件层厚度	厚层	厚层	薄层	薄层	薄层
规模生产	已形成	已形成	已形成	已形成	已证明可行
能量偿还时间	2～3 年	2～3 年	1～2 年	1～2 年	1～2 年

续表

电池种类	晶硅类		薄膜类		
	单晶硅	多晶硅	非晶硅	碲化镉	铜铟镓硒
主要原材料	硅	硅	材料多样	镉和碲化物（都是稀有金属）	铟（昂贵的稀有金属）
生产成本	高	较高	较低	相对较低	相对较低
主要优点	效率高、技术成熟	效率较高、技术成熟	弱光效应好、成本较低	弱光效应好、成本相对较低	弱光效应好、成本相对较低

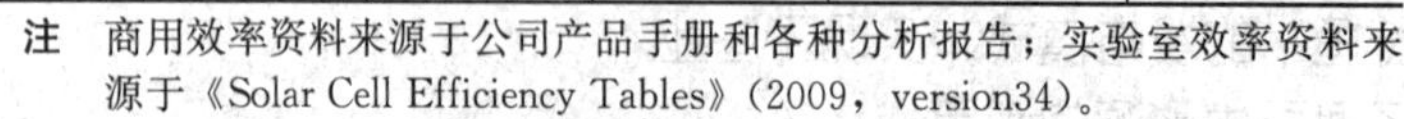
注 商用效率资料来源于公司产品手册和各种分析报告；实验室效率资料来源于《Solar Cell Efficiency Tables》(2009，version34)。

（1）多晶硅太阳电池和单晶硅太阳电池以其稳定的光伏性能和较高的转换效率，成为光伏发电市场的绝对主流，在世界各地得到了广泛的应用，也是本工程的首选设备，其国内的市场供应量非常充足。

同单晶硅太阳电池相比，多晶硅太阳电池转换效率稍低，但单瓦造价相对较低，尤其是大功率组件价格要更低廉（采用大功率组件可以降低土建等费用，从而降低工程投资），适合建设项目用地比较充足、可大面积铺设的工程，而单晶硅太阳电池更适合建设项目用地紧缺、更强调高转换效率的工程。

另外，根据设备厂的资料，多晶硅太阳电池在工程项目投运后效率逐年衰减趋于稳定，单晶硅太阳电池投运后的前几年，电池的效率逐年衰减稍快，以后逐年衰减趋于稳定。

本工程太阳电池组件的造价在工程造价中的比重相对较高（约65%以上），有必要降低太阳电池组件价格以节省工程投资。综合考虑本工程的建设用地情况，推荐选用大功率多晶硅太阳电池组件。

（2）薄膜类太阳电池组件相对晶硅类太阳电池组件而言，组件转换效率较低，建设占地面积大。我国大规模生产碲化镉薄膜太阳电池组件、铜铟镓硒薄膜太阳电池组件的厂商较少，产品采购主要依赖进口，且其产品价格比非晶硅薄膜太阳电池组件高。根据本工程实际情况，不选用薄膜类太阳电池。

综合考虑以上各种因素，本工程拟选多晶硅光伏组件。

光伏组件性能的各项参数主要包括：标准测试条件下组件峰值功率、峰值电流、峰值电压、短路电流、开路电压、最大系统电压、组件效率、短路电流温度系数、开路电压温度系数、峰值功率温度系数等。多晶硅光伏组件的功率规格较多，从5Wp到300Wp国内均有厂商生产，且产品应用也较为广泛。由于本工程系统装机容量为100MWp，选用的多晶硅太阳电池组件达100MWp，组件用量大，占地面积广，组件安装量大，因此设计优先选用大功率光伏组件，以减少占地面

积，降低组件安装量。从而使得施工进度快，且故障概率减少，接触电阻小，线缆用量少，系统整体损耗相应降低。

另外，通过市场调查，国内主流厂商生产应用于大型并网光伏发电系统的多晶硅光伏组件，其规格大多数在 150Wp～300Wp，在此区间范围内，市场占有率较高的厂商所生产的多晶硅光伏组件规格尤以 245Wp 系列居多。综合考虑组件效率、技术成熟性、市场占有率，以及采购订货时的可选择余地，本工程推荐选用规格为 245Wp 的多晶硅光伏组件技术参数，见表 3-6。

表 3-6　245Wp 的多晶硅光伏组件技术参数

主要参数	单位	数据
峰值功率	Wp	245
开路电压 U_{oc}	V	37.5
短路电流 I_{sc}	A	8.68
工作电压 U_{mppt}	V	30.2
工作电流 I_{mppt}	A	8.13
峰值功率温度系数	%/K	−0.43
开路电压温度系数	%/K	−0.32
短路电流温度系数	%/K	0.047
10 年功率衰降	%	≤10
25 年功率衰降	%	≤20
外形尺寸	mm	1650×992×35
质量	kg	18.6
数量	块	409200
向日跟踪方式		无
固定倾角角度	(°)	30

（二）光伏阵列安装方式选择

为减小投资，提高发电量，综合考虑以上因素，本工程的光伏组件安装方式推荐采用固定安装方式。

由于倾角越小，光伏组件的占地面积越小，且综合考虑雨雪滑落、粉尘自行滑落的要求以及当地气候环境下支架处于较好稳定性的角度范围，根据实际情况，确定本工程电池方阵的固定倾角为 30°。

（三）逆变器选型

逆变器技术参数需要满足 GB/T 19964—2012《光伏发电站接入电力系统技术规定》的要求，且绝对最大输入电压及 MPPT 输入电压范围相差不大，随着额定交流输出功率的增大，逆变器效率及输出电流增大。

本工程系统容量为 100MWp，从工程运行及维护角度考虑，若选用单台容量小的逆变设备，则设备数量较多，会增加投资后期的维护工作量；在投资相同的条件下，应尽量选用容

量大的逆变设备，这样可在一定程度上降低投资，并提高系统可靠性；但若是逆变器容量过大，则在一台逆变器发生故障时，发电系统损失发电量过大。因此，本工程选用容量为500kW的逆变器，各项性能指标如表3-7所示。本设计选用的逆变器满足GB/T 19964—2012的要求。

表3-7 逆变器主要技术参数

逆变器（型号：500kW）		
输出额定功率	kW	500
最大交流侧功率	kW	550
最高转换效率	%	>98.7
最大功率跟踪（MPPT）范围	V	500～850
最大直流输入电流	A	1120
输出频率范围	Hz	47～52
功率因数		>0.99
长×宽×高	mm×mm×mm	1606×2034×860
质量	kg	1700
数量	台	200

（四）光伏方阵设计

本工程总装机容量为100.25MWp，推荐采用分块发电、集中并网方案。光伏组件采用多晶硅电池（245Wp）组件，采用固定式安装，安装倾角为30°。100.25MWp光伏方阵由100个多晶硅光伏子方阵组成，每个子方阵均由若干路太阳电池组串并联而成。每个太阳电池子方阵由光伏组件、汇流设备、逆变设备及升压设备构成。

（五）光伏子方阵设计

1. 光伏方阵的串并联设计

考虑光伏组件的温度系数影响，随着光伏组件温度的增加，开路电压减小；相反，组件温度降低，开路电压增大。为了保证逆变器在当地极限低温条件下能够正常连续运行，在计算电池板串联电压时应考虑当地的最低环境温度，并得出串联的电池个数和直流串联电压（保证逆变器对光伏组件最大功率点MPPT跟踪范围）。

本方案整个方阵场总容量为100.25MWp，采用多晶硅固定式的方阵。全站共划分为100个独立的单元升压站。每个单元升压站布置在方阵场的中间位置。

整个方阵场内共配置200台500kW逆变器、200台8进2出直流汇流柜、100台35kV三绕组箱式变压器组，构成100个单元升压站，最终接入110kV升压站35kV侧。

本工程所选500kW逆变器的最高允许输入电压U_{dcmax}为

1000V，输入电压 MPPT 工作范围为 500～850V。245Wp 多晶硅太阳电池组件的开路电压 U_{oc}为 37.5V，最佳工作点电压 U_{mp}为 30.2V，开路电压温度系数为−0.32%/℃。

（1）每个方阵的串联组件个数计算。

1）计算串联数量：在不考虑太阳电池组件工作温度修正系数影响的情况下，该方阵太阳电池组件在标准测试条件下（辐射强度 1000W/m²、工作温度为 25℃），允许的最大串联数（S_{max}）及最小串联数（S_{min}）分别为

$$S_{max}=U_{dcmax}/U_{oc}=850/37.5\approx 22(\text{块}) \quad (3\text{-}22)$$

$$S_{min}=U_{dcmin}/U_{mp}=500/30.2\approx 17(\text{块}) \quad (3\text{-}23)$$

式中：U_{dcmax}为输入最大电压；U_{dcmin}为输入最小电压；U_{oc}为开路电压；U_{mp}为最佳工作点电压。

2）输出电压验算：考虑了太阳电池组件工作温度修正系数影响的情况下，该方阵太阳电池组串的最高输出电压（U_{max}）及最低输出电压（U_{min}）验算如下

$$U_{max}=17\sim 22\times[37.5+37.5\times(-0.0043)\times(-13.7-25)]=743\sim 958(\text{V}) \quad (3\text{-}24)$$

$$U_{min}=17\sim 22\times[37.5+37.5\times(-0.0043)\times(40-25)]=597\sim 772(\text{V}) \quad (3\text{-}25)$$

（条件：辐照强度 1000W/m²；冬季白天组件最低工作温度−13.7℃；最高温度为 40℃）。

考虑到组件串联数越大，所需汇流箱数量越少，组串间并联所需电缆长度相应减少，因此设计中在满足逆变器最高输入电压 U_{dcmax}=1000V 的前提下，应尽量选择最大的组件串联数。

3）每个方阵的串联组件个数计算为

$$N_{max}=1000/[37.5+37.5\times(-0.0043)\times(-13.7-25)]=22.86 \quad (3\text{-}26)$$

根据常规经验取整选 22（条件：辐照强度 1000W/m²；组件冬季白天最低工作温度−13.7℃）。即单列组件串联个数为 22。当串联数为 22 时

$$U_{max}=22\times[37.5+37.5\times(-0.0043)\times(-13.7-25)]=962.29(\text{V}) \quad (3\text{-}27)$$

$$U_{min}=22\times[37.5+37.5\times(-0.0043)\times(40-25)]=771.79(\text{V}) \quad (3\text{-}28)$$

满足最高输出电压及最低输出电压要求。此时，单列串联功率为 22×245W=5390W；直流串联工作电压为 22×30.2V=664.4V（满足 500kW 逆变器最大功率点 MPPT 跟踪范围）。

（2）方阵排布。电池组件每 22 个 1 串，并列 16 路汇入 1 个直流防雷汇线箱，构成 1 个方阵。

2. 太阳电池方阵的间距计算

在北半球，对应最大日照辐射接收量的平面朝向正南，阵列倾角确定后，要注意南北向前后阵列间要留出合理的间距，以免前后出现阴影遮挡。前后间距确定原则为：冬至日（一年当中物体在太阳下阴影长度最长的一天）上午 9：00 到下午 3：00，光伏组件间南北方向无阴影遮挡。

计算光伏方阵前后安装时的最小间距 D，如图 3-46 所示。

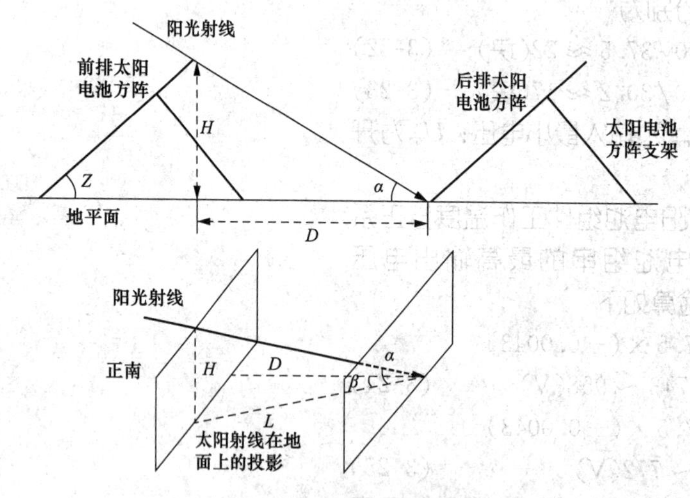

图 3-46 光伏阵列间距示意图

太阳高度角为

$$\sin\alpha = \sin\varphi \times \sin\delta + \cos\varphi \times \cos\delta \times \cos\omega \tag{3-29}$$

太阳方位角为

$$\sin\beta = \cos\delta \times \sin\omega / \cos\alpha \tag{3-30}$$

$$\begin{cases} D = L \times \cos\beta \\ L = H/\tan\alpha \\ \alpha = \sin^{-1}(\sin\varphi \times \sin\delta + \cos\varphi \times \cos\delta \times \cos\omega) \end{cases} \tag{3-31}$$

式中：φ 为当地纬度，为 33.2°；δ 为太阳赤纬，冬至日的太阳赤纬为 $-23.5°$；ω 为时角，上午 9：00 的时角为 $-45°$；H 为方阵前排组件最高点与后排组件最低点的高度差；L 为前后排最低位置之间的距离。

计算光伏方阵前后安装时的最小间距 D 为

$$D = \frac{\cos\beta \times H}{\tan[\sin^{-1}(\sin\varphi \times \sin\delta + \cos\varphi \times \cos\delta \times \cos\omega)]} \tag{3-32}$$

固定式支架为 2 行 11 列布置，组件泄风间距为 20mm。则 $D \approx 3625$mm，加上组件自身宽度并综合考虑渔业养殖，取南北间距 6500mm。

上述计算结果是在场地平缓、无起伏的条件下计算的

结果。

（六）方阵接线方案设计

1. 汇流箱的设计

直流防雷汇流箱接线原理（按 16 路串列）如图 3-47 所示。光伏阵列防雷汇线箱具有以下特点：

（1）满足室外安装的使用要求。

（2）最多可接入 16 路太阳电池串列，每路电流最大可达 10A。

（3）接入最大光伏串列的开路电压值可达 DC1000V。

（4）每路光伏串列具有二极管防反接保护功能。

（5）配有光伏专用高压防雷器，正极、负极都具备防雷功能。

（6）采用正负极分别串联的四极断路器提高直流耐压值，可承受的直流电压值不小于 DC1000V。

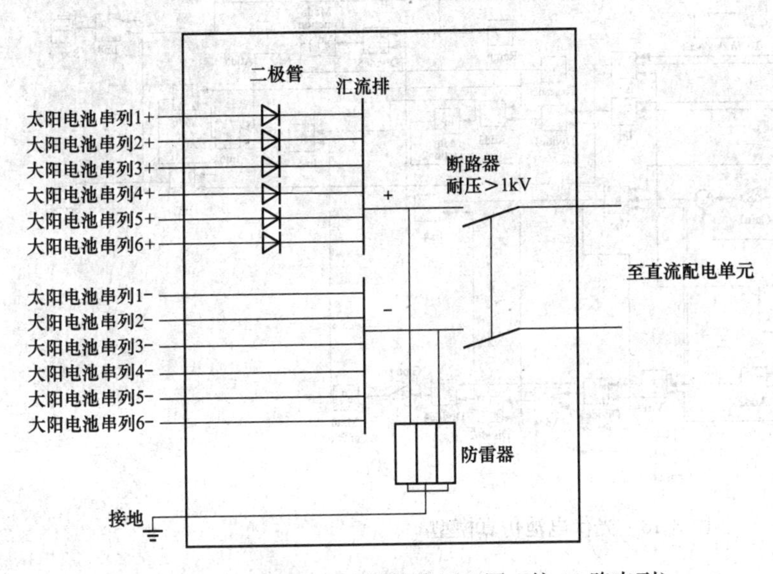

图 3-47　直流防雷汇流箱接线原理图（按 16 路串列）

多晶硅太阳电池组串正常工作直流电压为 664.4V，电池组件至汇流箱采用 YJV-1×4mm² 电缆。按直流线路总压降率为 2%左右控制，考虑电缆载流量并进行经济性比较后，多晶硅光伏子方阵每 16 路太阳电池串并联进一个汇流箱，1MW 需汇流箱 16 个。

2. 直流配电柜设计

1MW 多晶硅太阳电池子方阵 16 路汇流箱电缆分别接入 2 台 500kW 汇流柜，汇流柜到逆变器由 2 根 YJV-1×240mm² 电缆连接。共配置 200 台直流汇流柜。

三、最大功率点跟踪仿真

（一）光伏电池的模型仿真

利用光伏电池的工程数学模型，在 Matlab/Simulink 环境下设计了工况可调的光伏电池的动态仿真模型。运用该仿真模块对某公司型号为 ICO-SMC-40W 的光伏电池进行仿真。该电池在标准实验条件（$S=1000\mathrm{W/m^2}$，$T=25℃$）下的参数为 $I_{sc}=2.52\mathrm{A}$，$U_{oc}=22\mathrm{V}$，$I_m=2.31\mathrm{A}$，$U_m=17.3\mathrm{A}$。图 3-48 为光伏电池仿真模型图。

其中，$T_{ref}=25℃$为标准温度，$S_{ref}=1000\mathrm{W/m^2}$ 为参考太阳辐射强度。$\Delta T=T-T_{ref}$，$\Delta S=S/S_{ref}-1$。同时，$a=0.0025$，$b=0.5$，$c=0.00288$。当温度及太阳辐射强度强保持不变时，得到了光伏电池的 P-U、I-U 的特性曲线仿真结果，如图 3-49 和图 3-50 所示。

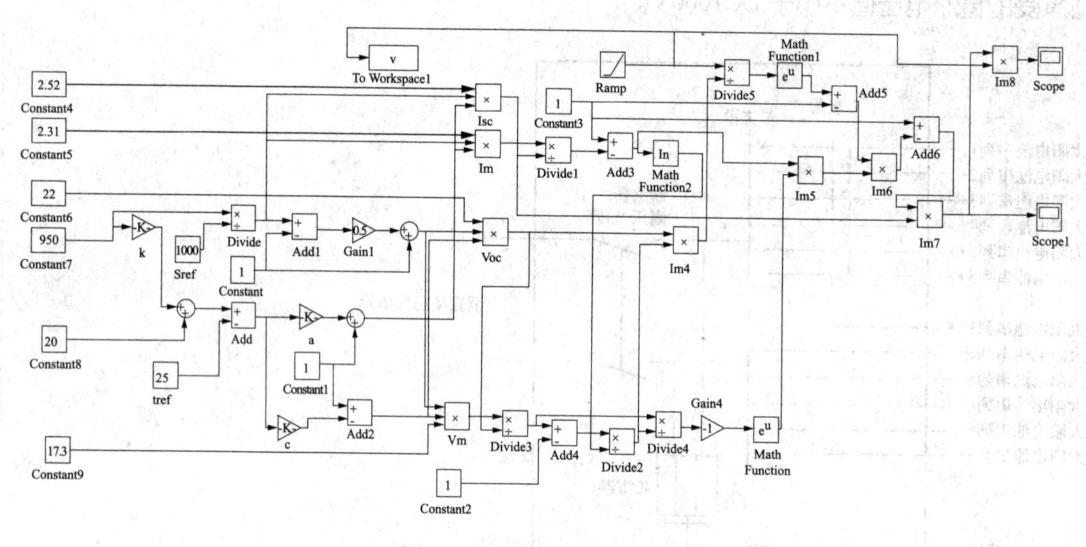

图 3-48　光伏电池仿真模型

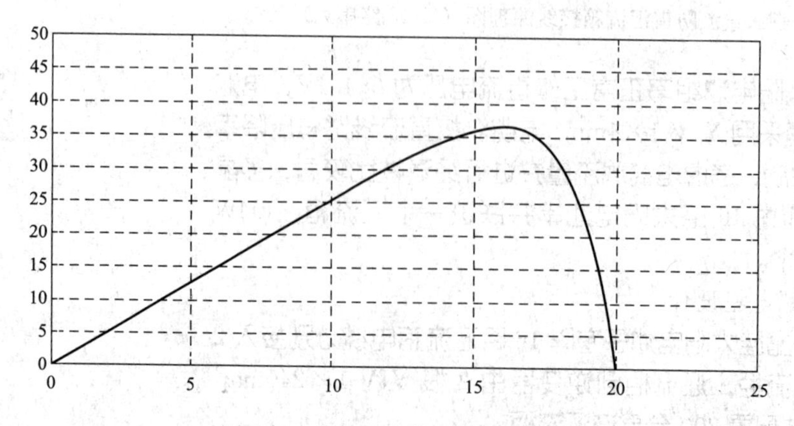

图 3-49　光伏电池的 P-U 特性曲线

笔记

由图 3-49 知，当 $U=17\text{V}$ 时，功率 P 达到最大值。此前，功率与电压近似成正比，并达到最大值。在达到最大值后，功率迅速降低，直至为零。说明光伏电池只有在某个特定电压下才能达到最大输出功率。

由图 3-50 知，在 $U=15\text{V}$ 前，电流为定值；在 $U=15\text{V}$ 后，电流值迅速下降直至零。

（二）常用的最大功率点跟踪方法仿真

综合光伏电池模块、Boost 模块及 MPPT 控制模块，得到整个光伏发电系统的仿真模型图，如图 3-51 所示。其中 MPPT 模块分别用扰动观察法和电导增量法实现。

1. 扰动观察法

基于扰动观察法的流程图，得到扰动观察法 MPPT 模块的内部结构，如图 3-52 所示。扰动观察法输出功率及电压仿真结果如图 3-53 所示。

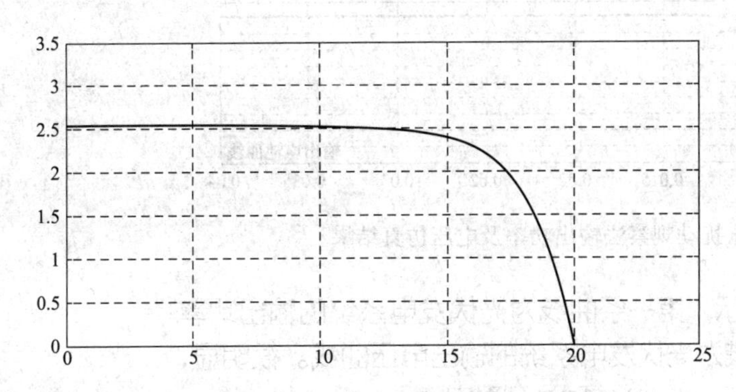

图 3-50　光伏电池的 I-U 特性曲线

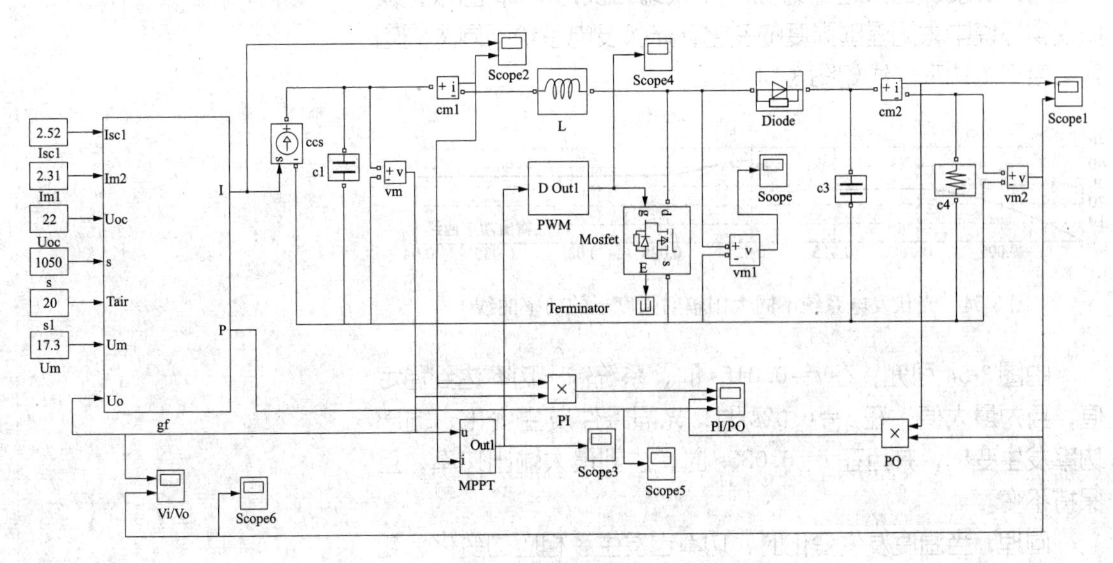

图 3-51　基于 Boost 电路的光伏发电仿真模型

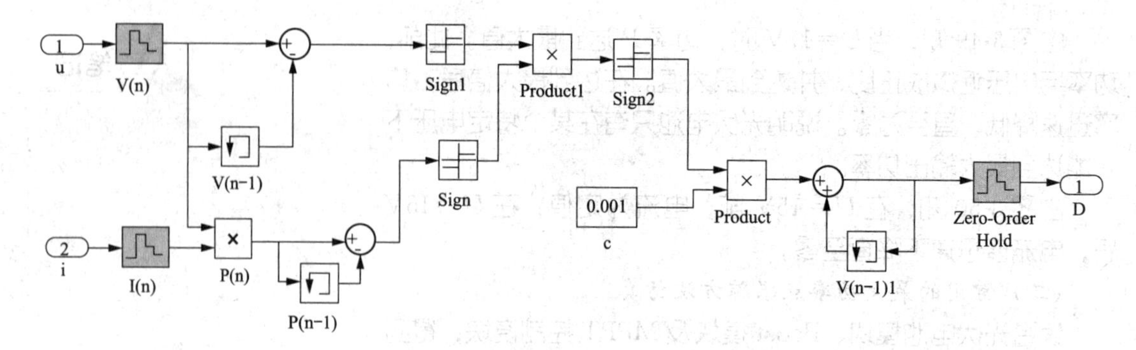

图 3-52 扰动观察法 MPPT 模块内部结构图

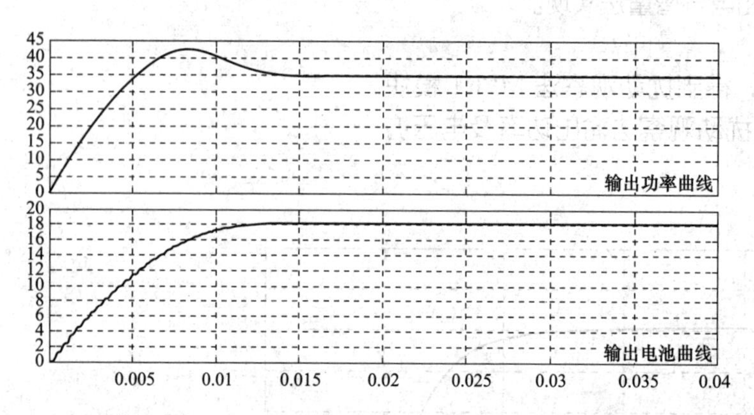

图 3-53 扰动观察法输出功率及电压仿真结果

如图 3-53 所示，第一条曲线为光伏发电系统的输出功率曲线，第二条曲线为光伏发电系统的输出电压曲线。很明显，最后的输出功率在 $t=0.014$s 时达到稳定值。

将仿真模块的太阳辐射强度输入端口换为 Step 函数，模拟现实环境中太阳辐射强度的变化，光伏发电系统不同太阳辐射强度下的功率曲线如图 3-54 所示。

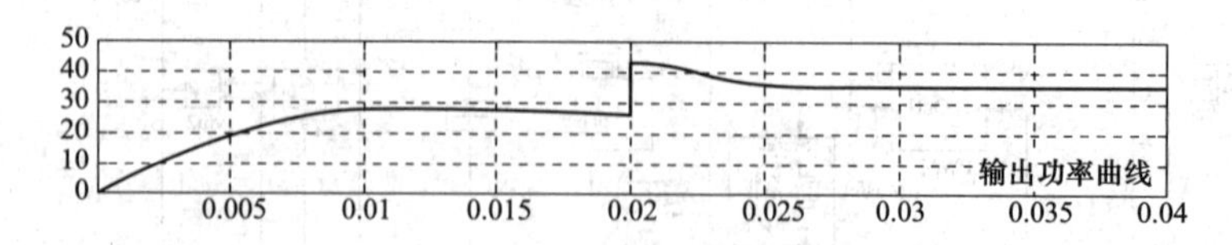

图 3-54 光伏发电系统不同太阳辐射强度下的功率曲线

由图 3-54 可知，在 $t=0.015$s 时，系统输出功率达到稳定值，且为最大值，在 $t=0.02$s 时，光照条件发生变化，输出功率发生变化，并且在 $t=0.025$s 时，达到最大输出功率，且保持不变。

同理，当温度发生变化时，功率也发生了相应的变化，如图 3-55 所示。

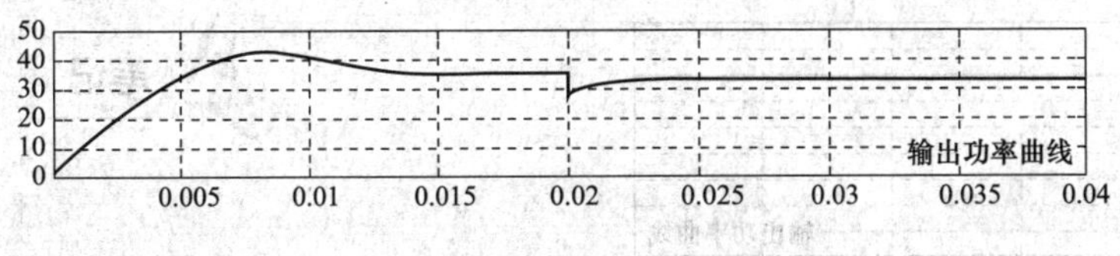

图 3-55　温度条件变化时的功率曲线

由图 3-55 可知，在 $t=0.01$s 时，光伏发电系统的输出功率达到稳定值，在 $t=0.02$s 时，温度升高，系统的输出功率也发生了相应的变化，在 $t=0.022$s 时，输出功率又相应地达到了稳定的状态。

2. 电导增量法

根据电导增量法的流程图，可建立电导增量法的 MPPT 仿真模块，如图 3-56 所示，其电导增量法输出功率及电压仿真结果如图 3-57 所示。

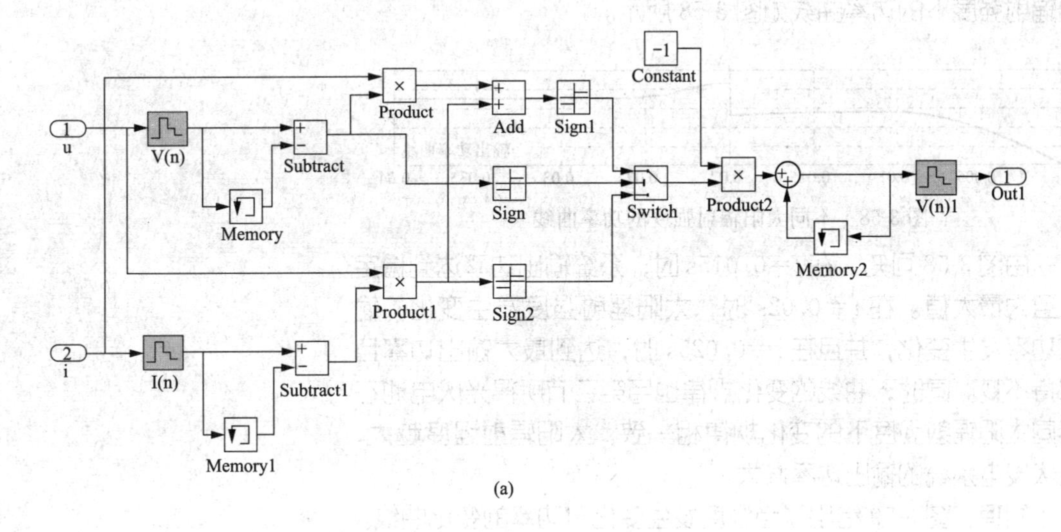

(a)

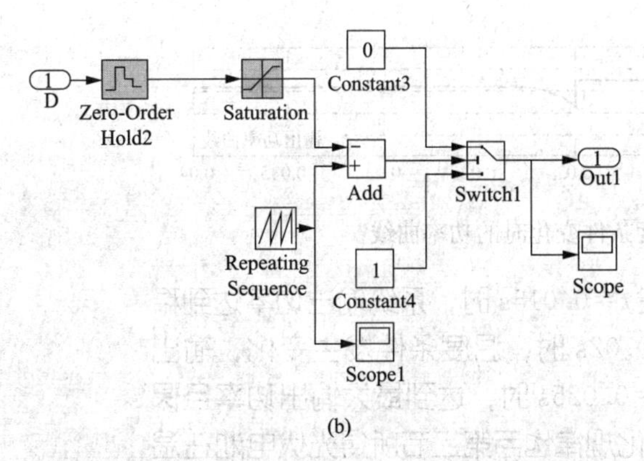

(b)

图 3-56　电导增量法的 MPPT 仿真控制图

(a) 电导增量法的内部模块图；(b) PWM 内部模块图

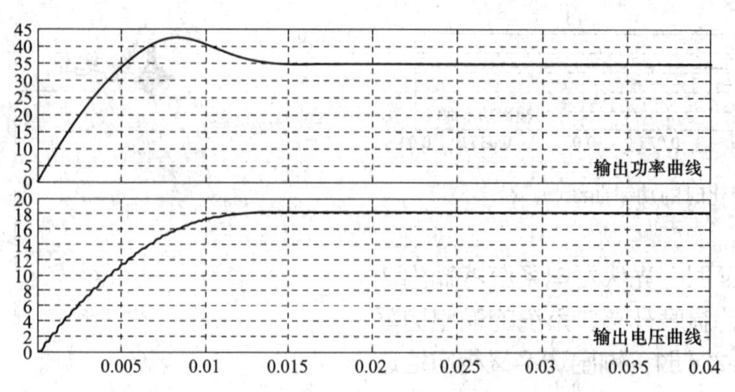

图 3-57 电导增量法输出功率及电压仿真结果

由图 3-57 可知，光伏发电系统在 $t=0.015\text{s}$ 时，其输出电压和功率达到稳定值。

将仿真模块的太阳辐射强度输入端口换为 Step 函数，模拟现实环境中太阳辐射强度的变化，则光伏发电系统在不同太阳辐射强度下的功率曲线如图 3-58 所示。

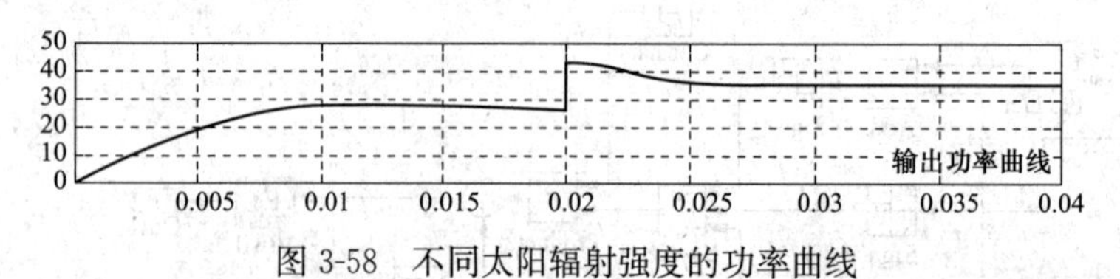

图 3-58 不同太阳辐射强度的功率曲线

由图 3-58 可知，在 $t=0.015\text{s}$ 时，系统输出功率达到稳定值且为最大值。在 $t=0.02\text{s}$ 时，太阳辐射强度发生变化，输出功率发生变化，并且在 $t=0.025\text{s}$ 时，达到最大输出功率且保持不变。同时，曲线的变化规律也与第二节所得光伏电池在不同太阳辐射强度下的变化规律相一致，太阳辐射强度越大，光伏发电系统的输出功率增大。

同理，图 3-59 给出了当温度发生变化时功率的变化曲线。

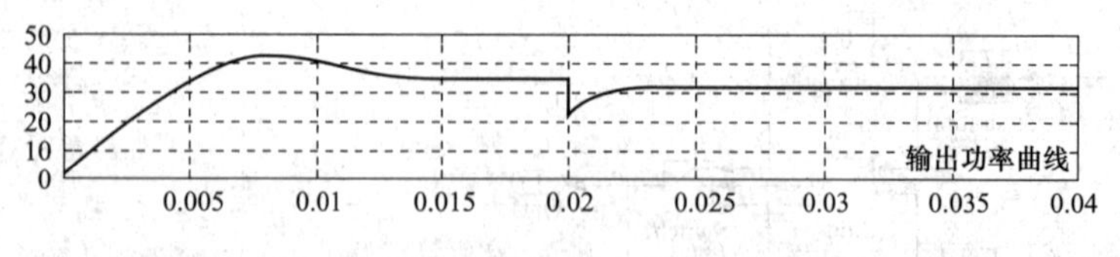

图 3-59 温度条件变化时的功率曲线

由图 3-59 中可知，在 $t=0.015\text{s}$ 时，系统输出功率达到稳定值且为最大值。在 $t=0.02\text{s}$ 时，温度条件发生变化，输出功率发生变化，并且在 $t=0.025\text{s}$ 时，达到最大输出功率且保持不变。同时，曲线的变化规律也与第二节所得光伏电池在温度条件下的变化规律相一致，温度升高，光伏发电系统的输出功率反而减小。

第四章　高压直流输电系统

第一节　高压直流输电系统的构成与发展

一、高压直流输电系统的构成及接线方式

高压直流输电技术是电力电子技术在电力系统输电领域中的应用，是将一侧的交流电经过变压、整流站整流后变成直流电，通过直流输电线路，再经过逆变站的逆变和变压后再次变为交流电，输入另一侧的交流电中。从系统构成上划分，高压直流输电系统由三部分组成，即整流站、直流输电线路和逆变站。其中整流站和逆变站统称为换流站。对同一个高压直流输电工程而言，整流站和逆变站的设备种类、设备数量甚至布置方式几乎完全一样，二者的区别仅在于少数设备的台数和容量有所差别。

在这个过程中，换流装置是高压直流输电系统最重要的电气一次设备，实现交直流的转换。除此之外，为了满足交直流系统对安全稳定性及电能质量的要求，高压直流输电系统还需要安装其他重要设备，如换流变压器、平波电抗器、无功补偿装置、滤波器、直流接地极、交直流开关设备、直流输电线路及控制与保护装置、远程通信系统等。在这些电气设备中，控制与保护装置和远程通信系统属于电气二次设备，其电压低、电流小；其他设备均属于电气一次设备，电压高、电流大。如两端直流输电系统构成原理图如图 4-1 所示，换流器、换流变压器、平波电抗器、无功补偿装置、滤波器、直流接地极以及交直流开关设备均位于两侧换流站中。

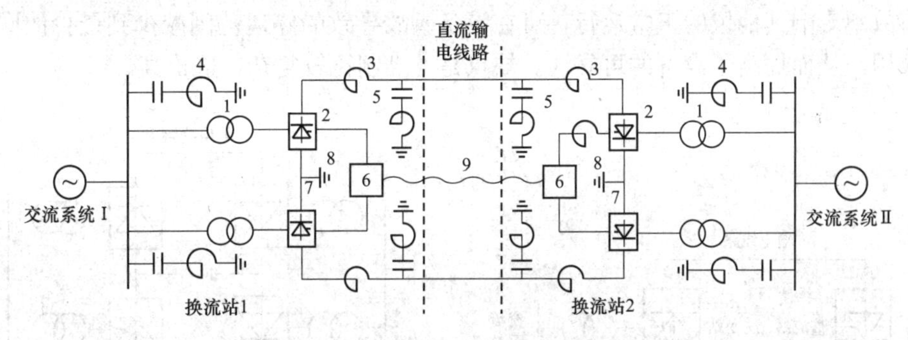

图 4-1　两端直流输电系统构成原理图

1—换流变压器；2—换流器；3—平波电抗器；4—交流滤波器；
5—直流滤波器；6—控制与保护装置；7—接地极引线；8—接地极；9—远程通信系统

换流站的主要设备分别布置在四个区域中：①交流开关场区域；②换流变压器场区域；③阀厅控制楼区域；④直流开关场区域，见表 4-1。

目前，直流输电大多数是两端供电系统，接线方式主要有两种：单极接线和双极接线。在直流输电系统中，极就是换流站的直流落点。

表 4-1 主要设备分布区域

区域分布	主要设备
交流开关场	无功补偿装置、交流滤波器、直流测量装置、避雷器、交流开关设备、交流母线、绝缘子等
换流变压器场	换流变压器、水喷淋灭火系统（其他灭火系统）
阀厅控制楼	换流装置、换流阀冷却设备、辅助电源、通信设备、控制保护设备
直流开关场	平波电抗器、直流滤波器、直流测量装置、避雷器、冲击电容器、耦合电容器、直流母线、绝缘子等

（一）单极输电方式

图 4-2 所示为单极输电系统，通常是用一根架空导线或者电缆线，以大地或者海水作为返回线路而组成的直流输电线路。它的主要优点是：以大地或海水为回流方式，可大幅度降低输电线路的造价，出于对造价的考虑，常采用这类系统。同时，这类结构是建立双极系统的第一步。其缺点如下：

（1）对接地极的材料、设置方式有较高的要求，且大地或海水回流会对地下物铺设、通信线路及磁性罗盘等造成影响和危害。

（2）稳定性比较差，一旦一端发生故障，容易造成整个直流系统供电中断。

当大地电阻率过高或不允许对地下（水下）金属结构产生干扰时，可以用一根低绝缘导线金属回路代替大地作回路，在一侧换流站进行单点接地，形成金属性回路的导体处于低电压状态。该方式避免了电流从大地中或者海水中流过，又把某一导线的电位钳制到零。这种方式主要用于无法采用大地或海水作为回路的情况以及作为双极方式的过渡方案。

目前为止，海水回流方式在一些穿越海峡送电工程中获得应用，如瑞典的哥特兰岛直流工程、意大利撒丁岛直流工程。

（二）双极输电方式

图 4-3 所示为双极输电系统。它有两根正、负极性的导线，具有大地回路或者中性线回路。它的主要优点是：相互独立运行，互为备用，供电可靠。对双极共用设备来说，一个极的设备事故不影响其他极的正常运行，可在设备事故导致的停运范围减少到最少的同时，争取多路复用，从而提高了设备的可靠性。缺点是：控制比较复杂，造价高。

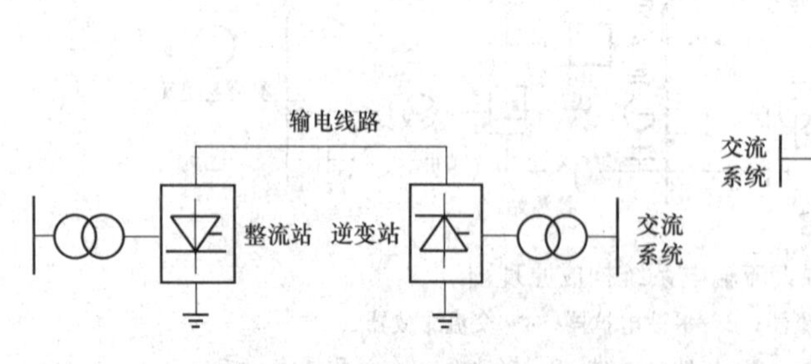

图 4-2 单极输电系统

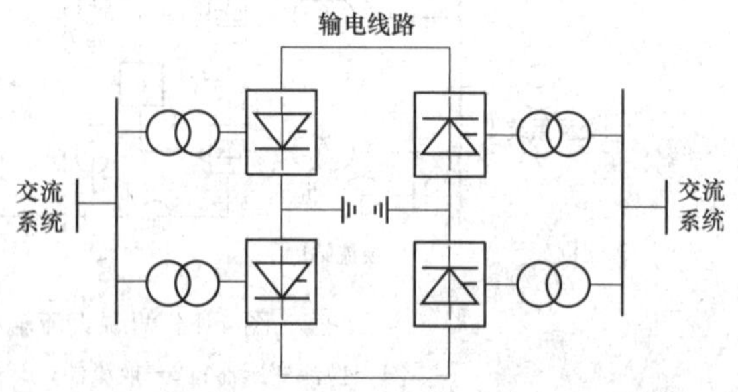

图 4-3 直流双极输电系统（中性点两端接地方式）

1. 双极两线中性点两端接地方式

整流站和逆变站的中性点均通过接地极接入大地或者海水中，双极对地电压分别 $+U$ 和 $-U$。它可以看作由两个对称的单极输电系统叠加而成，理论上两个接地极之间不存在直流电流。实际上正常运行时，由于两侧变压器阻抗和换流器控制角的不同，在回流电路中将有不平衡电流流过，但数值较小。因此，这种方式大大减轻了对地下金属设备的腐蚀，并且任何一极因故障退出运行时，另一极还可以用大地或海水作为回路，维持单极运行方式，保持输送50%的电力，或利用换流器及线路的过载能力承担更多的负荷。

2. 双极中性点单端接地方式

整流侧或者逆变侧中性点单相接地，正常运行时和双极两线中性点两端接地方式相同，避免了双极中性点接地方式引起的腐蚀，但是当一条线路故障时，它就不能继续运行，从而降低了直流的可靠性和可用率。早期的英法海峡联网的直流工程就采用该方式。发生故障时，系统无法运行，后来通过建设电缆中性线，实现了单极运行。但是，该方式可有效地避免双极两线中性点两端接地方式中由于不平衡造成的接地极电流，从而大大减少了单极故障时的接地极电流的电磁干扰作用。

3. 双极中性线方式

将双极两端的中性点用导线连接起来就构成了双极中性线方式。该方式在整流侧或逆变侧任一端接地，容许单极连续运行。当一极发生故障时，仍能够用健全极继续输送功率，同时避免了利用大地或者海水作为回路的缺点。

采用直流输电运行方式，对交流系统会产生重要的影响，如在单极大地回流方式或双极严重不对称运行方式时对交流系统中性点接地运行的变压器将产生影响，根据直流输电输送功率不同，影响程度有所不同。在直流输电单极大地回路方式运行时，入地电流使接地极周围的电位升高，导致附近不同位置交流变电站之间出现直流电位差。对于中性点接地且有关联的交流变电站，接地极入地电流引起的电位变化会在交流侧绕组电流中产生直流分量，两者共同作用，使换流变压器产生直流偏磁现象。

在双极不对称运行的情况下，直流输电对交流系统的影响与其不对称程度有关，这与单极大地回路方式影响的情况相近。

不同直流输电系统按单极大地回路方式或者双极不对称方式运行时，它们会分别在系统中接地变压器的中性线上产生一个直流分量。在部分接地变压器中性线中，这两个直流分量可能方向相反，相互抵消；而在另一部分接地变压器中性线中，这两个直流分量可能方向相同，相互叠加，这与直流输电线路在哪一极运行、变压器及直流输电系统接地极的地理位置等有关。

（三）背靠背换流方式

该方式将整流站和逆变站建在一起，这样的直流系统为“背靠背”换流站。位于不同区域的电网有时差且可以错峰，迫切需要联网时，可能由于各区频率偏差较大，没有多余旋转备用，交流同步联网几乎不可能。

采用背靠背直流联网的优点是：①费用相对较低；②易于双向调节区域之间的潮流；③需要时可随时通过旁路转换成交流连接。直流背靠背联网无直流线路（直流滤波器、直流开关场等），直流损耗小；对换流变压器、换流阀、平波电抗器等与直流电有关的设备绝缘水平要求降低，可降低造价。该设备没有直流输电线路，可以选用较低的额定电压，适用于不同频率或者相同额定频率非同步运行的两个交流系统之间的互联。

背靠背换流方式在目前应用较多，互联电网时限制短路电流的增加，会提高电网运行的稳定性，并在不同频率电网之间互联时起变频站作用。此外，在系统增容时能够限制短路电流容量，以避免大量电气设备的更换。

［实例］ 灵宝直流换流站是连接西北与华中电网的换流站，它是我国第一个联网背靠背直流换流工程，2005 年投产，容量为 360MW，直流电流为 3kA，西北侧交流电压为 330kV，华中侧交流电压为 220kV。直流额定电压为±120kV，功率可双向传输。其换流站电气主接线如图 4-4 所示。220kV 交流场中，包括一组电抗器、两组 HP3 滤波器、三组 HP12/24 滤波器、两组并联电容器、进线一回、换流变压器支路一回；330kV 交流场中，包括一组电抗器、一组 HP3 滤波器、三组 HP12/24 滤波器、三组并联电容器、进线一回、换流变压器支路一回。换流变压器采用三相三绕组形式，单台容量均为 143.6MVA，每侧的三台换流变压器通过外部连线实现 Yy12、Yd11 连线，和换流阀一起构成 12 脉动桥。直流系统额定电压 120kV 两侧阀通过直流母线串接平波电抗器相连。该工程在世界上首次实现了两侧换流阀分别采用光触发和电触发晶闸管阀。

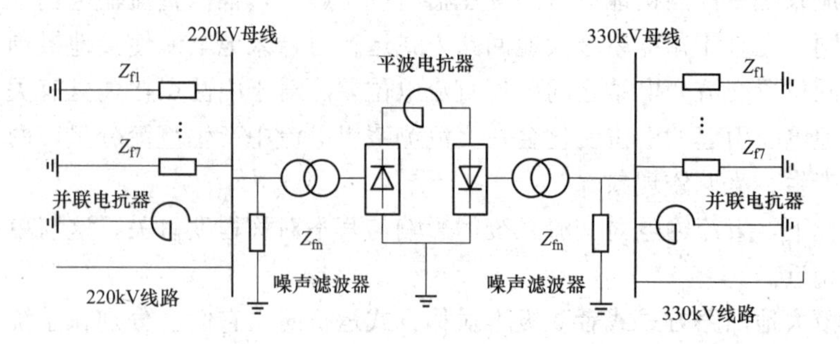

图 4-4 灵宝直流换流站接线图

高岭背靠背换流站实现东北与华北两大电网之间的直流连接工程，2008 年投入运行，该工程实现了对两大电网的有效隔离，消除了华北和东北两大电网之间的相互影响，极大地增强了互联电网的输送能力，起到相互提供调峰容量和互为备用容量的作用。该工程选址在高岭变电站，一期规模为 1500MW，换流站与东北电网的电气联系比较薄弱，其接线如图 4-5 所示。工程接线方式具有两个独立的单元，每个单元输送功率 750MW，直流电压为±125 kV，直流电流为 3kA，选用单相三绕组变压器，每台变压器的容量为 300MVA。东北侧 4 回 500kV 交流线路分别为沙河营变电站 2 回，绥中电厂 2 台 800MW 发电机通过 2 回 500kV 交流线路接入换流站，华北侧 2 回 500kV 交流线路接入 500kV 姜家营变电站。

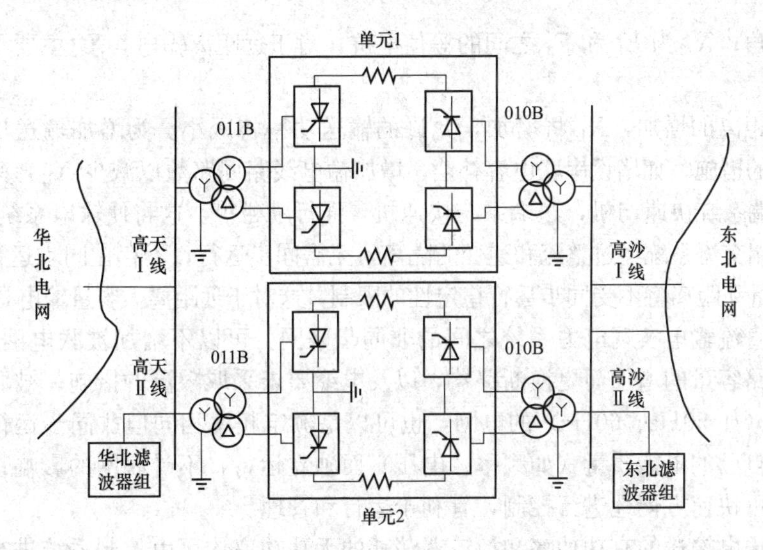

图 4-5　高岭换流站接线图

二、优缺点分析及评价

（一）直流输电的优点

（1）直流输电架空线路只需正负两极导线，杆塔结构简单、线路造价低、损耗小。与交流输电相比，输送同样的功率，直流架空线路可节省约1/3的钢芯铝线、1/3～1/2的钢材、线路造价为交流输电的2/3，并且在此条件下其线路损耗约为交流输电的2/3，同时直流输电所占的线路走廊也较窄。在直流电压作用下，线路电容不起作用，不存在电容电流，线路沿线的电压分布均匀，不存在交流输电由于电容电流而引起的沿线电压分布不均匀问题，不需要装设并联电抗器。

扫一扫　看国内外发展现状

（2）直流电缆线路输送容量大、造价低、损耗小，不易老化、寿命长，且输送距离不受限制。电缆耐受直流电压的能力比耐受交流电压的能力高3倍以上，因此同样绝缘厚度和芯线截面面积的电缆，用于直流输电比用于交流输电的输电容量要大很多。直流电缆线路只需一根（单极）或两根（双极）电缆，而交流线路则需要A、B、C三相三根电缆。因此直流电缆线路的造价比交流电缆线路要低许多。直流电缆线路的损耗主要是电阻损耗，而交流电缆除电阻损耗外，还有绝缘中的介质损耗和铅皮及铠装中的磁感应损耗。电缆线路的对地电容比架空线路要大得多，交流线路由此所产生的电容电流很大。电容电流势必降低电缆的有效负荷能力，当电容电流等于电缆所允许的负荷电流时，则芯线的全部负荷能力均被电容电流所占用，此时电力已不可能用交流电缆来输送，因此交流电缆的输送距离将受电容电流的限制。直流电缆不存在电容电流，则其输送距离将不受限制，有利于远距离电缆送电。

（3）直流输电不存在交流输电的稳定性问题，有利于远距离大容量送电。交流输电的功率P可用式（4-1）表示

$$P=\frac{E_1E_2}{X_{12}}\sin\delta \tag{4-1}$$

式中：E_1、E_2分别为送端和受端交流系统的等值电势；δ为E_1和E_2两个电势之间的相位

差，称为功率角；X_{12}为E_1和E_2之间的等值电抗，对于远距离输电，X_{12}主要是输电线路的电抗。

随着输送距离的增加，X_{12}将增加，允许的输送功率将减小。为增加输送功率，必须采取提高稳定性的措施，如增设串联电容补偿，增加输电线路回路数以减少X_{12}，采用快速切故障及重合闸送端系统快速切机，送端系统快速机，强行励磁等，这将使输电系统的投资增加。直流输电的两端交流系统经过整流和逆变的隔离，无需同步运行，不存在同步运行的稳定性问题，其输送容量和距离将不受同步运行稳定性的限制，这对于远距离大容量输电是很有利的。

（4）采用直流输电实现电力系统之间的非同步联网，可以不增加被联电网的短路容量，不需要由于短路容量的增加而更换断路器，以及电缆要求采取限流的措施；被联电网可以是额定频率不同（如50Hz、60Hz）的电网，也可以是额定频率相同但非同步运行的电网，被联电网可保持自己的电能质量（如频率、电压）而独立运行，不受联网的影响；被联电网之间交换的功率可快速方便地进行控制，有利于运行和管理。

（5）直流输电输送的有功功率和换流器消耗的无功功率均可由控制系统进行控制，可利用这种快速可控性来改善交流系统的运行性能。根据交流系统在运行中的要求，可快速增加或减少直流输送的有功功率和换流器消耗的无功功率，对交流系统的有功平衡和无功平衡起快速调节作用，从而提高交流系统频率和电压的稳定性，提高电能质量和电网运行的可靠性。对于交直流并联运行的输电系统，还可以利用直流的快速控制来阻尼交流系统的低频振荡，提高交流线路的输送能力。

（6）在直流电的作用下，只有电阻起作用，电感和电容均不起作用，直流输电采用大地为回路，直流电流则向电阻率很低的大地深层流去，可很好地利用大地这个良导体。利用大地为回路可省去一极的导线，同时大地的电阻率低、损耗小、运行费用也低。在双极直流输电系统中，通常大地回路作为备用导线，使双极系统相当于两个可独立运行的单极系统运行。当一极故障时，可自动转为单极系统运行，提高了输电系统的运行可靠性。

（7）直流输电可方便地进行分期建设和增容扩建，有利于发挥投资效益。双极直流输电工程可按极来分期建设，先建一个极单极运行，然后再建另一个极。也可以每极选择两组换流单元（串联接线或并联接线），第一期先建一组（为输送容量的1/4），单极运行；第二期再建一组（为输送容量的1/2），双极运行；第三期再增加一组，可双极不对称运行（为送容量的3/4），当两组换流单元为串联接线时，两极的电压不对称；为并联接线时，则两极的电流不对称；第四期则整个双极工程完全建成。

（8）直流输电线路输送的有功及两端换流站消耗的无功均可用手动或自动方式进行快速控制，有利于电网的经济运行和现代化管理。

（二）直流输电缺点

（1）换流站复杂，且造价高。直流输电换流站比交流变电站的设备多、结构复杂、造价高、损耗大，运行费用高，可靠性也较差。通常，交流变电站的主要设备是变压器和断路器，直流换流站除换流变压器和相应的断路器以外，还有换流器、平波电抗器、交流滤波器、直流滤波器，无功补偿设备及各种类型的交流和直流避雷器等。因此，换流站的造价比同样规模的交流变电站的造价要高出数倍。由于设备多，换流站的损耗和运行费用也相应增加，同时换流站的运行和维护比较复杂，对运行人员的要求也较高。因此，减少换流站的设备，简化其结构，降低设备造价、改善设备的运行性能、采用新型的换流设备是今后直流输电发展中应继续解决的主要问题。

(2) 换流器产生大量谐波。换流器对交流侧来说，除了是一个负荷（在整流站）或电源（在逆变站）以外，还一个谐波电流源。它畸变交流电流波形，向交流系统发出一系列的高次谐波电流，同时也畸变了交流电压波形。为了减少流入交流系统的谐波电流，保证换流站交流母线电压的畸变率在允许的范围内，必须装设交流滤波器。另外，换流器对直流侧来说，除了是一个电源（在整流站）或负荷（在逆变站）以外，还是一个谐波电压源，它畸变直流电压波形，向直流侧发出一系列的谐波电压，在直流线路上产生谐波电流。为了保证直流线路上的谐波电流在允许的范围内，在直流侧必须装设平波电抗器和直流滤波器。交、直流滤波器使换流站的造价、占地面积和运行费用均大幅度提高，同时降低了换流站的运行可靠性。当采用新型高频可关断半导体器件和脉宽调制技术进行换流时，换流器所产生的谐波将大幅度降低，滤波系统则可相应地简化。

(3) 换流站消耗大量无功功率。晶闸管换流器在换流时需消耗的无功功率占直流输送功率的40%～60%，每个换流站均需装设无功补偿设备。当交流滤波器所提供的无功功率不能满足无功补偿的要求时，还需另外装设静电电容器；当换流站接于弱交流系统时，为提高系统动态电压的稳定性和改善换相条件，有时还需要装设同步调相机或静止无功补偿装置，这同样增加了换流站的投资和运行费用。当采用新型可关断半导体器件或电容换相换流器时，无功补偿问题将会得到解决。

(4) 直流输电利用大地（或海水）为回路带来的一些技术问题：接地极附近地下（或海水）的直流电流对金属构件、管道、电缆等埋设物的电腐蚀问题，地中直流电流通过中性点接地变压器使变压器饱和所引起的问题，对通信系统和航海磁性罗盘的干扰等。对于每项具体的直流输电工程，在工程设计时，对上述问题必须进行充分的研究，并采取相应的技术措施。

(5) 直流断路器由于没有电流过零点可以利用，灭弧问题难以解决，给制造带来困难。国外对直流断路器虽然进行了大量的研究和试制，但到目前为止仍没有满意的产品提供给工程使用，多端直流输电工程发展缓慢。虽然利用直流输电的快速控制，在工程上已可以解决多端直流输电的故障处理等问题，但其控制系统相当复杂，仍需要在实际工程运行中进行考验和改进。当采用新型可关断半导体器件进行换流时，直流断路器的功能将由换流器来承担。

第二节　高压直流输电系统换流器工作原理及其控制

一、换流器的功能结构和元件

（一）换流器的功能结构

1. 6脉动换流单元

6脉动换流单元由换流变压器、6脉动换流器及相应的交流滤波器、直流滤波器和控制保护装置组成，其原理接线如图4-6所示。

6脉动换流单元的换流变压器可以采用三相结构，也可以采用单相结构；其阀侧绕组的接线方式可以是星形接线，也可以是三角形接线。6脉动换流器在交流侧和直流侧分别产生$6k\pm1$次和$6k$次的特征谐波。因此，在交流侧需要配备$6k\pm1$次的交流滤波器，而在直流侧除平波电抗器以外，对于架空线路来说通常还需要配备$6k$次的直流滤波器。由于6脉动换流器在交、直流侧易产生低次谐波，因此现代高压直流输电工程均采用12脉动换流器。

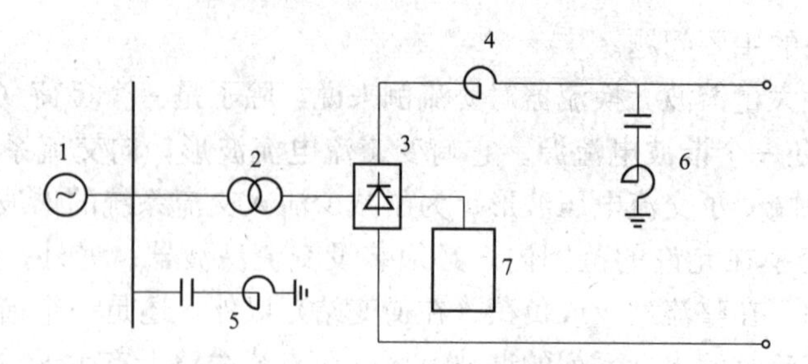

图 4-6 6 脉动换流单元原理接线图

1—交流系统；2—换流变压器；3—6 脉动换流器；4—平波电抗器；
5—交流滤波器；6—直流滤波器；7—控制保护装置

2. 12 脉动换流单元

12 脉动换流单元与 6 脉动换流单元的组成设备基本一致，不同之处是 12 脉动换流器由两个交流侧电压相位相差 30°的 6 脉动换流器在直流侧串联而在交流侧并联所组成，其原理接线如图 4-7 所示。

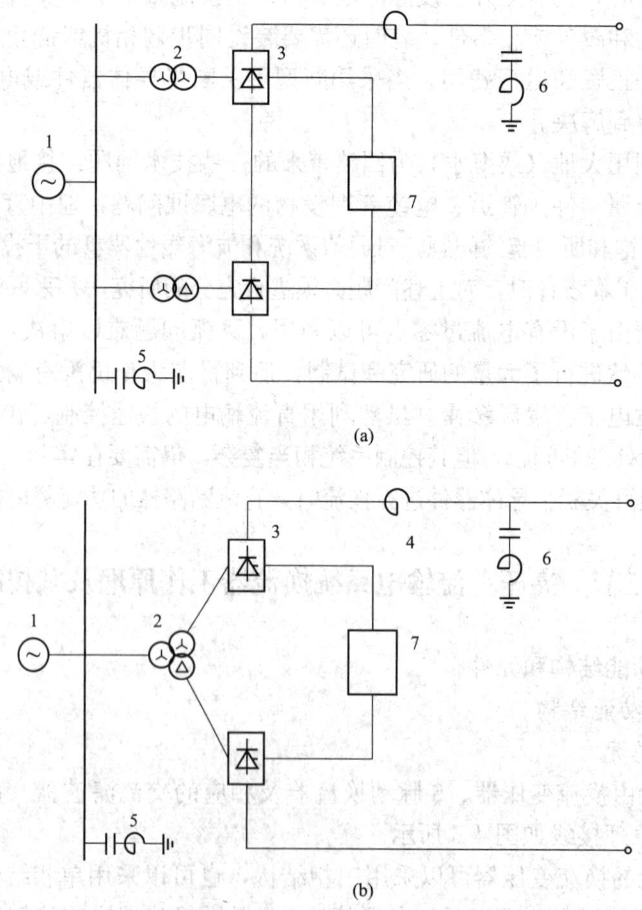

图 4-7 12 脉动换流单元原理接线图

(a) 双绕组换流变压器；(b) 三绕组换流变压器

1—交流系统；2—换流变压器；3—12 脉动换流器；4—平波电抗器；
5—交流滤波器；6—直流滤波器；7—控制保护装置

12 脉动换流单元可以采用双绕组换流变压器或三绕组换流变压器。为了使换流变压器阀侧绕组的电压出现 30°的相位差，其阀侧绕组的接线方式必须一个为星形接线，另一个为三角形接线。换流变压器可以选择三相结构或单相结构。因此，对于一组 12 脉动换流单元的换流变压器，可选方案有 4 种：①1 台三相三绕组变压器；②2 台三相双绕组变压器；③3 台单相三绕组变压器；④6 台单向双绕组变压器。

12 脉动换流器在交流侧和直流侧分别产生 $12k\pm1$ 次和 $12k$ 次的特征谐波。因此在交流侧和直流侧只需分别配备 $12k\pm1$ 次和 $12k$ 次的滤波器。在传输相同容量的情况下，12 脉动换流器产生的谐波远小于 6 脉动换流器产生的谐波，从而可简化滤波装置、缩小占地面积、降低换流站造价，这是选择 12 脉动换流单元作为基本换流单元的主要原因。此外，12 脉动换流器还具有技术成熟、可靠性高等优点。其缺点主要是换流变压器的质量过大和尺寸过大，运输到现场比较困难。

除了图 4-7 中的主要设备外，12 脉动换流单元还包括相应的交直流避雷器和交直流开关及测量设备等。

3. 双 12 脉动换流单元

我国云—广及向家坝—上海两回±800kV 特高压直流输电工程均采用（400＋400)kV 的每极 2 组 12 脉动换流器串联接线方式，如图 4-8 所示。与 12 脉动换流器相比，该接线方式的主要优点是：

（1）输送容量大。容量为 2500～3600MW，是常规 500kV 换流器的 1.7～2.4 倍。尤其适用于±800kV 及以上的特高压直流输电。

（2）运行方式灵活。换流器可双组运行，也可单组运行，从而使直流输送功率为额定容量的 100％、75％、50％和 25％。

（3）可靠性和可用率高。单极运行方式下任何一组 12 脉动换流器出现故障时，高压直流（HVDC）系统仍然能够输出 25％的额定功率。

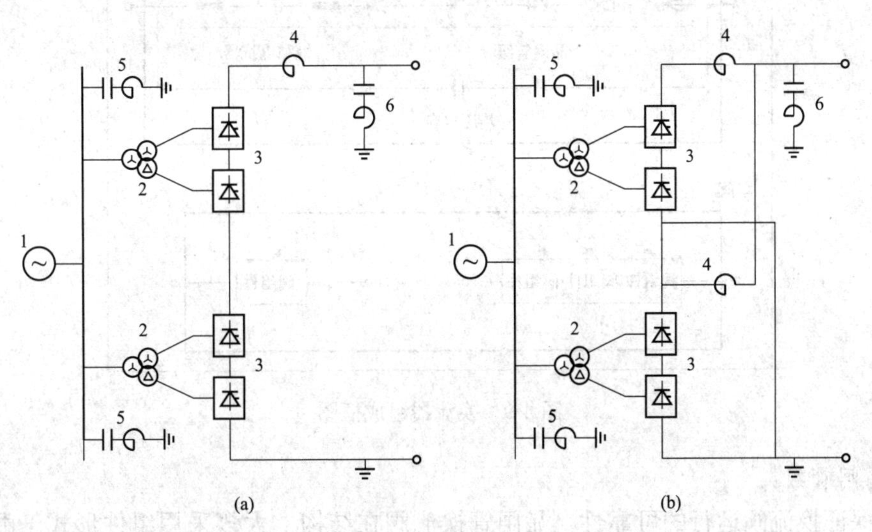

图 4-8　双 12 脉动换流单元原理接线图

（a）串联方式；（b）并联方式

1—交流系统；2—换流变压器；3—12 脉动换流器；4—平波电抗器；

5—交流滤波器；6—直流滤波器

(4) 线路损耗低、运行成本低，有利于节省有限的土地资源。

图 4-8 (b) 所示为双 12 脉动换流器并联结构，可以有效减少单阀组通流能力，但与串联方式相比需要采用更多的平波电抗器。相关研究表明，双 12 脉动换流器串联结构较并联结构的运行灵活性和可靠性高，投资小。因此，目前国内±800kV 及以上电压等级的特高压直流输电均采用双 12 脉动换流器串联结构。

(二) 换流器的元件

高压直流输电的核心设备是换流器，它是影响 HVDC 系统性能、运行方式、设备成本及运行损耗等的关键因素，是直流工程的“心脏”。由于当前晶闸管的容量远远高于其他电力电子器件，晶闸管换流阀可通过简单的串联来满足 HVDC 日益增高的直流电压需要，因此晶闸管换流器仍然是当前及今后相当长时期内大容量直流输电工程的首选换流器。

换流器的组成框图如图 4-9 所示。一只晶闸管、阻尼回路及控制单元等组成一个晶闸管级，若干个串联的晶闸管级 (thyristor level)、阳极饱和电抗器和极间均压电容等部分组成一个阀组件，若干个阀组件 (valve group) 又组成一个单阀，这就是换流阀的基本组成单位。1 个 12 脉动换流器含 12 个单阀。

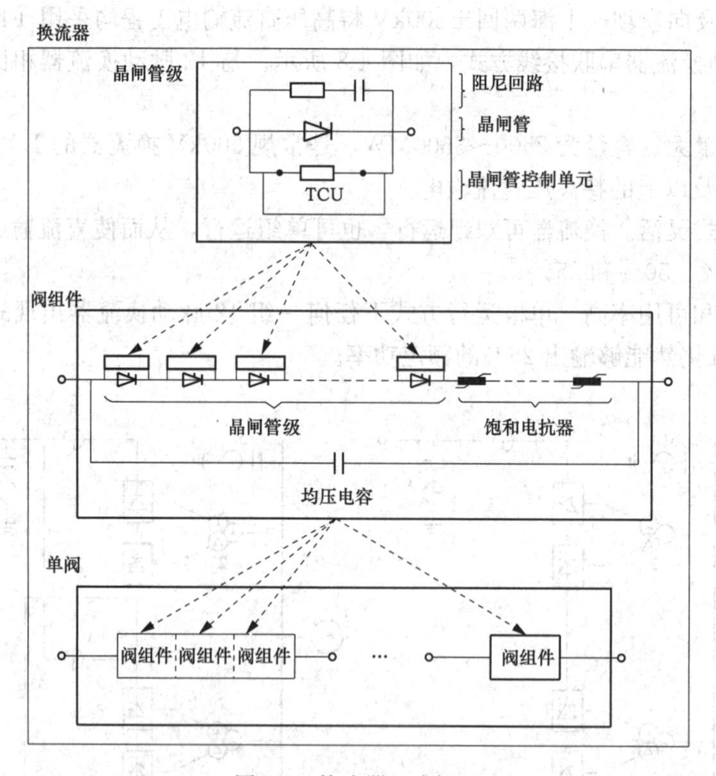

图 4-9　换流器组成框图

1. 晶闸管级

为了保证换流阀运行的可靠性，晶闸管换流阀在结构上大多采用组件形式。由晶闸管、均压回路、晶闸管控制与监测单元通过导线连接成的电气单元，称为晶闸管级，其组成示意图和三维结构分别如图 4-10 和图 4-11 所示。晶闸管级两端均压回路中的阻尼单元用来抑制阀关断时产生的反向恢复过冲电压，静态均压单元用来均衡每个晶闸管级上的低频电压分量。

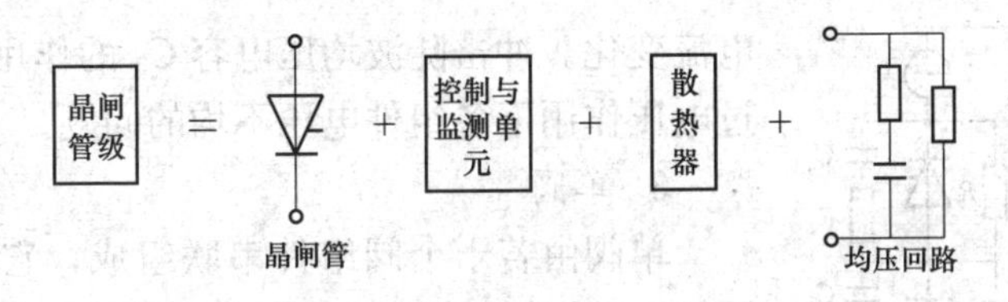

图 4-10　晶闸管级组成示意图

由于晶闸管主回路是高电压强电流，其触发单元（阀基部电子 VBE）则是低电压弱电流，后者不能与晶闸管进行电气连接。因此，晶闸管的触发和控制命令通过光缆以光脉冲的方式传输。晶闸管级控制与监测单元示意图如图 4-12 所示。

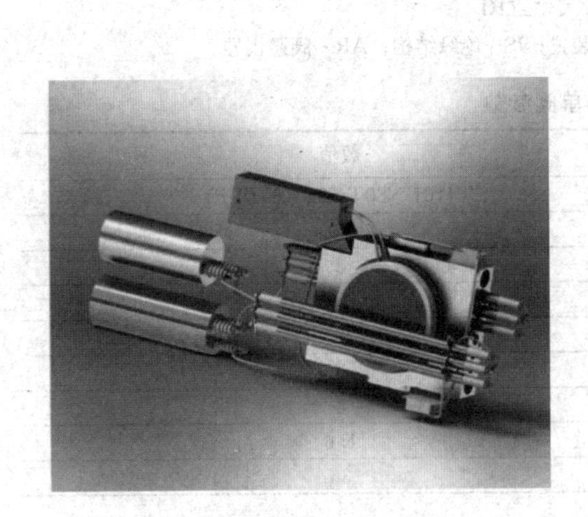

图 4-11　晶闸管级三维结构

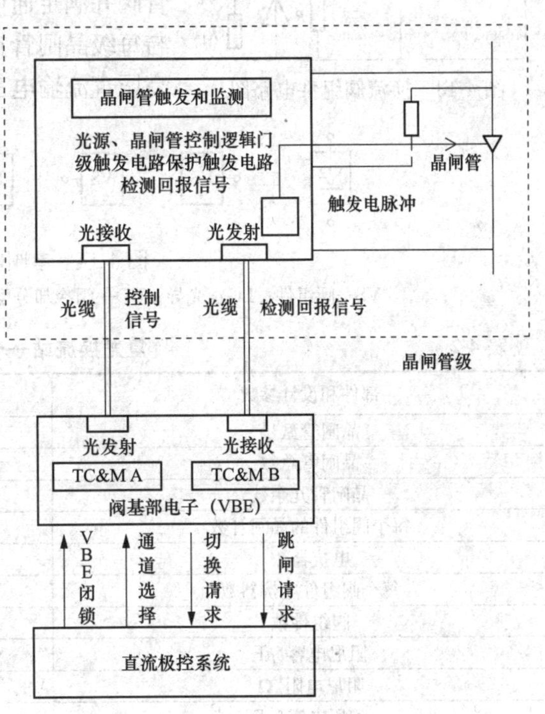

图 4-12　晶闸管级控制与监测单元示意图

晶闸管触发和监测模块与晶闸管一一对应，将光触发信号转化为电门极脉冲并发送至晶闸管门极。晶闸管上如果出现过高的电压或者恢复期间 dU/dt 过高时，均会产生保护触发脉冲。晶闸管状态的光回报信号也通过光缆发送给 VBE。

所有的晶闸管级检测回报信号在 VBE 中进行处理，并与阀控设备进行通信。阀监测系统的主要任务是检测晶闸管阀的实际状态。为了提高晶闸管阀的可用性，单阀设计有两个冗余晶闸管。这样，只要一个阀内的故障晶闸管数不超过冗余的晶闸管数，在晶闸管出现故障的情况下，换流阀仍可运行。

2. 阀组件

几个或十几个晶闸管级串联组成一个阀组件，如图 4-13 所示。其中，R 为静态均压电阻；R_1C_1 为 RC 阻尼电路；L 为阳极（饱和）电抗器；R_2C_2 为均压电容组件均压阻尼电路；C_3 为冲击陡波均压电容。均压电容组件均压阻尼电路 R_2C_2 的作用是减小换流阀关断时阀组件两端的暂态过电压均压及电压变化率。阳极（饱和）电抗器 L 的作用是抑制流经晶闸管的

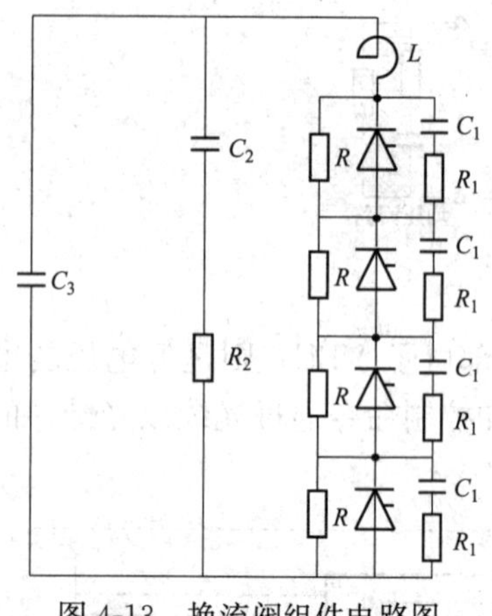

图 4-13 换流阀组件电路图

电流变化。冲击陡波均压电容 C_3 的作用是改善过陡的操作过电压作用下各组件电压不均的问题。

3. 单阀

单阀由若干个阀组件串联组成，它构成了 6 脉动换流器或 12 脉动换流器的一个臂，故又称阀臂。其电气布置图如图 4-14 所示。

阀内部除了阀组件以外，还包括为其提供冷却的水冷系统，为其提供过电压保护的避雷器。为了控制和保护晶闸管阀并满足通信介质的绝缘要求，通常采用光纤将阀控系统与每级晶闸管连接起来。表 4-2 为向家坝一上海±800kV 特高压直流输电工程的送端复龙换流站一个单阀参数。

= VS - - VS + LG + CD + IS + AR

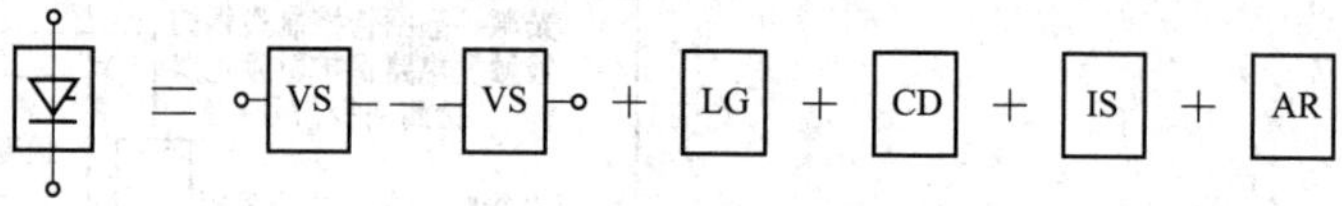

图 4-14 单阀电气布置图

VS—阀组件；LG—光导；CD—阀冷却分配装置；IS—绝缘结构；AR—阀避雷器

表 4-2　　复龙换流站一个单阀参数

部件和设计参数	数值
晶闸管型号	T4161 N80T S34（6″ETT）
晶闸管总数	60
晶闸管冗余数	2
每个阀组件的晶闸管数	15
电抗器数	8
每个阀组件电抗器数	2
阀组件数	4
阻尼电容/μF	1.6
阻尼电阻/Ω	36
均压电容/nF	4
阀塔结构	双重阀

4. 换流器

换流器悬挂于换流站的阀厅内，由数个单阀紧密串联形成一个整体外貌近似立方体的结构，也称为阀塔。现代直流输电工程的换流器大都采用二重阀或四重阀，±800kV 及以上电压等级的特高压直流换流阀绝大多数为二重阀，其组成如图 4-15 所示。

二、换流器的工作原理

本节以 6 脉动整流器和 12 脉动整流器为例介绍换流器的工作原理。逆变器的工作原理与整流器类似，将在换相失败分析与换流器控制中进行详细介绍。

（一）6 脉动整流器工作原理

6 脉动整流器原理接线如图 4-16 所示。在正常工作时整流器主要各点的电压和电流波形如图 4-17 所示。图 4-16 中，U_u、U_v、U_w 为等值交流系统的工频基波正弦相电动势，L_r 为每相的等值换相电抗，L_d 为平波电抗的电抗值。图 4-17 中，等值交流系统的线电压 u_{uw}、u_{vw}、u_{vu}、u_{wu}、u_{wv}、u_{uv} 为换流阀的换向电压。规定线电压 u_{uw} 由负变正的过零点 c1 为换流阀

V1 触发角 α_1 计时的零点。其余线电压过零点 c2～c6 则分别为 V2～V6 的触发角 α_2～α_6 的导通序号。在理想条件下，认为三相交流系统是对称的，触发脉冲是等距的，换流阀的触发角也是相等的，通常触发角用 α 来表示。6 脉动整流器触发脉冲之间的间距为 60°。

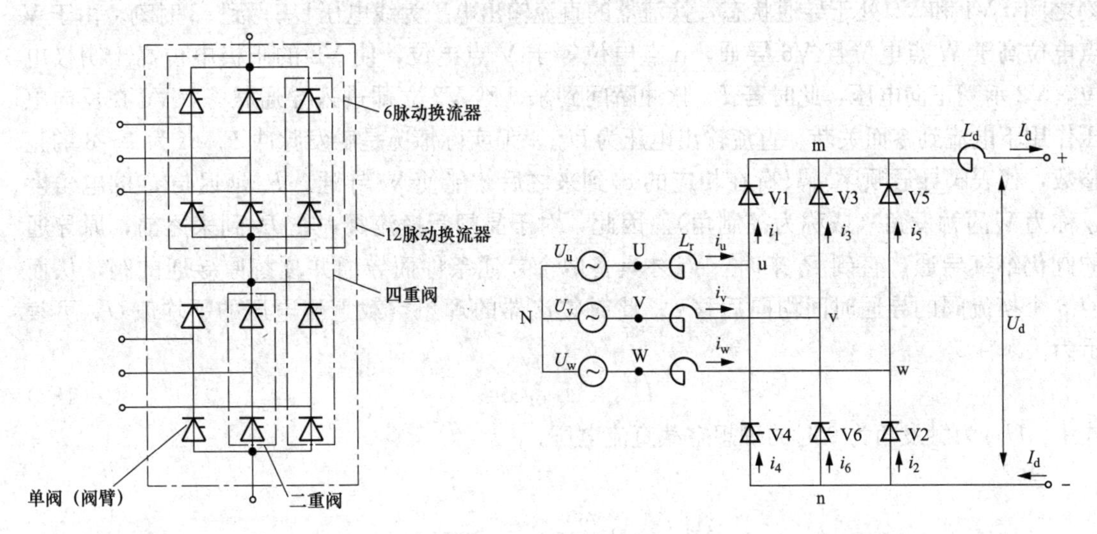

图 4-15　换流器组成图

图 4-16　6 脉动整流器原理接线图

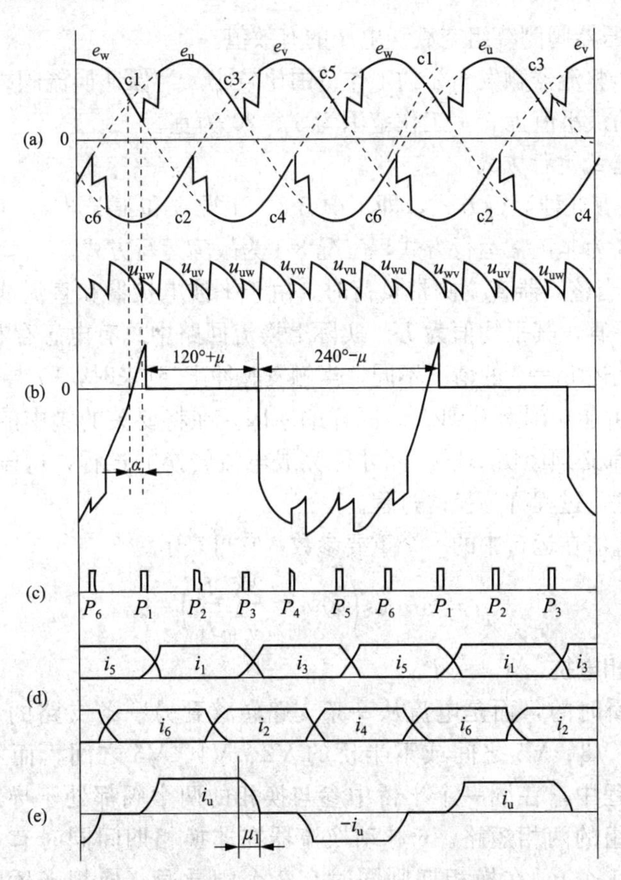

图 4-17　6 脉动整流器电压和电流波形图

1. 可控整流器理想空载直流电压

假定换流器由可控的晶闸管所组成，换流器在交流测电动势和触发脉冲的作用下，按照晶闸管阀的开通和关断条件，进行有次序的开通和关断，将交流电变为直流电。如c1～c2时刻之间，V1和V6处于导通状态，换流器的直流输出电压为线电压U_{uv}；到c2时刻，由于V点电位高于W点电位且V6导通，n点电位等于V点电位，使V2的阳极电位高于阴极电位，V2承受正向电压，此时若P_2脉冲瞬间到来，则V2立即进入导通状态，V6在反向电压作用下电流到零而关断，直流输出电压为U_{uw}。但实际情况是触发脉冲P_i（i为1～6的正整数，代表阀导通顺序）只有在相应的ci到来之后才能使Vi导通，P_i延迟与ci的电角度α_i称为V的触发角（或称为控制角）。因此，对于晶闸管换流阀，在P_i到来之前，原导通的阀仍继续导通，直到P_i来时，Vi才具备两个导通条件而导通并顶替原导通的阀，从而使6个换流阀的导通时间均向后移α。此时整流器的理想空载直流电压的平均值U'_{d01}可表示为

$$U'_{d01} = U_{d01}\cos\alpha \tag{4-2}$$

式中：U_{d01}为触发角为0时的理想空载直流电压。

且

$$U_{d01} = \frac{3\sqrt{2}}{\pi}U_1 = 1.35U_1 \tag{4-3}$$

式中：U_1为换流变压器阀侧绕组空载线电压的有效值。

在正常运行时，整流器触发角α的工作范围比较小，为保证换流阀中串联晶闸管导通的同时性，通常取α的最小值为5°，工作范围为5°～20°为宜。

2. 6脉动整流器的运行方式

6脉动整流器共有3种运行方式，即工况2-3、工况3和工况3-4。其中，工况2-3为正常运行方式，工况3为非正常运行方式，工况3-4为故障运行方式。

（1）工况2-3。当整流器直流侧带负荷时，由于平波电抗器和直流滤波器的存在，使得直流电流波形近乎平直，其平均值为I_d。实际上换流回路中总有电感存在，即$L_r>0$，因此实际的换相过程与上述$L_r=0$的情况不同。当触发脉冲P_i到来时，Vi导通，但由于L_r的存在，Vi中的电流不可能立刻上升到I_d。同样的原因，在将要关的阀中的电流也不可能立刻从I_d降为零。它们都必须经历一段时间才能完成电流转换的过程，这段时间所对应的电角度μ称为换相角，这一过程称为换向过程。

换相角μ是整流器在运行中的一个重要参数，它可表示为

$$\mu = \arccos\left(\cos\alpha - \frac{2X_{r1}I_d}{\sqrt{2U_1}}\right) - \alpha \tag{4-4}$$

式中：X_{r1}为等值换相电抗，$X_{r1}=\omega L_{r1}$。

换相不可能是瞬时的，而是电流从一条支路转移到另一条支路的过程。换相只能发生在上半桥的V1、V3、V5之间或下半桥的V2、V4、V6之间，而不可能出现上下半桥换相。在换相过程中，在同一个半桥中参与换相的两个阀都处于导通状态，从而形成换流变压器阀侧绕组的两相短路。6脉动换流器在非换相期间同时有2个阀导通（阳极半桥和阴极半桥各1个），在换相期则同时有3个阀导通（换相半桥中2个，非换相半桥中1个），从而形成2个阀和3个阀同时导通按序交替的“2-3”工况（也称正常运行

工况）。在“2-3”工况下，每个阀在一个周期内的导通时间为 $120°+\mu$ 电度角，用 λ 表示，称为阀的导通角；阀的关断角度为 $240°-\mu$。6 脉动换流器正常运行时的电压电流波形如图 4-17 所示。

（2）工况 3。工况 3 是指在 60°的重复周期中，始终只有 3 个阀臂轮流导通的运行方式。整流器工作在工况 3 状态的前提条件是：触发延迟角 $\alpha=0°\sim30°$，同时换相角 $\mu=60°$。正常运行时，如果直流输送功率过大，致使直流电流增加较多时，换相角 μ 将会从正常运行时的 15°～25°增加到 60°。如果这时触发延迟角 $\alpha=0°\sim30°$，正好小于 30°，则整流器就会从工况 2-3过渡到工况 3。当 $\mu=60°$时，在 P_i 脉冲到来时，由于 I_d 继续增加，前一个阀的换相过程尚未结束，Vi 阳极对阴极的电压为负值，Vi 不具备导通条件而不能导通，它必须推迟到其电压为正时才能导通。推迟时间用 α_b 表示，称为强迫触发角。在这种情况下 P_i 失去了控制能力。随着 I_d 的增加，α_b 将增大，最大可达 30°。当 $\alpha_b=30°$时，Vi 的阳极电压则开始在 P_i 到达时变为正值，此时 Vi 又具备了导通条件，P_i 又恢复其控制能力。在 $0°<\alpha_b<30°$期间，$\mu=60°$为常数，$\lambda=180°$为常数。此时换流阀在一个周期内导通 180°，阻断 180°，换相角为 60°，换流器在任何时刻都同时有 3 个阀导通，因此称为工况 3。

（3）工况 3-4。当 $\mu>60°$时，$\alpha_b=30°$为常数，随着 I_d 的增大，μ 将增大，其变化范围为 60°～120°，而导通角 λ 的变化范围是 180°～240°。此时将出现 3 个阀同时导通和 4 个阀同时导通按序交替的情况，称为工况 3-4。当 3 个阀同时导通时，换流阀只在一个半桥中进行换相，换流变压器为两相短路状态；而当 4 个阀同时导通时，在上下两个半桥中有两对换流阀进行换相重叠，此时换流变压器为三相短路，换流器的直流输出电压为零。当 $\mu=120°$时，$\lambda=240°$，形成稳定的 4 个阀同时导通的状态，即换流变压器稳定的三相短路。此时直流电压的平均值为零，直流电流的平均值为换流变压器三相短路电流的峰值。

（二）12 脉动换流器

12 脉动换流器是由两个 6 脉动换流器在直流侧串联而成，其交流侧通过换流变压器的网侧绕组而并联。换流变压器的阀侧绕组一个为星形接线，另一个为三角形接线，从而使两个 6 脉动换流器的交流侧得到相位相差 30°的换相电压。12 脉动换流器可以采用两组双绕组的换流变压器，也可以采用一组三绕组的换流变压器。图 4-18 给出了当采用两组双绕组变压器时的 12 脉动换流器原理接线图。

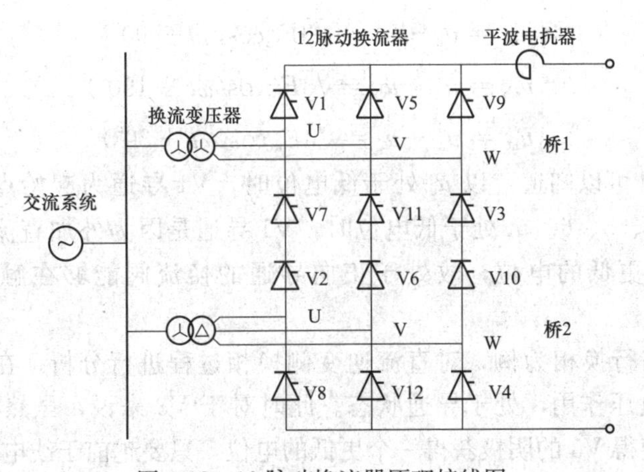

图 4-18　12 脉动换流器原理接线图

12 脉动换流器由 V1～V12 共 12 个换流阀组成，图 4-21 中所给出的换流序号为其导通的顺序号。在每一个工频周期内有 12 个换流阀轮流导通。它需要 12 个与交流系统同步的按序触发脉冲。脉冲之间的间距为 30°。12 脉动换流器的工作原理与 6 脉动换流器相同，它也是利用交流系统的两相短路电流来进行换相的。当换相角 $\mu<30°$时，在非换相期两个桥中只有 4 个阀同时导通（每个桥中 2 个），而当有一个桥进行换相时，则同时有 5 个阀导通（换相的桥中有 3 个，非换相的桥中有 2 个），从而形成在正常运行时 4 个阀和 5 个阀轮流交替同时导通的工况 4-5，它相当于 6 脉动整流器的工况 2-3。当换相角 $\mu=30°$时，两个桥中总有 5 个阀同时导通，在一个桥中一对阀换相刚完毕，在另一个桥中的另一对阀紧接着开始换相，而形成工况 5。在工况 5 时，$\mu=30°$为常数。当 $30°<\mu<60°$时，将出现在一个桥中一对阀换相尚未结束之前，而在另一个桥中就有另一对阀开始换相。即出现在两个桥中同时有两对阀进行换向的时段，在此时段内两个桥共有 6 个阀同时导通，当在一个桥中换相结束时则又转为 5 个阀同时导通的状态，从而形成工况 5-6。随着换流器负荷的增大，换相角 μ 也增大，其结果使 6 个阀同时导通的时间延长，相应的 5 个阀同时导通的时间缩短。当 $\mu=60°$时，工况 5-6 即结束。在正常运行时，$\mu<30°$，而不会出现工况 5-6。只有在换流器过负荷或交流电压过低时，才可能出现 $\mu>30°$的情况。

三、换相失败分析与换流器控制

（一）换相失败分析

1. 逆变器换相失败过程

图 4-19 为一个单桥 6 脉动换流桥等效电路图。换流器回路是由 6 个接于电源的桥臂构成的，其中，V1～V6 表示六个桥臂换流阀，这 6 个桥臂上的换流阀通常按顺序等周期进行导通。其数字 1～6 是开通顺序。

令三相瞬时电压为

$$\begin{cases} u_a = E_m\cos(\omega t + 60°) \\ u_b = E_m\cos(\omega t - 60°) \\ u_c = E_m\cos(\omega t - 180°) \end{cases} \tag{4-5}$$

式中：E_m 代表相电压最大值。

线电压为

$$\begin{cases} u_{ba} = u_b - u_a = \sqrt{3}E_m\cos(\omega t - 90°) \\ u_{cb} = u_c - u_b = \sqrt{3}E_m\cos(\omega t + 150°) \\ u_{ac} = u_a - u_c = \sqrt{3}E_m\cos(\omega t + 30°) \end{cases} \tag{4-6}$$

由图 4-19 和图 4-20 可以知道，以 u_a 处于低电位时，V1 导通为起始点，则换流阀的导通顺序为 1、2、3、4、5、6。u_a 处于低电位时，V1 导通是因为外加直流电压 u_d 在 V1 的阴极提供了一个比 u_a 更低的电位，故处于正向导通的换流阀能够在触发脉冲到来的时刻导通。

以 V1 向 V3 进行换相为例，对直流逆变侧换相过程进行分析。在 V1 向 V3 换相前，V1、V2 受到正向电压作用，处于导通状态。此时对于 V3 来说，虽然其阳极处于低电位，但因为 V1 的导通使得 V3 的阴极获得一个更低的电位，只要越前于线电压 u_{ba}过零点 c6 一个角度 β，在 V3 的控制极上施加触发脉冲，V3 将会立刻导通。此时 V1 和 V3 将在换相电压和换相电流的作用下完成换相过程。由图 4-19 和图 4-20 可以看出，实现 V3 向 V1 换相的条件是 $u_a < u_b$。因此换相必须在自然换相点 c6 到来前完成。从 V1 关断的时刻到自然换相点 c6 之间的角度即关断角（也称为熄弧角），用 γ 表示。

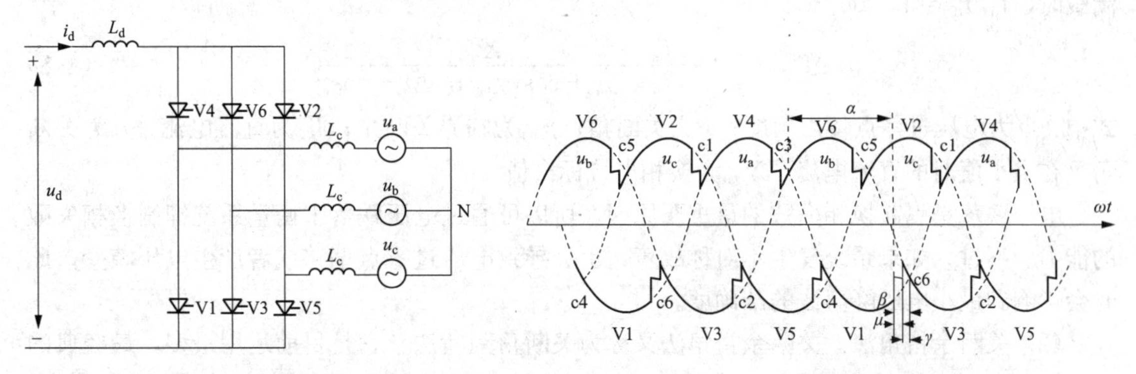

图 4-19　6 脉动换流桥等效电路图　　　　图 4-20　单桥逆变器换流过程波形图

换流阀在反向电压作用开始，不会立即形成阻断能力，它需要一段时间来进行载流子的恢复。只有经过这段时间，换流阀才会形成阻断能力，否则一旦有新的触发脉冲出现，就会立即重新导通。所以关断角 γ 不能够太小，一旦太小会容易发生换相失败。

一般而言，引发换相失败的原因主要有以下几种：①逆变系统内部故障，触发电路不稳定，脉冲延迟或者丢失，晶闸管被损坏；②逆变侧交流电压跌落；③交流电压不对称运行时的电压过零点偏移；④交流电压波形畸变；⑤直流电流 I_d 增大；⑥超前角 β 或者关断角 γ 设定值过小。

如果换相失败发生，交直流都会受到一定干扰，主要表现为：

（1）换相失败期间，由于换流阀长时间导通，且换流阀的电流非常大，容易损坏换流阀。大直流电流流入变压器，会产生磁通损耗和高次谐波，对电网安全构成很大威胁。

（2）如果发生两次不连续换相失败，此时系统通常情况下不能够通过调整来恢复，对系统扰动将会更大，需要采取相应的控制措施。

（3）如果发生两次连续换相失败，当直流电流经过变压器时，会在变压器中产生直流偏磁，容易形成谐振过电压情况。

（4）如果发生多次换相失败，则会引起直流闭锁，功率中断，直流功率会大量转移到交流中，引起交流系统功率的大幅度波动，进而导致交流系统暂态失稳，威胁电网安全稳定运行。

2. 换相失败的判别方法

对于逆变系统内部故障，如丢失触发脉冲引起的换相失败，可通过检测直流电流中所叠加的 50Hz 分量是否超过整定值，或比较阀出口侧的直流电流 I_d 是否大于换流变压器阀侧的三相交流电流经整流后的数值进行判断。对于阀的外电路条件引起的换相失败，目前主要的判别方法有最小电压降落法、关断余裕角法与换相电流时间面积法三种。

（1）最小电压降落法。最小电压降落法是通过对比实际电压跌落 ΔU 和引发换相失败最小电压跌落 ΔU_{min} 的大小关系，如果 $\Delta U < \Delta U_{min}$，那么通常可以判断已经换相失败，否则就没有换相失败。

如果逆变侧交流发生三相短路故障，三相电压会一起跌落，那么引起换相失败的最小电

压跌落为

$$\Delta U_{\min}=1-\frac{I'_{\mathrm{d}}}{I_{\mathrm{d}}}\frac{(I_{\mathrm{d}}/I_{\mathrm{dN}})X_{\mathrm{cpu}}}{(I_{\mathrm{d}}/I_{\mathrm{dN}})X_{\mathrm{cpu}}+\cos(\gamma_{\min}+\Phi)-\cos\gamma} \tag{4-7}$$

满载时，$I_{\mathrm{d}}/I_{\mathrm{dN}}=1$，则

$$\Delta U_{\min}=1-\frac{I'_{\mathrm{d}}}{I_{\mathrm{d}}}\frac{X_{\mathrm{cpu}}}{X_{\mathrm{cpu}}+\cos(\gamma_{\min}+\Phi)-\cos\gamma} \tag{4-8}$$

式中：Φ 为电压过零点偏出角度；γ 为关断角；$\gamma_{\min}$为临界关断角；I_{d} 为直流电流；I'_{d}为关断角 γ 在最小值时的直流电流；X_{cpu}为换相电抗标幺值。

电压跌落是引起换相失败的最重要原因，所以可通过电压跌落来衡量系统抑制换相失败的能力。不过，如果系统发生不对称故障，也会导致电压过零点偏移或者产生电压畸变，此时会影响到最小电压降落法的准确度。

（2）关断余裕角法。关断余裕角法又称为关断角判断法，它是目前运用最多，最经典的一种判断方法。其原理是当实际关断角小于临界关断角 $\gamma_{\min}$时，就表明已经换相失败，相反就表明没有换相失败。临界关断角 $\gamma_{\min}$值和晶闸管有很大的关系的原因在于它的自然物理特性。目前晶闸管去游离期限 t 大约是 400μs，而

$$\frac{t}{T}=\frac{\gamma_{\min}}{360°} \tag{4-9}$$

由于我国电力系统的固定频率为 50Hz，周期 $T=0.02$s，对应的电角度为 360°，由式（4-9）可知最小极限关断角为 7°，即当关断角低于 7°，就可判断发生了换相失败。

（3）换相电流时间面积法。换相电流时间面积法从能量的角度，通过研究直流电流 I_{d} 与换相角 μ 之间的关系，判别是否发生换相失败。以换相电流作为不定值，把直流电流和横坐标围成的面积作为换相电流时间面积 A_{it}，如图 4-21 中阴影区域所示。

以 V5 向 V1 换相为例，其等效电路如图 4-22 所示。两相进行换相时，换相能量的变化就是将 V5 上电感存起来的能量转换至 V1 电感中。

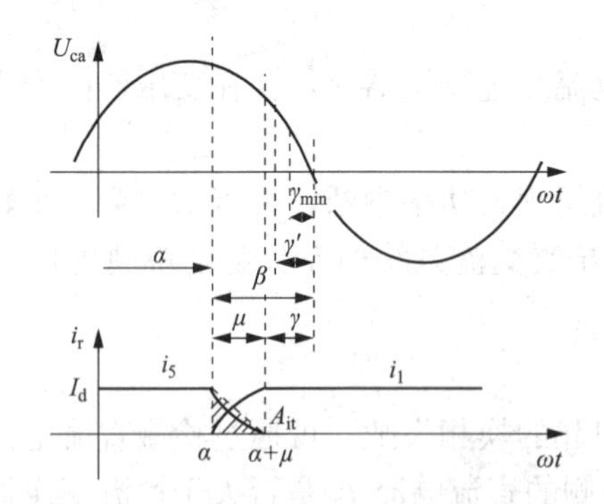

图 4-21 逆变侧换流器两相换相过程

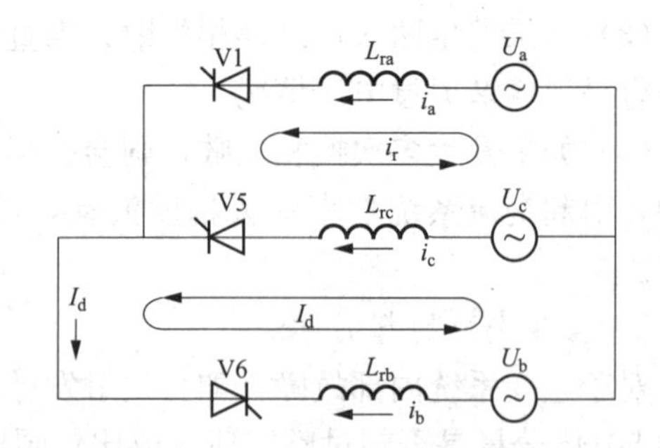

图 4-22 换相等值电路图

图 4-22 中，假设 V5 与 V1 回路电流是 i_{r}，因为 u_{a} 大于 u_{b}，所以 i_{r} 电流方向是逆时针的，通过 KVL 电压回路公式，得到电路方程

$$L_{\mathrm{f}}\frac{\mathrm{d}i_1}{\mathrm{d}t}-L_{\mathrm{r}}\frac{\mathrm{d}i_5}{\mathrm{d}t}=u_{\mathrm{a}}-u_{\mathrm{c}} \tag{4-10}$$

式中：i_1、i_5 分别为流过 V1 和 V5 的电流，其中

$$\begin{cases} i_1 = i_r \\ i_5 = I_d - i_r \end{cases} \tag{4-11}$$

将式（4-10）代入式（4-11）得

$$L_r \frac{di_r}{dt} - L_r \frac{d(I_d - i_r)}{dt} = \sqrt{2}U_\alpha \sin\omega t \tag{4-12}$$

式中：U_α 为线电压有效值。

对式（4-12）积分整理可得

$$i_r = \frac{\sqrt{2}U_{ax}}{2X_r}(\cos\alpha - \cos\omega t) \tag{4-13}$$

式中：X_r 为换相等值电抗，满足于 $X_r = \omega L_r$；$\omega t \in [\alpha, \alpha+\mu]$。

由式（4-13）可知，两相换相过程在 $[\alpha, \alpha+\mu]$ 区间内是非线性动态过程，i_r 在 $[\alpha, \alpha+\mu]$ 区间内是正弦波波形。换相角 μ 代表全部换相过程，它的取值大小是由换相刚开始时刻直流电流 I_d 大小决定。这个过程里，V5 电流从 I_d 渐渐降到 0，V1 电流是从 0 渐渐增至 I_d。

在 $\omega t = \alpha + \mu$ 时刻，V5 完成关闭过程，这个时候 V5 上电流 i_5 为零，即

$$i_5 \big|_{\omega t = \alpha+\mu} = I_d - i_r \big|_{\omega t = \alpha+\mu} = 0 \tag{4-14}$$

将式（4-14）代入式（4-13），化简后得

$$I_d = \frac{\sqrt{2}U_\alpha}{2X_r}[\cos\alpha - \cos(\alpha+\mu)] \tag{4-15}$$

由式（4-15）可知，换相角 μ 与换相时刻直流电流 I_d 初值之间的关系。为了能够通过在换相过程中分析换相角 μ 和关断角 γ 之间的关系，以换相时间电流面积 A_{it} 来研究换相过程。V5 在关闭过程中电流从 I_d 逐渐减少到 0。其换相电流时间面积 A_{it} 为

$$A_{it}\int_\alpha^{\alpha+\mu} i_5 d(\omega t) = I_d\mu - \frac{U_{ac}\mu}{\sqrt{2}X_r}\left[\cos\alpha - \frac{\sin(\alpha+\mu)}{\mu} + \frac{\sin\alpha}{\mu}\right] \tag{4-16}$$

逆变器在正常运行期间，U_{ac}、X_r 和 α 的值都是已知的，通过式（4-16）可以得到 A_{it}、I_d 与 μ 三者间的关系。在 $[\alpha, \alpha+\mu]$ 区间内，可以认为 i_5 的变化是线性的，可以对它进行线性处理，则换相电流面积 A_{it} 可表示为

$$A_{it} = \frac{1}{2}\mu I_d \tag{4-17}$$

联立式（4-16）和式（4-17）得

$$I_d = \frac{U_\infty}{\sqrt{2}X_r}\left[\cos\alpha - \frac{\sin(\alpha+\mu)}{\mu} + \frac{\sin\alpha}{\mu}\right] \tag{4-18}$$

从式（4-18）可以获得直流电流 I_d 与换相角 μ 之间的定量关系。

实际上，影响换相失败的关键并不在于关断角 γ 的大小，而是换相过程中换相角 μ 的大小。在越前触发角 β 一定的情况下，换相角 μ 增大，留给关断角 γ 的余裕相应减小，则会增加发生换相失败的概率；换相角 μ 减小，会增大关断角 γ，反而更不容易发生换相失败。因此，两个换流阀间完成换相过程所经历的换相角 μ 才是影响换相失败发生与否的根本因素。

（4）各检测方法比较。对换相失败的各种检测方法进行对比，分析各自在不同性能下的优缺点。

1）关断角判别法。

优点：从换相失败的定义直接判断，精确度高。在实际工程中，一般以此当作判别换相

失败的经典方法。

缺点：该方法只能判断已经发生换相失败或者说即将发生换相失败的情况。也即这种方法只能用来判断，但不能预测。

2）最小电压跌落判别法。

优点：对换相失败的判别十分快捷，因此一般能够当作预测和判别换相是否失败的标准。

缺点：对于不对称运行时导致的电压过零点偏移和电压畸变的结论有时可能会发生错误。在多受端直流系统中或受端短路比较弱的直流系统中，一般不采用该方法来判断换流器的换相失败。

3）换相电流时间面积判别法。

优点：从能量角度来进行判别，也能反映外部干扰对换相失败的影响。因此该方法能够提前预判换相失败，一旦外界环境变化，能够极快速地启动其他控制策略并且在最短时间里避免换相失败发生。

缺点：相比其他两种方式而言，表达不够清晰直观，另外计算过程也需要进行简化处理。

为方便比较以上 3 个方法，表 4-3 为各种方法的优劣性比较，用分数来表示其性能强弱程度，分数越高表示其方法在该性能下的检测能力最强。

表 4-3　　各检测方式比较

方式 / 分数 / 性能	关断角判别法	最小电压降落法	换相电流时间面积法
准确性	4	1	2
预测性	1	3	4
可靠性	4	1	2
总分 1	9	5	8
使用方便性	4	3	2
总分 2	13	8	10

分析表 4-3 中数据，可以得到以下结论：

1）关断角判别法是准确性与可靠性最高的一种判别方法，使用起来也最方便，但其预测性最差；最小电压降落法具有较强的换相失败预测性和使用方便性，但其准确性和可靠性却最差；换相电流面积法在换相失败的预测方面有最强的性能，其他方面的性能较普通。

2）考虑方法的准确性、预测性、可靠性和方法的使用方便性等，关断角判别法为最优检测方法，换相电流时间面积法次之，最小电压降落法最差。

3）若仅考虑检测方法中最重要的三个性能——准确性、预测性和可靠性，4 个方法中，依然是关断角判别法最优，最小电压降落法最差。此时，关断角判别法和换相电流时间判别法两者基本相差不大，在选择时可以根据实际情况进行选择。

（二）换流器控制方式

图 4-23 所示为直流输电系统的等效电路。由图可得

$$I_{d}=\frac{U_{d0r}\cos\alpha-U_{d0i}\cos\beta}{R_{cr}+R_{L}+R_{ci}} \tag{4-19}$$

式中：U_{d0r}和U_{d0i}分别为整流侧、逆变侧无相控理想空载直流电压；R_{cr}、R_{L} 和 R_{ci}分别为整流侧、直流线路及逆变侧的电抗。

由等效电路与式（4-19）可以看出，在直流系统中不管是整流侧、逆变侧还是直流线路，它们的换相等效电抗都是保持不变的，表达式中 R_{cr}、R_L 和 R_{ci} 基本保持不变，所以直流电压与电流只和 U_{d0r}、U_{d0i}、α、β 这四个量有关系。但是由于变压器调节速度要远远小于触发角的响应速度，所以直流系统的控制量主要是由触发控制角 α 和 β 来进行相应的控制。

HVDC 系统的主要控制方式有以下 5 种：①定电流控制（Current Control，CC）；②定功率控制（Constant Power Control，CPC）；③定电压控制（Constant Voltage Control，CVC）；④整流器定最小触发角控制（Constant Trigger Angle Control，CTAC）；⑤逆变器定关断角控制（Constant Extinguish Angle Control，CEAC）。除了这些方式以外，还含有一些别的环节，如最小电流限制、低压限流环节（Voltage Dependent Current Order Limiter，VDCOL）等。根据整流和逆变的不同运行特点，通常在整流侧采用定电流控制，而逆变侧一般采用多种控制方式与整流侧控制配合。直流系统的典型稳态运行特性曲线如图 4-24 所示，图中 U_d 和 I_d 分别为直流系统电压和电流标幺值。

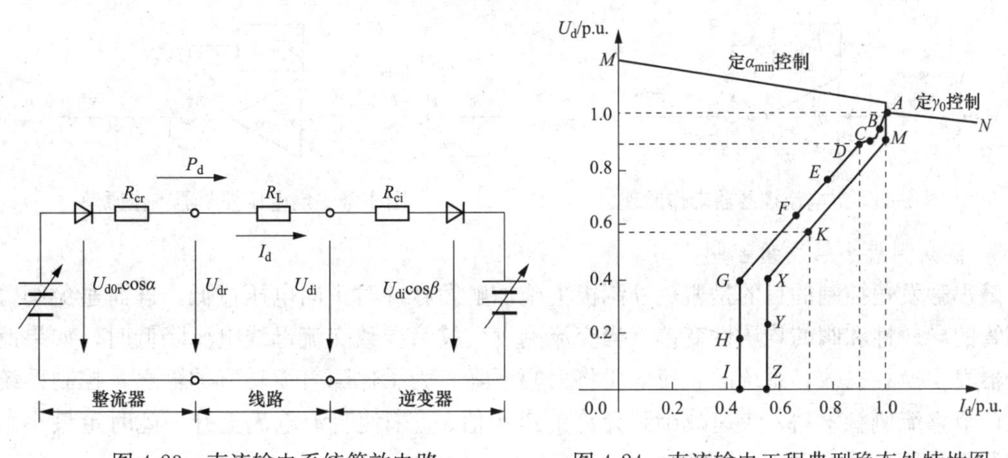

图 4-23　直流输电系统等效电路　　图 4-24　直流输电工程典型稳态外特性图

当交直流混联电网正常运行时，直流系统整流侧运行在额定电流 I_{dN} 控制，决定直流系统电流，逆变侧运行在额定电压 U_{dN} 控制，决定直流系统电压，系统运行在 A 点。当整流侧换流母线电压下降时，整流侧运行于定 α_{min} 控制，逆变侧运行于定电流控制，直流系统稳态运行曲线如图 4-24 中实线 AI 所示；当逆变侧换流母线电压下降时，整流侧运行于定电流控制，逆变侧运行于定关断角 γ_0 控制，直流系统稳态运行曲线如图 4-24 中实线 AZ 所示。

1. 定电流控制

定电流控制也称为直流电流控制，目标是控制高压直流输电系统的直流电流保持不变。同时，当系统出现故障时，可迅速限制故障电流值，保护换流阀等设备。因此，影响高压直流输电控制系统性能好坏的重要因素之一是定电流控制器的稳态和暂态性能。

定电流控制器工作原理如图 4-25 所示，图中，$I_{drefPole}$ 为直流电流参考值，I_{dmeas} 为电流实际值。为防止由两侧模式切换而导致系统运行点偏移，逆变侧电流参考值需要在整流侧电流参考值的基础上减小一个电流裕度 $I_{marginal}$，一般为 10%的额定直流电流。整流侧定电流控制器的输入为电流参考值与实际值的差值 ΔI_{dCont} 经过 PI 调节后输出系统需要的触发角度。

定电流控制器在整流侧和逆变侧都有应用。系统正常运行时，整流侧定电流控制起到控制直流电流的作用，逆变侧的定电压控制或定关断角控制起到控制直流电压的作用。当逆变侧处于最小触发角控制时，整流侧控制直流电压，逆变侧从定电压或者定关断角控制转换为定电流控制，从而控制直流电流。

2. 定电压控制

定电压控制又称直流电压控制，目标是控制高压直流输电系统的直流电压。整流侧和逆变侧均配置有定电压控制，但在两侧其有不同的用途。在整流侧，在系统正常运行时，定电压控制只是一个限制器，不起作用，但在系统出现直流电压过高的情况，且当直流电压大于电压参考值与电压裕度 $U_{marginal}$（一般取额定电压的 10%）之和时，整流侧定电压控制器作用，将使触发角增大来减小直流电压；在逆变侧，定电压控制作为最基本的控制方式，来控制直流电压，而关断角控制则用来充当定电压控制的限制器。

定电压控制器的工作原理如图 4-26 所示。其原理结构与定电流控制相似，定电压控制器的输入 ΔU_{dCont} 经 PI 调节后输出系统需要的触发角度。

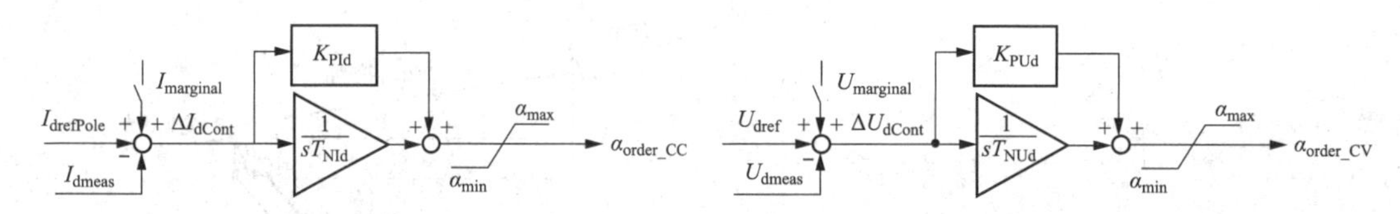

图 4-25 定电流控制器工作原理　　　　图 4-26 定电压控制器工作原理

3. 整流侧最小触发角控制

最小触发角控制的目的是避免控制极上施加触发脉冲时正向电压过低，进而避免阀臂上晶闸管的导通性和阀的均压性变差。当交流测发生故障导致交流母线电压降低时，如果此时逆变器发生换相失败，系统的直流电压将大幅下降。为了保障直流功率的输送，控制系统将通过调节整流侧触发角 α 快速减小到允许的最小值 α_{min} 来使直流电流上升，此时定最小触发角控制起作用。

由于电流调节器的作用，直流电压在一定范围内变化时，通过调节 α 大小，保持 $I_d=I_{drefPole}$。因此，伏安特性表现为一条垂直线，即为定电流特性曲线。若直流电压上升过大，α 减小到最小值 α_{min} 时 I_d 仍小于 $I_{drefPole}$，为防止 α 继续减小，整流侧进入定 α_{min} 控制，有式（4-20）

$$U_{dr}=U_{d0r}\cos\alpha_{min}-I_dR_{cr} \tag{4-20}$$

最小触发角控制的特性曲线如图 4-24 中的 AM 所示，其伏安特性为斜率为 $-R_{cr}$ 的直线。

4. 逆变侧定关断角控制

正常情况下，逆变侧采用定电压控制，通过调节 $\beta(\beta=\mu+\gamma)$ 维持直流电压不变。若直流电流上升过大，以致 γ 减小到最小值 γ_0 时 U_d 仍小于 U_{dref}，则为了防止换相失败，逆变侧转入定 γ_0 控制，有式（4-21）

$$U_{di}=U_{d0i}\cos\gamma_0-I_dR_{ci} \tag{4-21}$$

定关断角控制的特性曲线如图 4-24 的 AN 所示，其伏安特性为一条斜率为 $-R_{ci}$ 的直线。为了防止 HVDC 系统发生换相失败，及尽可能提高交流侧的功率因数，定关断角控制器一般应用于逆变侧。工程实际中有两种定关断角控制器，即闭环型（也称实测型）和开环型（也称预测型）控制器。

图 4-27 为定关断角控制器工作原理，图中 K 为增益，d_x 为相对感性压降，U_{d02} 为理想空载直流电压，I_{d02} 为理想空载直流电流，γ_{ref} 为关断角参考值。

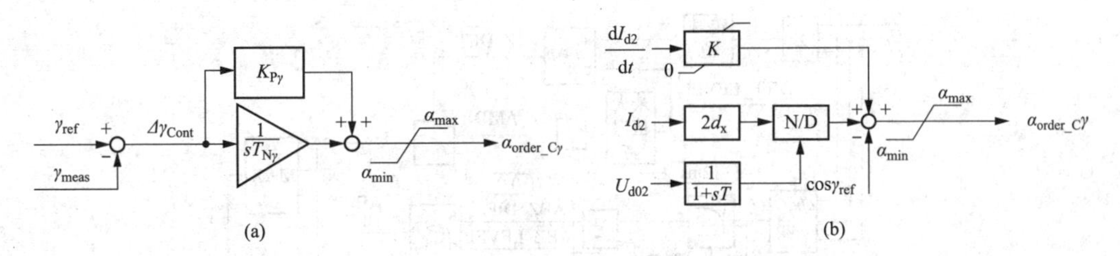

图 4-27　定关断角控制器工作原理

（a）闭环型；（b）开环型

用式（4-22）表示的开环型定关断角控制器的触发角为

$$\alpha = \arccos\left(2d_x\frac{I_{d2}}{U_{d02}} + K\frac{dI_{d2}}{I_{d02}} - \cos\gamma_{ref}\right) \tag{4-22}$$

开环型定关断角控制器的触发角 α 是根据系统实际运行参数计算获得，可以实现预测的功能，响应速度很快。需要指出的是当交流系统电流产生畸变时，开环型定关断角控制计算出的触发角会有很大误差，也许会使得谐波不稳定。闭环型定关断角控制器的特点是响应速度稍慢，但是控制器的稳定性较好，因此，闭环型定关断角控制器的实际工程应用较多。

5. 低压限流控制

图 4-28 为低压限流环节（VDCOL）的原理图，图 4-29 为低压限流环节的特性曲线。

低压限流控制工作原理：当直流电压大于 VDCOL 的最大电压，即 $U_d > U_{dH}$ 时，直流电流整定值维持 $I_d = I_{dmax}$ 不变；当 $U_d < U_{dH}$ 时，则降低直流电流整定值的最大限值；当 $U_d < U_{dL}$ 时，将直流电流整定值限定在 I_{d0}。在故障情况下，直流电压小于某一值时，控制系统通过 VDCOL 降低直流电流的整定值，等到故障切除，系统恢复后，直流电压上升至稳定运行值后，系统又恢复直流电流的初始整定值。

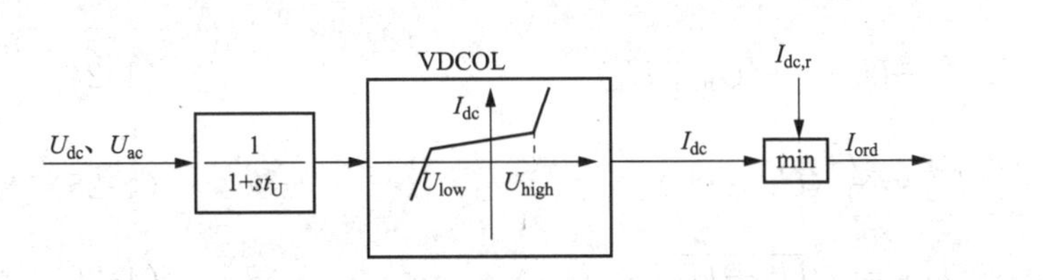

图 4-28　低压限流环节的原理图

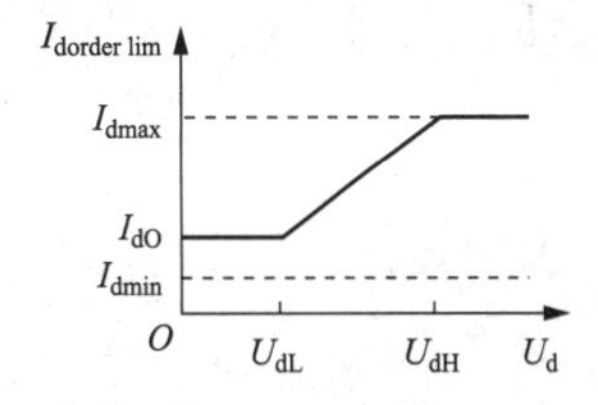

图 4-29　低压限流环节的特性曲线

低压限流器能够在直流电压或交流电压跌落时降低直流电流，从而在故障稳态后将直流电流维持在较低的数值，降低换相角，从而增大关断角，进而抑制直流输电换相失败。

极控制系统的整流侧和逆变侧都应该配置 VDCOL，需要注意的是两者需要相互配合，彼此之间必须留有一定裕度，直流电压动作定值，整流侧一般取 0.45p.u.～0.35p.u.，逆变侧一般取 0.75p.u.～0.35p.u.；直流电流定值，整流侧通常取 0.3p.u.～0.4p.u.，逆变侧通常取 0.1p.u.～0.3p.u.。

6. 换相失败预测控制

换相失败预测控制通过检测交流系统故障，并根据交流系统故障的严重程度，输出触发角偏移角度至换流器控制器，使逆变侧关断角增加，从而起到抑制换相失败的作用。其模块原理图如图 4-30 所示。

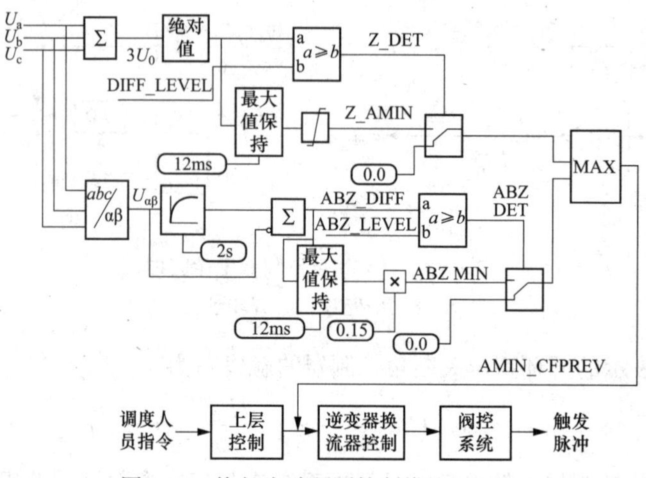

图 4-30 换相失败预测控制模块原理图

图 4-30 中，U_a、U_b、U_c 分别表示交流系统三相电压，DIFF _ LEVEL 和 ABZ _ LEVEL 分别表示不对称故障和对称故障检测的阈值，AMIN _ CFPREV 表示 CFPREV 输出的触发角偏移角度。该触发角偏移角度将直接作用于高压直流输电系统换流器控制层级，使触发角的指令值降低，进而提高关断角，降低换相失败概率。

该控制模块分为两部分，上半部分将换流母线三相电压瞬时值的代数和 $3U_0$ 作为输入，表征电压畸变程度，有

$$3U_0 = U_a + U_b + U_c \tag{4-23}$$

将 $3U_0$ 与 DIFF _ LEVEL 进行比较，当前者大于后者时，代表检测到交流系统的不对称故障，将 $3U_0$ 转换成角度，输出触发角偏移角度。

下半部分将换流母线三相电压变换至静止坐标系下的 $U_{\alpha\beta}$，它表征电压的跌落幅度。

$$U_\alpha = \frac{2}{3}U_a - \frac{1}{3}(U_b + U_c) \tag{4-24}$$

$$U_\beta = \frac{\sqrt{3}}{3}(U_b - U_c) \tag{4-25}$$

$$U_{\alpha\beta} = \sqrt{U_\alpha^2 + U_\beta^2} \tag{4-26}$$

将 $U_{\alpha\beta}$ 与 ABZ _ LEVEL 进行比较，当前者大于后者时，说明检测到交流系统的三相故障，将 $U_{\alpha\beta}$ 转换成角度，输出触发角偏移角度。

换相失败预测控制的输入为交流电压，输出为在交流系统故障时对 Z _ AMIN 控制和 ABZ MIN 控制的角度增大值。如果检测到交流故障，将增大 AMINREF，以提前触发，预防换相失败的发生。该角度同时送给 AMAX 控制，以减小触发角的最大限幅值。

四、无功功率特性及抵御换相失败的风险分析

（一）换相失败的预防措施和恢复措施

1. 换相失败的预防措施

目前预防换相失败的措施主要有以下几种：

（1）通过采用动态无功补偿装置对系统进行无功补偿，保持换相过程的整体稳定性，减小交流母线电压波动，从而控制换相失败发生的概率。

（2）减小变压器的短路电抗能够增大逆变器关断角，从而降低换相失败概率，但是过小的短路电抗会对换流器安全运行造成不利的影响，一般情况下它的设定值大约为15%。

（3）采用较大平波电抗器，限制直流线路电容电流。

（4）采用人工换相，使得退出导通阀较长时间承受反向电压。其目的是使阀组形成一定的阻断能力，也就是增大关断角，从而能够降低换相失败发生的概率，目前人工换相方法主要有利用辅助阀、叠加谐波电压和利用电容器换相换流器（Capacitor Commutated Converter，CCC）三种。

2. 换相失败的恢复措施

当发生换相失败以后，如果采取的控制恢复措施不正确，可能还会导致后续换相失败的发生，因此有必要采用恰当的控制方式以防止连续换相失败。目前常用的措施主要有以下几种：

（1）基于 VDCOL 模块。VDCOL 的作用在系统发生故障后交流电压跌落比较严重的情况下，强制降低直流电流以减少直流功率，有利于换相失败的快速恢复。另外，VDCOL 也能够减少对交流系统的无功功率索取，从而有利于交流系统的恢复。

（2）增加超前触发角 β。在一次换相失败发生以后，可以考虑增加超前触发角 β，以实现阀的提前触发。当换相失败结束以后，触发角 β 应该在很短时间内恢复到原值。

（3）增加触发脉冲次数。当一次换相失败之后，通过改变脉冲顺序，提前触发后面几个阀，以减少直流电流的存在时间，使换相快速恢复。但是该方法的缺点是可能会引起弱交流系统的扰动。

（4）当交流系统故障非常严重，系统发生换相失败且没有办法实现系统的自行恢复时，可采取直流闭锁保护措施，暂停直流运行，直到交流电压恢复正常值以后再重新启动。故障解除以后，再快速恢复直流功率到正常值。然而，有时候直流功率恢复速度过快，可能会影响交流系统的安全稳定运行。

（二）不同无功补偿装置提高直流恢复能力分析

除了上述换相失败的恢复措施以外，在换流站安装的动态无功补偿装置也可以在一定范围内降低换相失败的概率，以及提高换相失败后直流的恢复能力。

[实例] 以 2016 年冬季 HZ-HD 联网数据华东直流满送方式，FX 换流站附近交流线路单相瞬时故障或三相瞬时故障为例，分析 SVC、STATCOM 及常规调相机（SC）等动态无功补偿设备对直流系统恢复速度的影响。具体补偿情况为：TW 2 台装置，每台容量 300Mvar，GL 3 台，各 300Mvar，补偿地点都位于 FX 换流站附近。

单相瞬时故障和三相瞬时两种不同故障方式下不同补偿装置对直流恢复能力的影响见表 4-4，当受端发生三相瞬时故障时受端直流功率及母线电压响应曲线如图 4-31 与图 4-32 所示。

笔记

表 4-4　动态无功补偿对直流系统恢复速度的影响

故障类型	故障清除后直流功率恢复到 90%和 100%所需时间/ms							
	原系统		投 SVC		投 STATCOM		投 SC	
	90%	100%	90%	100%	90%	100%	90%	100%
送端三相瞬时故障	166	341	166	340	165	341	163	341
受端单相瞬时故障	126	214	126	197	126	198	131	212
受端三相瞬时故障	245	330	236	323	236	327	240	328

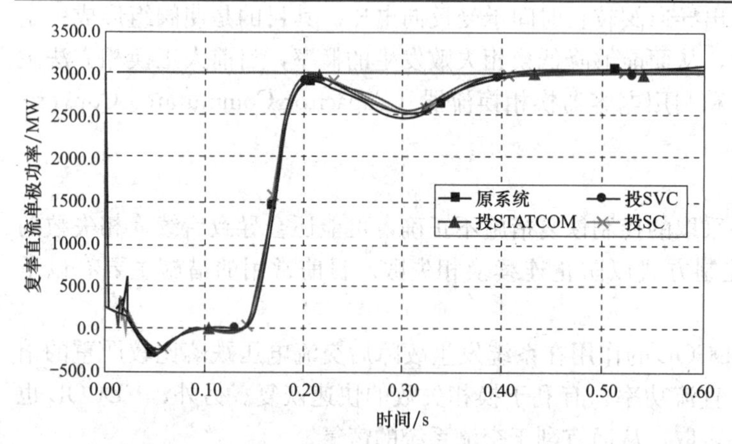

图 4-31　受端三相瞬时故障直流功率响应曲线

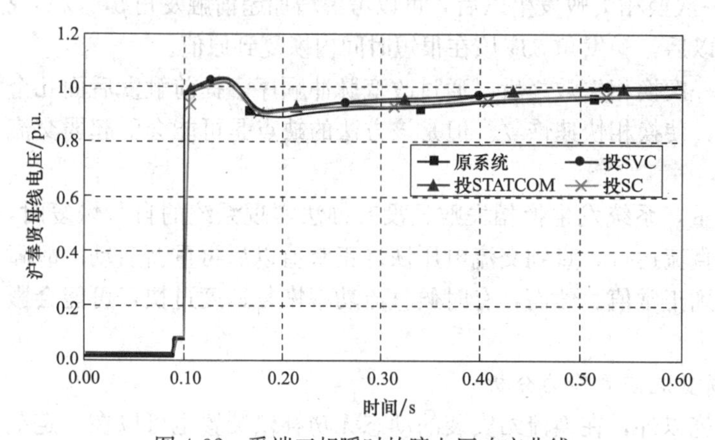

图 4-32　受端三相瞬时故障电压响应曲线

由以上仿真结果可知，SVC、STATCOM 或者 SC 装上以后，受端交流电压恢复都很快，直流恢复时间比原系统不投入无功设备减少了 0～20ms 不等，系统迅速稳定。在补偿效果方面，SVC 或 STATCOM 较常规同步调相机能够更快地提高直流系统恢复速度，但是直流系统恢复速度过快可能会加大对交流系统的无功索取，造成交流系统不稳定，从而对交直流系统产生负面影响，同步调相机更均匀地调节电压，在大扰动下对调节直流换相电压效果更好。

换相失败过程中，SC 电网瞬间功率增加会使 CN 线、CY、YE断面输出功率出现大幅摆动。表4-5给出了在特高压

CN线200万MW、CY 425万MW、YE 280万MW的典型运行方式下，HD受端的三相瞬时故障导致了BJ、FF、GN、LF、YH5条直流同时换相失败，发生换相失败前5条直流送端总功率为24560MW，不同无功补偿装置下特高压CN线及CY、YE断面有功冲击数值是不同的。

受端电网投入一定补偿容量的静态无功补偿装置后，直流换相失败冲击下区域或地区电网交流联络断面功率波动幅值变小，功率转移比降低，特高压CN线有功功率转移比由原来的13.8%降为13.6%（投SVC）、13.5%（投STATCOM）。YE断面有功功率转移比由原来的17.6%降为17.3%（投SVC）、17.2%（投STATCOM）。表4-5显示了在投入不同的无功补偿装置对直流送端系统的不同冲击影响。

表4-5　不同动态无功补偿装置对直流送端系统的冲击影响

补偿装置投退	CN线有功功率/MW		CY断面有功功率/MW	YE断面有功功率/MW
	头摆波动量	第二摆峰值	波动量	波动量
原系统	3387.39	5401.84	4228.7	4319.68
投SVC	3349.19	5368.36	4175.1	4251.39
投STATCOM	3332.21	5365.76	3936.4	4236.95

由表4-5可以看出，投入动态无功补偿装置可以有效地减少对线路断面有功功率的冲击，减少换相失败时对线路断面有功功率的影响，从而增加系统的稳定性。而且STATCOM比SVC调节效果更好一些，但是差别不是很大。由于在实际工程中STATCOM比SVC造价要高很多，因此采用SVC是更好的选择。

（三）SVC提高直流换相失败后恢复能力研究

交流电网的无功支撑能力对抑制直流换相失败有重要作用，以2016年HD多直流馈入电网为例，分析母线安装无功补偿装置（SVC）对换相失败恢复特性的影响。

[实例]　基于HD2016年夏季高峰数据进行研究。直流模型采用详细模型和实测参数，励磁与PSS系统、调速系统采用实测详细模型。仿真工具为PSD-BPA机电暂态仿真程序。运行方式：FF 6400MW、JS 7200MW、BJ 8000MW，SX直流满送。换相失败判据：根据工程计算经验，换流站关断角小于8°即表示换相失败。

1. 不同补偿地点的SVC的动态无功补偿特性

(1) 故障点位于换流站附近。在直流逆变交流侧施加三相永久性短路故障，故障线路为ZP-WN，分别在距离逆变侧不同位置（HQ站距离故障点最近，CF站其次，SJ站最远）处加装相同容量SVC装置（300Mvar），研究不同位置处SVC

动态无功响应特性。当在不同地点投入相同容量的 SVC 时，HD 七回直流发生换相失败情况见表 4-6。

由表 4-6 可知，SVC 安装在距离故障点不同位置都能进行动态无功补偿，从而达到动态调节系统电压的目的，只是调节的效果不一样，当没有投入 SVC 时发生故障会导致 6 条直流同时换相失败，当在三个站投入相同容量的 SVC 时会减少直流换相失败的条数，其中在 SJ 站投入的效果最好。

表 4-6　SVC 不同补偿地点对直流换相失败的影响

SVC 补偿地点	直流线路是否换相失败（是为“1”、否为“0”）						
	GN	BJ	FF	JS	LZ	YH	LF
未投	1	1	1	0	1	1	1
HQ	0	0	1	1	1	1	1
CF	0	0	临界	1	1	1	1
SJ	0	0	0	1	1	1	1

（2）故障点距直流换流站较远。设置交流故障距离直流换流站较远，分别在故障点处、直流换流站附近、中间位置等安装相同容量 SVC 装置的系统动态响应。故障线路为 PY-FY，SVC 补偿容量为 800Mvar，分别安装在 PY 站（故障点处）、XY 站（多馈入直流集中落点处）、TX 站（故障点与换流站中间处）。SVC 不同补偿点处直流换相失败情况见表 4-7。

表 4-7　SVC 不同补偿点处对直流换相失败的影响

SVC 补偿情况	直流线路是否换相失败（是为“1”、否为“0”）						
	GN	BJ	FF	JS	LZ	YH	LF
未投	1	1	1	0	1	1	1
PY	1	0	0	0	1	1	1
TX	0	1	1	0	1	0	1
XY	0	0	1	0	1	临界	1

从表 4-7 中可以看出，未投静态无功补偿装置时 GN、LZ、YH、LF、BJ 及 FF 直流均发生一次换相失败，PY 低压母线安装补偿装置后 FF、BJ 直流未发生换相失败；TX 母线安装 SVC 后使得 GN 直流、YH 直流不再出现换相失败，但 BJ 直流又发生换相失败；XY 站 SVC 装置对 GN 直流、YH 直流换相失败有一定的改善效果。

因此，不论交流故障距离换流母线远或近，地区安装一定容量的 SVC 装置都能不同程度地抵御或改善直流换相失败。

2. 不同补偿容量的 SVC 动态特性

在直流逆变交流侧施加三相永久性短路故障，故障线路为 PY-FY、TX-GG，在直流落点集中处 SHXY 站加装 2 台不同容量 SVC 装置，研究 SVC 动态无功响应特性及直流恢复速度。在PY-FY、TX-GG三相永久性短路故障下，系统响应曲线分别如图 4-33 和图 4-34 所示。

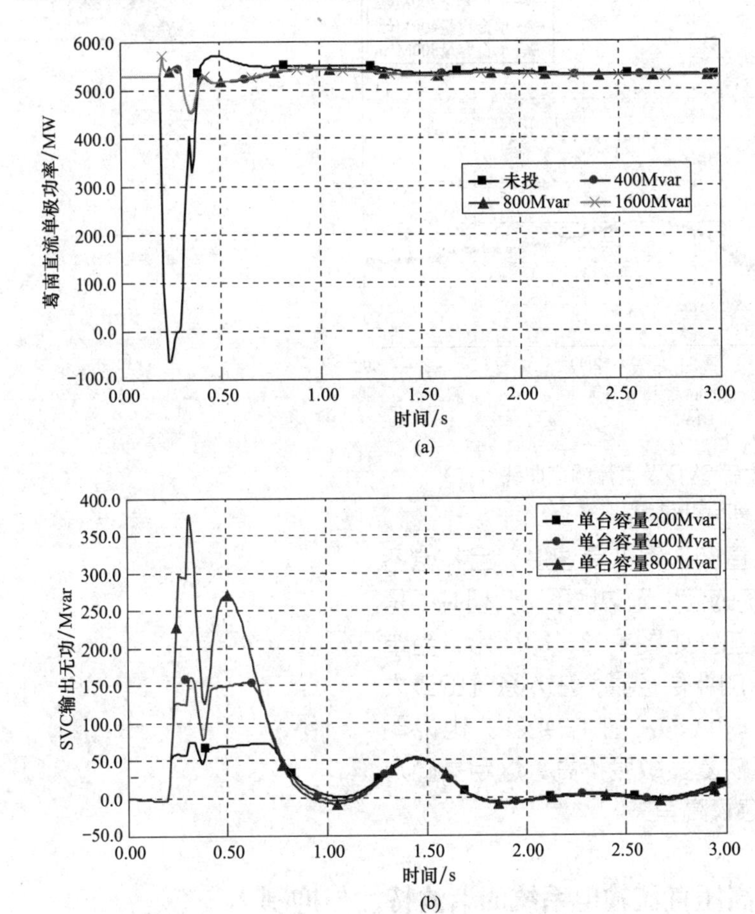

图 4-33　PY-FY 三相永久性故障后 SVC 及直流响应曲线

（a）GN 直流功率恢复曲线；（b）SVC 动态响应曲线

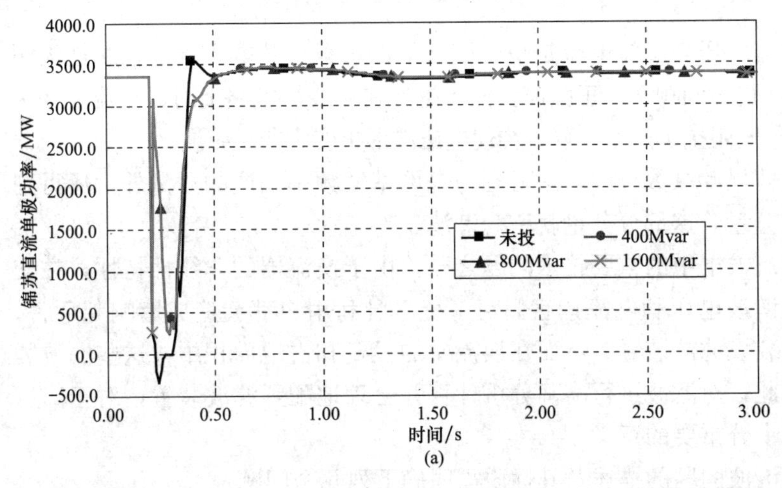

图 4-34　TX-GG 三相永久性故障后 SVC 及直流响应曲线（一）

（a）JS 直流功率恢复曲线

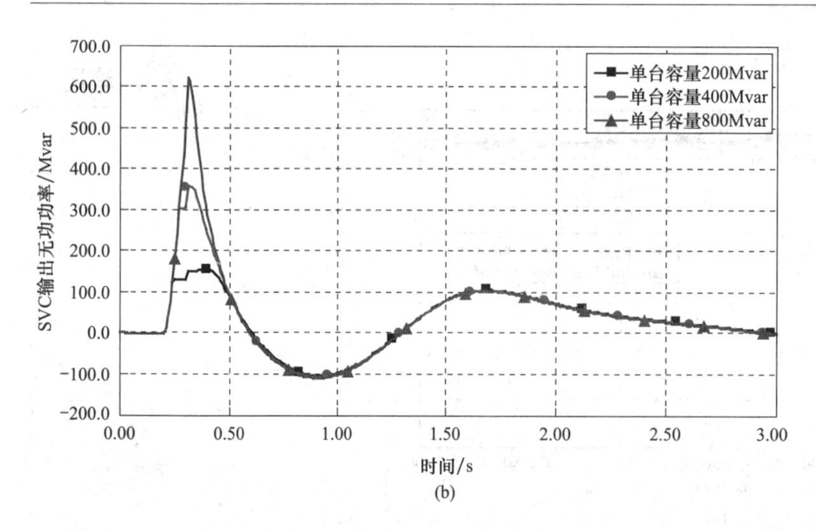

图 4-34 TX-GG 三相永久性故障后 SVC 及直流响应曲线（二）
（b）SVC 动态响应曲线

可见，SVC 能够明显改善直流功率恢复速度，且补偿容量不同，短路故障瞬间注入系统的容性无功也不同，但并不是随着补偿容量增大而无限制增加。如图 4-33（b)所示，当单台容量超过 600Mvar 时继续增加补偿容量，注入系统的最大无功仍维持在 600Mvar。图 4-33（a)、图 4-34（a）也说明 SVC 不同补偿容量对直流功率恢复灵敏度不高，这与基础方式下 HD 电网电压支撑水平普遍较高有关。

第三节 高压直流输电系统的谐波特性与抑制

一、谐波特性概述

（一）谐波

在电力系统中理想的交流电压与交流电流是呈正弦波形的，当正弦电压施加在线性无源元件电阻、电感和电容上时，仍为同频率的正弦波。但当施加在非线性电路上时，电流就变为非正弦波，非正弦波电流在电网阻抗上产生压降，会使电压波形也变为非正弦波。

对这些非正弦电量进行傅里叶级数分解，除得到与电网基波频率相同的分量外，还得到一系列大于电网基波频率的分量，这部分分量就称为谐波。

谐波及其抑制是高压直流输电中的重要技术问题之一。由于换流器的非线性特性，在交流系统和直流系统中将出现谐波电压和电流，它们对系统本身和用户都会造成影响和危害。为了抑制谐波，通常不得不装设滤波装置。然而在换流站的投资和占地面积中，这些滤波装置会占有相当大的比例。因此，对滤波进行准确分析计算并合理地配置滤波装置，对于高压直流输电的设计和运行具有十分重要的意义。

关于工程实际中出现的谐波问题的描述及其性质需明确下列几个问题：

（1）谐波频率必须是基波频率的整数倍。如我国电力系统的标称频率为 50Hz，则基波频率为 50Hz，2 次谐波频率为 100Hz，3 次谐波频率为 150Hz 等。

（2）间谐波和次谐波。在一定的供电系统条件下，有些用电负荷会出现非工频频率整数倍的周期性电流的波动，为延续谐波概念，又不失其一般性，根据该电流周期分解出的傅里叶级数得出的不是基波整数倍频率的分量，称为分数谐波，或称为间谐波。频率低于工频的间谐波又称为次谐波。

（3）谐波和暂态现象。在许多电能质量问题中，常把暂态现象误认为是波形畸变。暂态过程的实测波形是一个带有明显高频分量的畸变波形，但尽管暂态过程中含有高频分量，暂态和谐波却是两个完全不同的现象，它们的分析方法也是不同的。

谐波按其定义来说是在稳态情况下出现的，并且其频率是基波频率的整数倍。产生谐波的畸变波形是连续的，或至少持续几秒钟。而暂态现象则通常在几个周期后就消失了。暂态常伴随着系统的改变如投切电容器组等，谐波则与负荷的连续运行有关。

（4）短时间谐波。对于短时间的冲击电流，如变压器空载合闸的励磁涌流，按周期函数分解，将包含短时间的谐波和间谐波电流，称为短时间的谐波电流或快速变化的谐波电流，应将其与电力系统稳态和准稳态谐波区别开来。

（5）陷波。换流装置在换相时，会导致电压波形出现陷波或称换相缺口。这种畸变虽然也是周期性的，但不属于谐波范畴。

（二）换流器产生的谐波类型分析

目前，我国已投入使用的特高压直流输电系统工程多采用 12 脉动换流器，并以双极两端中性点接地方式、单极大地回线方式和单极金属回线方式（一端接地）运行。为便于分析换流器产生的特征谐波，通常假设换流变压器网侧提供的换相电压为三相对称的基波正序电压，不含任何谐波分量，换流变压器的三相结构对称，各相参数相同。各换流阀以等时间间隔的触发脉冲依次触发，且触发角保持恒定。换流器直流侧的电流为不含任何谐波分量的恒定直流电流。

1. 换流器交流侧的特征谐波

在 12 脉动换流器中，有两个 6 脉动桥，分别带有一个换流变压器，采用 Yy0（或 Dd0）和 Yd11 联结。由于换流变压器绕组联结组别不同，其谐波电流波形也不同。对于变比为 1∶1的 Yy0（或 Dd0）联结的换流变压器，其一、二次电流相同，在忽略换相过程的影响时其谐波电流波形如图 4-35（a）所示，电流表达式为

$$i_{\mathrm{A}}=\frac{2\sqrt{3}}{\pi}I_{\mathrm{d}}\left(\sin\omega t-\frac{1}{5}\sin5\omega t-\frac{1}{7}\sin7\omega t+\frac{1}{11}\sin11\omega t+\frac{1}{13}\sin13\omega t-\cdots\right)\tag{4-27}$$

对于变比为$\sqrt{3}$∶1 的 Yd11 联结的换流变压器，其相电流之比为 1∶$\sqrt{3}$，其谐波电流波形如图 4-35（b）所示，电流表达式为

$$i_{\mathrm{A}}=\frac{2\sqrt{3}}{\pi}I_{\mathrm{d}}\left(\sin\omega t+\frac{1}{5}\sin5\omega t+\frac{1}{7}\sin7\omega t+\frac{1}{11}\sin11\omega t+\frac{1}{13}\sin13\omega t+\cdots\right)\tag{4-28}$$

比较式（4-27）与式（4-28）可知，它们含有相同幅值的谐波分量，但第 5、7、17、19 等次谐波符号相反。将上述两组不同的变压器组合起来，其电网侧的总电流中将不再含有这些次数的谐波，而只含有 $12k\pm1$ 次的谐波，$12k\pm1$ 次谐波称为 12 脉动换流器交流侧的特征谐波。其谐波电流波形如图 4-36 所示，电流表达式为

$$i_{\mathrm{A}}=\frac{2\sqrt{3}}{\pi}2I_{\mathrm{d}}\left(\sin\omega t+\frac{1}{11}\sin11\omega t+\frac{1}{13}\sin13\omega t+\frac{1}{23}\sin23\omega t+\frac{1}{25}\sin25\omega t+\cdots\right)\tag{4-29}$$

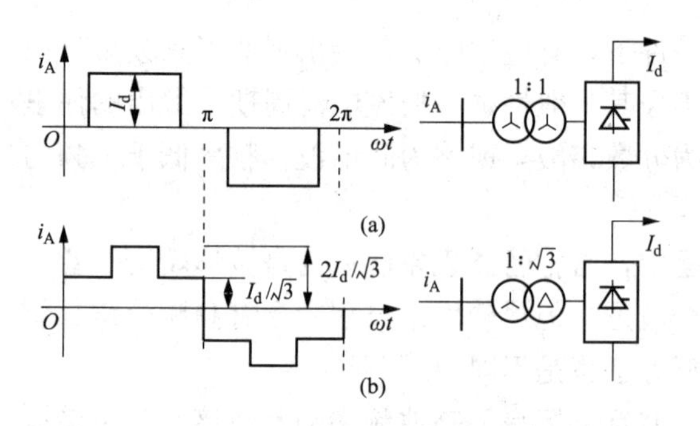

图 4-35　变压器接线方式不同时电力系统侧电流波形

(a) Yy 联结 6 脉动换流器电力系统侧电流波形；
(b) Yd11 联结 6 脉动换流器电力系统侧电流波形

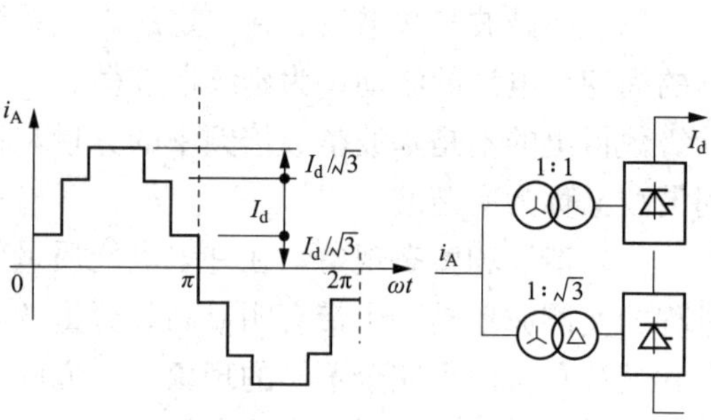

图 4-36　12 脉动换流器交流侧谐波电流波形

2. 换流器直流侧的特征谐波

对于换流器直流侧，假设直流电流中不含谐波分量，因此只分析直流侧电压中的谐波分量。在理想条件下，直流侧的电压波通过傅里叶分析，可求得各次谐波电压的有效值为

$$U_{\mathrm{h}}=\frac{U_{\mathrm{d0}}}{\sqrt{2}}\times\sqrt{C_1^2+C_2^2-2C_1C_2\cos(2\alpha+\mu)} \tag{4-30}$$

式中：$C_1=\dfrac{\cos(h+1)\dfrac{\mu}{2}}{h+1}$，$C_1=\dfrac{\cos(h-1)\dfrac{\mu}{2}}{h-1}$，$U_{\mathrm{d0}}=\dfrac{3\sqrt{6}}{\pi}U$。

对于 12 脉动换流器，由直流端产生的特征谐波电压主要是 12 次及其整数倍次分量，即 $h=12k$。与交流侧的谐波电流不同，直流侧的特征谐波电压，即使 $\mu=0$，谐波的大小仍与 α 有关。

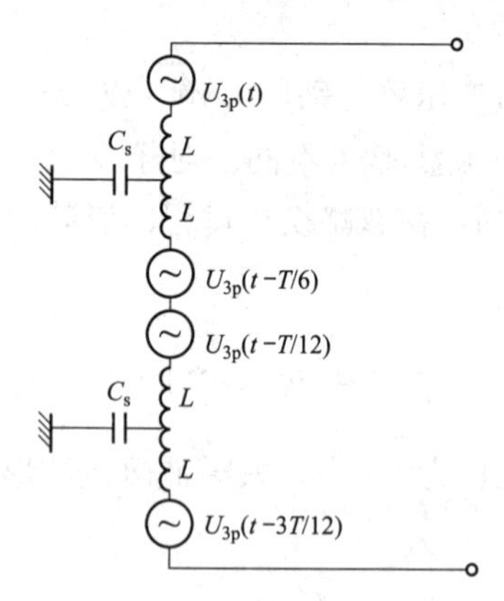

图 4-37　12 脉动换流器直流侧 3 脉动谐波电压源模型

在实际应用中发现由于直流侧接地方式不同，故产生的谐波也不同，特别是当直流接地极引线与直流线路同杆架设时，在同杆架设段直流侧谐波超标严重，且造成谐波超标的主要谐波是 18 次谐波，而不是传统的特征谐波。为解决这一问题，提出了 12 脉动换流器 3 脉动直流侧谐波分析等效电路，即 3 脉动谐波电压源模型，如图 4-37 所示。它采用新的谐波电压源，将一标准的 12 脉动换流桥表示为 4 个串联的 3 脉动桥，电感 L 的值为一个 12 脉动换流器内电感的 1/4，电容 C_{s} 为等效换流变压器及套管的对地杂散电容，其典型值为 10～20nF。$U_{\mathrm{3p(t)}}$ 及 $U_{\mathrm{3p(t-T/6)}}$ 表示相应的两个 3 脉动模型中的谐波电压源，其间有 $T/6$ 的相移（T 为基波频率下的周期）。3 脉动换流器模型的谐波电压为

$$U_{3p}=\frac{1}{4}U_{\mathrm{di0}}\left\{(\cos\alpha+\cos\delta)+\sum_{k=1}^{\infty}\left[(-1)^k(a_{3k}\cos(3k\omega t)+b_{3k}\cos(3k\omega t))\right]\right\} \tag{4-31}$$

式中：

$$a_{3k}=\frac{\cos[(1+3k)\alpha]+\cos[(1+3k)\delta]}{1+3k}+\frac{\cos[(1-3k)\alpha]+\cos[(1-3k)\delta]}{1-3k}$$

$$b_{3k}=\frac{\sin[(1+3k)\alpha]+\sin[(1+3k)\delta]}{1+3k}-\frac{\sin[(1-3k)\alpha]+\sin[(1-3k)\delta]}{1-3k}$$

3. 换流器交、直流侧的非特征谐波

在高压直流输电系统中，由于受换流变压器变比不同造成 Yy 联结换流器和 Yd 联结换流器换相电压不同、Yy 联结换流器和 Yd 联结换流器触发延迟角不同、Yy 联结换流变压器和 Yd 联结换流变压器阻抗不同、触发脉冲不完全等距等因素的影响，直流输电工程中除包含特征谐波以外，还包含非特征谐波。它的存在会引发谐波不稳，谐波电流被放大几倍甚至几十倍，对电力系统的危害是非常严重的。

二、谐波抑制措施及设备

（一）谐波的危害

谐波电流和谐波电压的出现，对于电力系统运行是一种“污染”。换流器直流侧的谐波电压将在直流线路上产生谐波电压、谐波电流分布，使邻近的通信线路受到干扰。特别是高压直流输电系统穿越人口相对集中的区域，由谐波引起的污染受到社会的高度关注，因此，必须采取有效措施抑制谐波电压和谐波电流造成的危害。

近半个世纪以来，随着电力电子设备的推广应用，非线性负荷的迅速增加，特别是高压直流输电的运用，谐波污染问题日趋严重，因此受到人们普遍的关注和重视。谐波电流和谐波电压对电力系统的影响及危害，概括起来大致有以下几个方面：

（1）当系统存在谐波分量时可能会引起局部的并联或串联谐振，放大了谐波分量，因此增加了由谐波所产生的附加损耗和发热，可能造成设备故障。

（2）由于谐波的存在，增加了系统中元件的附加谐波损耗，降低了发电、输电及用电设备的使用效率。

（3）谐波将使电力设备元件加速老化，缩短使用寿命。

（4）谐波可能导致某些电力设备工作不正常。

（5）干扰邻近的通信系统，降低通信质量。

（6）与弱交流系统连接时可能出现谐波不稳定。

因此必须在换流端有效抑制和滤除谐波，使得只有少量谐波进入交流系统，并使由谐波电流引起的交流电压畸变控制在允许的范围之内。

（二）谐波抑制方法

1. 增加换流变压器脉动数，抑制特征谐波

通过增加换流变压器的脉动数可以减少特征谐波的组成成分，提高最低次特征谐波的次数，从而达到抑制谐波的目的。对于换流变压器台数较多的企业，建议根据换流变压器的脉动数及移相角的关系，对 6 脉动和 12 脉动换流变压器进行适当的组合，以有效抑制谐波。表 4-8 为 12 脉动换流变压器建议组合方式表。

目前高压直流输电系统的换流装置大都采用 12 脉动，并未采用更高的脉动数。这是因为若采用更高的脉动数，不仅换流变压器的结构和接线变得非常复杂，而且增加设备制造的难度，增大了投资，与采用滤波装置进行谐波抑制相比，显然是不经济的。

表 4-8　12 脉动换流变压器建议组合方式表

换流变压器台数	2	3	4
移相角	15°	10°	7.5°
最小特征谐波次数	23，25	35，37	47，49

2. 合理配置滤波器类型，有效抑制谐波干扰

对于高压直流输电所产生的谐波进行抑制的有效方法是采用滤波装置和平波电抗器。由于平波电抗器的电感量通常是根据直流线路发生故障或逆变器发生颠覆时限制电流上升率以及保证在小电流下直流系统能正常运行等要求来决定的。当单靠平波电抗器不足以满足谐波抑制要求时，需要装设滤波装置。

（三）谐波抑制设备

1. 平波电抗器

直流平波电抗器与直流滤波器一起构成高压直流换流站直流侧的直流谐波滤波回路。平波电抗器的主要功能如下：

(1) 防止轻载时直流电流断续。轻载时直流电流小，脉波的直流电流容易在低值时刻突然中断。快速变化的电流将使大电感设备，如换流变压器和平波电抗器感应产生危险的过电压而受损，也容易使换流阀阻尼电路过载而损坏。

(2) 抑制直流故障电流的快速增加，减小逆变器继发换相失败的概率。

(3) 减小直流电流纹波，与直流滤波器一起共同构成换流站直流谐波滤波电路。

(4) 防止直流线路或直流开关站产生的陡波冲击波进入阀厅，从而使换流阀免遭过电压应力过大而损坏。

平波电抗器最主要的参数是电感量，从上述平波电抗器的作用来看，其电感量一般选大些，但电感量太大时，运行时容易产生过电压，使直流输电系统的自动调节特性的响应速度下降，且投资也增加。因此，平波电抗器的电感量在满足主要性能要求的前提下，应尽量小些，下面是影响平波电抗器容量选择的某些因素：

(1) 平波电抗器的容量对换流桥电流的纹波有决定性的影响；电抗器容量越大，则纹波电流越小。

(2) 平波电抗器、滤波器和直流线路共同对直流桥产生的阻抗可能在某些电压谐波作用下引起谐振。一般来说，对于较高次谐波（12 次、24 次、…），这个问题并不存在。但是如果在低频（2 次、4 次、6 次、…）的有效阻抗较低，那么这些低频所产生的非特征谐波能引起很大的谐波电流。低频的大谐波电流能引起控制电路发生问题和对通信造成干扰。因此，平波电抗器应避免在 2 次或 4 次谐波频率下呈低阻抗。此外，基于其他原因必须避免产生低频谐波谐振。逆变器的反复换相失败，可能把基频脉冲引入直流线路。如果影响换流桥的输入阻抗在基频下接近谐振，将会产生高的暂态过电压。

(3) 平波电抗器的容量对交流电压下降时换相失败及其后续的换相失败的概率有影响。

(4) 较大容量的平波电抗器限制了整流器附近的故障电流。

对于有直流输电线的系统平波电抗器，其电感值为 0.27～1.5H。对于背靠背 HVDC 系统，其电感值为 12～200mH。平波电抗器容量的优化选择可以用 S_i 因子来衡量，其定义为

$$S_i = \frac{U_{dN}}{LI_{dN}} \tag{4-32}$$

式中：U_{dN} 和 I_{dN} 分别为额定直流电压（kV）和额定直流电流（kA）；L 为包括变流器漏感在内的直流线路电感（mH）。

S_i 因子越大，故障电流上升速率越低。

也可以根据直流电流纹波来选择平波电抗器容量。当换流器经一个恒定电抗器馈电到恒

电压源时，其峰值纹波电流为

$$i_{\mathrm{d}}^{\mathrm{peak}}=\frac{sU_{\mathrm{d0}}}{\omega_{\mathrm{d}}L_{\mathrm{d}}}\left[1-\frac{\pi}{p}\cot\left(\frac{\pi}{p}\right)\right]\sin\alpha \tag{4-33}$$

式中：U_{d0}为换流器的空载直流电压；s为串联的换流器数；p为脉搏数；L_d为电抗器的电感；ω_d为基波频率。

若忽略了换流变压器的漏感，并且假设触发角α超过其最小值$\alpha_{\min}$，有

$$\tan\alpha_{\min}=\frac{p}{\pi}-\cot\left(\frac{p}{\pi}\right) \tag{4-34}$$

2. 无源谐波滤波装置

无源滤波器由电容器、电抗器和电阻元件组合而成，分为无源交流滤波器和无源直流滤波器，分别并联于交、直流母线上，抑制换流器产生的注入交流系统或直流线路的谐波。目前，在高压直流输电系统中常采用双调谐滤波器和三调谐滤波器，如图4-38所示。

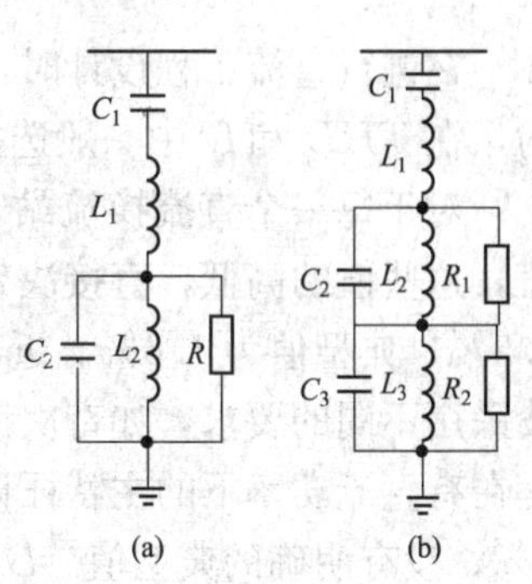

图4-38　典型无源滤波器电路
(a) 双调谐滤波器；
(b) 三调谐滤波器

双调谐滤波器具有抗失谐能力强、高通滤波性能好、并联谐振幅值低和经济效应良好的特点，同时可起到防止过电压等优点。近年来，在高压直流输电工程中，双调谐滤波器得到了广泛的应用。

3. 有源谐波滤波装置

有源谐波滤波装置是在无源滤波的基础上发展起来的，由电力电子元件组成。当直流输电线路穿越人口密集和广泛采用明线通信的地区时，为防止谐波对通信线路的干扰，采用直流有源滤波器具有较好的经济性能。将直流有源滤波器串接或并接在主回路中，会产生一个与系统谐波电压幅值相等但相位相反的电压，以抵消谐波电压，从而起到减小谐波危害的作用。有源滤波器的优点是滤波频率范围宽，没有失谐效应，产生串、并联谐振的可能性小，占地面积少。其缺点是造价昂贵，且控制相对复杂。

4. 用中性点冲击电容器抑制非特征谐波

在换流器的中性点与大地之间装设中性点冲击电容器，其目的是为直流侧以3的倍次谐波为主要成分的电流提供低阻抗通道。使用该种电容器不仅对降低整个直流系统的谐波水平有较明显的作用，还能缓冲接地极引线落雷时的过电压。一般来说，该电容器电容值的选择范围应为十几微法至数毫法，同时还应避免与接地极线路的电感在临界频率上产生并联谐振。

三、交流滤波器

（一）滤波系统性能要求

1. 电压畸变

（1）单次谐波畸变D_n（以百分比表示为）

$$D_n=\frac{U_n}{U_1}\times 100\% \tag{4-35}$$

式中：U_1为系统基波相电压有效值，该电压可取标称额定电压，也可取正常运行最低电压；U_n为所考虑的母线n次谐波相对地电压有效值。

（2）总谐波畸变THD为

$$THD=\sqrt{\sum_{n=2}^{N}D_n^2} \tag{4-36}$$

式中：N 为所考虑的最高谐波次数，有两种主要的取值方法，第一种取 50，我国主要采用这种方法；第二种取谐波频率达到 5kHz 的谐波次数。

（3）总算数谐波畸变 D 为

$$D=\sum_{n=2}^{N}D_n \tag{4-37}$$

在进行直流工程设计时，常选用上述三种电压畸变中的两种，其中单次谐波畸变是必选的，在 THD 和 D 中一般选择 THD，因为 THD 是总谐波功率的一种表现形式。

对于每一个直流换流站，在进行交流滤波器设计之前，需要确定上述电压畸变的允许值，这些值的高低，直接决定滤波系统的造价。一般选用的典型范围：D_n 多选用 0.5%～1.5%，典型值为 1.0%。近年来，根据系统负序电压和背景谐波情况，可能对不同次数的谐波采用不同的要求，如奇次谐波采用较高的值，低次谐波采用较高的值等。D_n 直接限制的是在有直流功率下的主特征谐波（如 11 次或 13 次谐波）和 3 次谐波。THD 多选用 1%～4%，没有明确的典型值。D 多选用 2%～4%，典型值为 4%。

在未经研究直接确定电压畸变允许值时，还要考虑其他因素，如交流母线的电压等级（高电压等级一般对应更加严格的要求）、母线与负荷尤其是重要负荷的电气距离、母线与发电机的电气距离、附近其他谐波源、母线背景谐波水平以及网络现状和发展（一般来说，长线容易造成谐波的放大，而强大的环状网不容易造成对负荷的有害影响）等因素。

2. 电话干扰

（1）电话谐波波形系数 $THFF$ 为

$$THFF=\left[\sum_{n=1}^{N}\left(\frac{U_n}{U}F_n\right)^2\right]^{1/2} \tag{4-38}$$

式中：U_n 为畸变电压的 n 次谐波分量；N 为最高谐波次数；$F_n=p_n nf_0/800$ [P_n 为听力加权系数；f_0 为基波频率（50Hz）]；U 为线对地电压有效值，其表达式为

$$U=\left[\sum_{n=1}^{N}(U_n)^2\right]^{1/2} \tag{4-39}$$

（2）电话干扰系数 TIF 为

$$TIF=\frac{\left[\sum_{n=1}^{N}(U_nW_n)^2\right]^{1/2}}{U_1} \tag{4-40}$$

式中：$W_n=C_n\cdot 5nf_0$（C_n 为表示听力对频率敏感系统的值，f_0 为基波频率）。

（二）滤波系统构成

滤波器的设计应在充分了解谐波源与其所接入系统（包括背景谐波）情况的基础上进行，使母线电压畸变率和注入系统的各次谐波电流符合规定要求，满足无功功率补偿的要求，并保证装置安全可靠与经济运行。

设计滤波器时，需要考虑：

（1）应满足各种负荷水平下对谐波限制的技术要求。

（2）电抗器和电阻器应接在低压侧，这种方式下电容器击穿时短路电流小，而电抗器、电阻器不承受短路电流，电抗器也可采用较低等级的绝缘。

（3）在滤波之后的剩余电流进入系统后，不致引起谐波放大，谐波电压对通信的干扰，

应在规定范围内。

（4）滤波器的无功功率与直流系统的无功需求相匹配。

（5）在考虑以上的要求后，还要使滤波器在经济上最为合理。

滤波器的设计步骤如下：

第一步，选定一种滤波器组合方案，初步计算滤波器各元件参数。

第二步，计算滤波性能，如满意，进入第三步，否则返回第一步，选择另一种滤波器组合方案。

第三步，计算滤波器各元件稳态额定值，计算滤波器总损耗，并进行价格比较，如满意，进入第四步，否则返回第一步。

第四步，计算滤波器各元件暂态额定值。

由于研究迭代的时间有限，不可能进行很多次比较，因此设计者的经验就显得特别重要，而经验主要体现在第一步，即体现在如何确定滤波系统的构成上。

到目前为止，大部分直流输电工程的交流滤波器均采用无源滤波器。无源滤波器是由电感、电容和电阻三种无源元件构成的。无源滤波器与交流系统并联，作为谐波的旁路通道，因此在谐波频率下应处于串联谐振的小阻抗状态。由于滤波器组数有限，失谐影响严重，因而要采用一些宽带、高通或在特殊频率下具有大阻尼的滤波器。

（三）交流滤波器的结构与参数计算

高压直流输电线路两侧的换流装置需要补充大量的无功功率，此外，换流装置在运行时会在直流侧和交流侧产生大量谐波，恶化电能质量，干扰通信系统。因此，为了补偿无功功率和抑止交流侧谐波，需要安装相应容量的交流滤波器。一般无功补偿和交流滤波器的成本占到整个换流站总成本的10%，对整个直流输电系统的性能和工程造价产生重要影响。

目前，双调谐滤波器和三调谐滤波器广泛应用于直流输电工程的交直流滤波部分。相对于单调谐滤波器，双调谐滤波器和三调谐滤波器可以同时消除 2 个和 3 个不同频率的谐波，而且其中只有一个谐振回路需要承受全部的冲击电压，因而与同样功能的 2 个或 3 个单调谐滤波器相比，投资小，损耗低，占地面积小，经济性好。在滤波器设计上，单调谐滤波器已有简单、成熟的方法，首先确定滤波器需要输出的无功功率，再根据调谐频率计算出滤波器的 L、C 参数。

1. 单调谐滤波器结构与参数计算

单调谐滤波器由电容元件 C_a、电感元件 L_a 和电阻元件 R_a 串联而成，如图 4-39 所示。

单调谐滤波器的谐振角频率为

$$\omega_h = 1/\sqrt{L_a C_a} \tag{4-41}$$

品质因数为

$$Q = \frac{\omega_h L_a}{R_a} = \frac{1}{\omega_h R_a L_a} \tag{4-42}$$

忽略电阻的影响，设滤波器所要抑止的谐波次数为 N_1，母线基波电压为 U_1，流过滤波器的基波电流为 I_1，滤波器电容为 C_a、电感为 L_a，则单调谐滤波器输出的无功功率为

$$Q_f = U_1 I_1 \tag{4-43}$$

由于

$$I_1 = \frac{U_1}{\frac{1}{\omega C_a} - \omega L_a} \tag{4-44}$$

所以

$$Q_f = U_1 I_1 = \frac{U_1^2}{\frac{1}{\omega C_a} - \omega L_a} = U_1^2 \omega C_a \frac{N_1^2}{N_1^2 - 1} \tag{4-45}$$

当采用多个调谐频率不同的单调谐滤波器进行滤波时，需要对各个单调谐滤波器的无功容量进行分配。根据滤波器中电容器上承受的谐波电压相等的原则，每个单调谐滤波器所需要输出的无功功率的功率分配公式为

$$Q_i = Q_c \doteq \frac{I_h/h}{\sum_{n=1}^{m} I_n/n} \tag{4-46}$$

式中：m 为单调谐滤波器的个数；Q_i 为第 i 个滤波器所需输出的无功功率；Q_c 为总的无功功率；I_h 为流过该单调谐滤波器的谐波电流；h 为单调谐滤波器的谐振次数；$\sum_{n=1}^{m} I_n/n$ 为所有滤波器要滤除的谐波电流和谐波次数的比值之和。

交流滤波器需要同时实现滤波和无功补偿功能，所以滤波器元件的参数需要由线路电压、滤波要求、无功功率输出要求和经济性共同决定。设单调谐滤波器所要输出的无功功率为 Q_1，滤波器所要抑止的谐波次数为 N_1，母线基波电压为 U_1，则单调谐滤波器的参数计算公式如下

$$C_a = \frac{Q_1(N_1^2 - 1)}{\omega N_1^2 U_1^2} \tag{4-47}$$

$$L_a = \frac{1}{\omega^2 N_1^2 C_a} \tag{4-48}$$

再由品质因数公式可以得到滤波器电阻 R_a 的值

2. 双调谐滤波器结构与参数计算

双调谐滤波器的结构如图 4-40 所示。

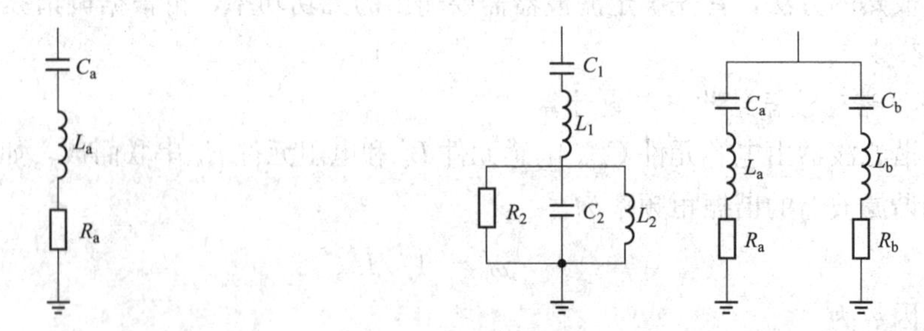

图 4-39 单调谐滤波器结构　　图 4-40 双调谐滤波器和等效的 2 个单调谐滤波器

在元件参数计算中，双调谐滤波器可以等效成 2 个单调谐滤波器，如图 4-40 所示。再利用所要输出的无功功率、所要抑止的谐波次数和交流母线的基波电压，通过式（4-49）～式（4-52），计算出 2 个单调谐滤波器的电容和电感值，由此确定 C_a、L_a、C_b、L_b。忽略滤波器的电阻时，可通过下面的公式得到双调谐滤波器 4 个储能元件 C_1、L_1、C_2、L_2 的值。

$$C_1 = C_a + C_b \tag{4-49}$$

$$L_1 = \frac{L_a L_b}{L_a + L_b} \tag{4-50}$$

$$C_2 = \frac{C_a C_b (C_a + C_b)(L_a + L_b)^2}{(C_a L_a - C_b L_b)^2} \tag{4-51}$$

$$L_2 = \frac{(C_a L_a - C_b L_b)^2}{(C_a + C_b)(L_a + L_b)^2} \tag{4-52}$$

在得到 L 和 C 参数之后，通过给定电感的品质因数来计算电感支路的品质因数，再由整个滤波器的品质因数计算电阻 R_2。

双调谐滤波器的主要优点：可以滤除两个特征谐波，比两个独立的单调谐滤波器损耗更低，只有一个处于高电位的电容器堆，便于解决低输送功率时的滤波问题；滤波器种类减少，便于备用和维护。主要缺点：对失谐较为敏感，由于谐振的作用，低压元件的暂态额定值可能较高，元件数较多，且常常需要两组避雷器。

双调谐滤波器中，并联电阻可起到防止过电压、降低并联谐振幅值、降低滤波器间及滤波器与系统间发生谐振的可能性，并可使滤波器获得较好的高通滤波性能等。但并联电阻加大了两串联谐振点附近的阻抗，对低次谐波的滤波效果有所影响，增加了谐波有功损耗。并联电阻应根据过电压实验或经验选取阻值，并同时考虑滤波等的要求。

3. 三调谐滤波器结构与参数计算

最基本的三调谐滤波器由 3 个谐振电路串联而成，可以等效成 3 个单调谐滤波器，再通过已确定的单调谐滤波器所要输出的无功功率、所要抑制的谐波次数和交流母线的基波电压，计算出 3 个单调谐滤波器的电容和电感值。在忽略电阻条件下，再由 3 个单调谐滤波器参数计算出三调谐滤波器的 L 和 C 参数。

三调谐滤波器与双调谐滤波器相比，其优点更加突出，缺点也更加明显。三调谐滤波器一个最突出的优点是小负荷下无功平衡方便，最大的缺点是现场调谐困难。目前在直流工程中已经开始采用三调谐滤波器。

图 4-41 是 1 个基本三调谐滤波器和等效的 3 个单调谐滤波器。

设 3 个单调谐滤波器所要输出的无功功率分别为 Q_1、Q_2、Q_3，所要抑制的谐波次数分别为 N_1、N_2、N_3，母线基波电压为 U_1，计算出 3 个单调谐滤波器的电容和电感值，由此确定 C_a、L_a、C_b、L_b、C_c、L_c。则 3 个单调谐滤波器的导纳为

$$Y_{f1} = \frac{1}{j\omega L_a + \frac{1}{j\omega C_a}} + \frac{1}{j\omega L_b + \frac{1}{j\omega C_b}} + \frac{1}{j\omega L_c + \frac{1}{j\omega C_e}} \tag{4-53}$$

三调谐滤波器的导纳为

$$Y_{f1} = \frac{1}{\left(j\omega L_1 + \frac{1}{j\omega C_1} + \frac{j\omega L_2 \frac{1}{j\omega C_2}}{j\omega L_2 + \frac{1}{j\omega C_2}} \frac{j\omega L_3 \frac{1}{j\omega C_3}}{j\omega L_3 + \frac{1}{j\omega C_3}} \right)} \tag{4-54}$$

由导纳相等，得到 6 个等式

$$C_1 = C_a + C_b + C_c \tag{4-55}$$

$$C_1 L_2 C_2 + C_1 L_3 C_3 = C_a L_c C_c + C_a L_b C_b + C_b L_c C_c C_b L_a C_a + C_e L_a C_a + C_e \mathrm{L}_b C_b \tag{4-56}$$

$$C_1 C_2 C_3 L_2 L_3 = C_a C_b C_c L_b L_c + C_a C_b C_c L_a L_c + C_a C_b C_c L_a L_b \tag{4-57}$$

$$C_1L_1 + C_1L_2 + C_1L_3 + C_2L_2 + C_3L_3 = C_aL_a = C_bL_b + C_cL_c \tag{4-58}$$

$$C_1C_2L_1L_2 + C_1C_2L_2L_3 + C_1C_3L_1L_3 + C_1C_3L_2L_3 + C_2C_3L_2L_3 = C_aC_bL_aL_b + C_aC_cL_aL_c + C_bC_cL_bL_c \tag{4-59}$$

$$C_1C_2C_3L_1L_2L_3 = C_aC_bC_cL_aL_bL_c \tag{4-60}$$

由上面 6 个等式，经计算得到三调谐滤波器的参数计算公式。由于公式过长，增加 4 个中间变量 $Z_1 \sim Z_4$，有

$$Z_1 = \frac{C_aL_a^2L_b + C_bL_b^2L_c + C_cL_c^2L_a}{(C_a + C_b + C_c)(L_aL_b + L_bL_c + L_aL_c)} - \frac{L_aL_bL_c}{L_aL_b + L_bL_c + L_aL_c} - \frac{C_a(C_bL_b + C_cL_c) + C_b(C_aL_a + C_cL_c) + C_c(C_bL_b + C_aL_a)}{(C_a + C_b + C_c)^2} \tag{4-61}$$

$$Z_2 = \frac{C_aC_bL_a^2L_b^2 + C_aC_cL_a^2L_c^2 + C_bC_cL_b^2L_c^2}{C_aC_bC_c(L_aL_b + L_bL_c)^2} - \frac{1}{C_a + C_b + C_c} \tag{4-62}$$

$$Z_3 = \frac{C_a(C_bL_b + C_cL_c) + C_b(C_aL_a + C_cL_c) + C_c(C_bL_b + C_aL_a)}{2(C_a + C_b + C_c)} + \left\{\left[\frac{C_a(C_aL_b + C_cL_c) + C_b(C_aL_a + C_cL_c) + C_c(C_bL_b + C_aL_a)}{2(C_a + C_b + C_c)}\right]^2 - \frac{C_aC_bC_c(L_aL_b + L_bL_c + L_aL_c)}{C_a + C_b + C_c}\right\}^{1/2} \tag{4-63}$$

$$Z_4 = \frac{C_a(C_bL_b + C_cL_c) + C_b(C_aL_a + C_cL_c) + C_c(C_aL_b + C_aL_a)}{2(C_a + C_b + C_c)} - \left\{\left[\frac{C_a(C_aL_b + C_cL_c) + C_b(C_aL_a + C_cL_c) + C_c(C_bL_b + C_aL_a)}{2(C_a + C_b + C_c)}\right]^2 - \frac{C_aC_bC_c(L_aL_b + L_bL_c + L_aL_c)}{C_a + C_b + C_c}\right\}^{1/2} \tag{4-64}$$

三调谐滤波器 L、C 参数计算公式为

$$C_1 = C_a + C_b + C_c \tag{4-65}$$

$$L_1 = \frac{L_aL_bL_c}{L_aL_b + L_bL_c + L_aL_c} \tag{4-66}$$

$$C_2 = \frac{Z_4(Z_3 - Z_4)}{Z_2Z_3Z_4 - Z_1Z_4} \tag{4-67}$$

$$L_2 = \frac{Z_2Z_3Z_4 - Z_1Z_4}{Z_3 - Z_4} \tag{4-68}$$

$$C_3 = \frac{Z_3(Z_3 - Z_4)}{Z_2Z_3 - Z_2Z_3Z_4} \tag{4-69}$$

$$L_3 = \frac{Z_1Z_3 - Z_2Z_3Z_4}{Z_3 - Z_4} \tag{4-70}$$

工程中的交流滤波器多为阻尼式三调谐滤波器，其结构如图 4-42 所示。

L、C 参数按照基本的三调谐滤波器的计算方法得到。电阻 R_1、R_2 由实际工程要求和工程经验进行选择，通常的选择过程如下：在选择电阻 R_1 时，忽略 R_2。根据工程上对于滤波器品质因数的要求取值，以调整滤波器的调谐锐度；如果滤波器性能计算中电容 C_2、电感

L_2 通过的电流过大，要选择适当大小的电阻 R_2 并联。最后考察接入电阻后的特性曲线。

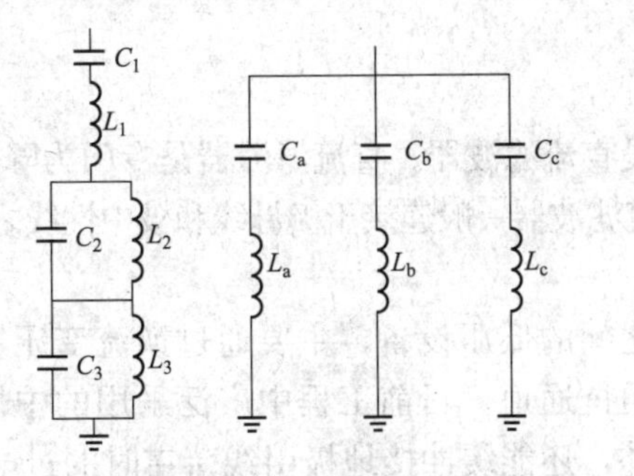

图 4-41　三调谐滤波器和等效的 3 个单调谐滤波器

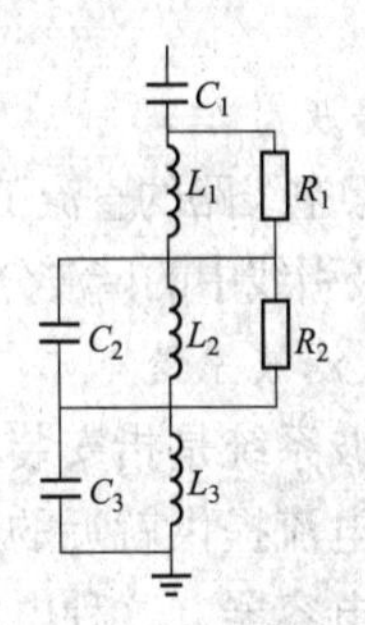

图 4-42　阻尼式三调谐滤波器结构

（四）交流滤波器的性能计算和定值计算

在确定了交流滤波器的参数之后，要考虑滤波器在和系统阻抗发生谐振的时候是否可以满足系统的滤波要求。这就需要对交流滤波器进行性能计算。交流滤波器性能计算原理如图 4-43 所示。

图 4-43 中 I_n 为等效的换流器谐波源，Z_n、Z_f 分别是等效的系统阻抗和滤波器阻抗。根据低次和高次的系统阻抗，确定在各次谐波下和滤波器阻抗发生并联谐振的系统阻抗值，计算在系统阻抗和滤波器阻抗发生并联谐振时，各次谐波引起的母线畸变率等参数。如果不符合要求，则需要增加滤除该次谐波的滤波器数目。在完成了交流滤波器的性能计算之后，还要对交流滤波器进行定值计算，确定滤波器元件的电压应力和电流应力，交流滤波器定值计算的原理如图 4-44 所示。

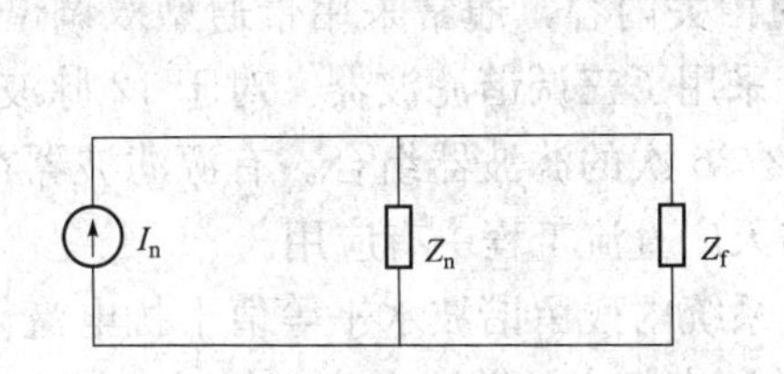

图 4-43　交流滤波器性能计算原理图

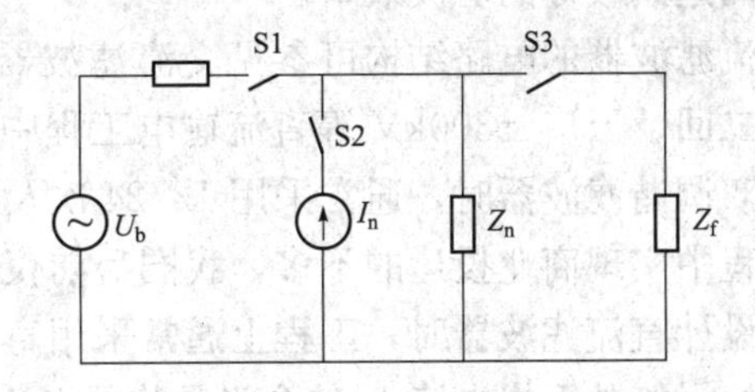

图 4-44　交流滤波器定值计算原理图

图 4-44 中 U_b 是等效的系统背景谐波源。定值计算首先要考虑换流器谐波。在图 4-44 中，断开 S1，闭合 S2、S3，计算系统阻抗与滤波器阻抗发生并联谐振时，换流器谐波在滤波器元件上引起的应力。之后要考虑背景谐波源对滤波器的影响。断开 S2，闭合 S1、S3，计算系统阻抗与滤波器阻抗发生串联谐振时，背景谐波在滤波器元件上引起的应力。综合上述两种谐波源影响下滤波器元件上所受到的应力，检验其是否符合设计标准。

四、直流滤波器

（一）滤波系统构成

1. 直流线路或电缆

直流线路本身具有纵向阻抗和对地电容，对直流谐波有一定的限制作用。直流电缆除本身有屏蔽作用外，由于对地电容较大，对谐波有较大的限制作用。直流线路或电缆的设计主要考虑有效输送功率等问题，不会专门为滤波器要求而改变设计。

2. 平波电抗器

对于谐波电流而言，平波电抗器是串联在主电流回路上的一个大阻抗，对于直流滤波有很大的帮助。一般情况下，平波电抗器的参数将根据其他主要因素选取，不专门为滤波要求而改变。

3. 直流滤波器

对于具有架空线路的直流工程，一般需要装设直流滤波器。直流滤波器是专门为降低流入直流线路和接地极引线中的谐波分量而装设的。直流滤波器一般连接于极母线和极中性线之间。

4. 中性点滤波系统

中性点滤波系统是指安装在极中性点对地之间的低压设备，主要通过换流变压器杂散电容入地的谐波电流提供就近的返回中性点的低阻抗通道。目前工程中广泛采用的中性点滤波系统是中性点电容器。这种电容器除参与滤波外，还能缓冲接地极引线落雷时的过电压。

5. 换流器内阻

谐波电流流过换流器时将遇到换流变压器阻抗的阻碍作用，这一阻抗需要在滤波器计算模型中考虑。通常考虑一个12脉动换流器的内电抗为$4\times(1-\mu/60)X_t$，其中X_t是换流变压器每相电抗，μ是换相角。

（二）直流滤波器型式与设计要求

目前的直流输电工程，一般采用以下直流滤波器配置方案。

(1) 在12脉波换流器低压端的中性母线和地之间连接一台中性点冲击电容器，以滤除流经该处的各低次非特征谐波。

(2) 在换流站每极直流母线和中性母线之间并联两组双调谐或三调谐无源直流滤波器。中心调谐频率应针对谐波幅值较高的特征谐波，并兼顾对等值干扰电流影响较大的高次谐波，从而达到较好的滤波效果。

直流滤波器的电路结构可参见交流滤波器的相关内容，通常采用带通型双调谐滤波器，在贵广二回、云广±800kV等直流输电工程中也采用了三调谐滤波器。对于12脉波换流器，当采用双调谐滤波器时，通常采用12/24次及12/36次的滤波器组合。有源滤波器在实际的直流工程中实现商业投运的不多，我国目前仅在天广直流工程中有应用。

在设计直流滤波器时，工程上通常采用直流系统内残留谐波水平等值干扰电流作为直流谐波指标。等效干扰电流I_{eq}的含义是将线路上的所有频率的谐波电流对邻近平行或交叉通信线路所产生的综合干扰效应用单个频率（800Hz）的谐波电流来表示，按照式（4-71）进行计算

$$I_{eq}(x)=\sqrt{I_e(x)_S^2+I_e(x)_R^2} \tag{4-71}$$

式中：$I_{eq}(x)$为沿着输电线路走廊的任何点，噪声加权至800Hz的等效干扰电流，mA；$I_e(x)_S$为只由送端换流器谐波电压源产生的等效干扰电流分量幅值，mA；$I_e(x)_R$为只由受端换流器谐波电压源产生的等效干扰电流分量幅值，mA；x为沿线路走廊的相对位置。其中，$I_e(x)_S$、$I_e(x)_R$可按式（4-72）计算

$$I_e(x)=\sqrt{\sum_{n=1}^{N}[I_r(n,x)\times P(n)+H_f]^2} \tag{4-72}$$

式中：$I_r(n,x)$为在沿线路走廊位置x的n次谐波残余电流的均方根值，mA；n为谐波次数；H_f为耦合系数，表示典型明线耦合阻抗与频率的关系，H_f的取值见表4-9；$P(n)$为n次谐波的噪声加权系数，表示人耳对噪声频率的敏感程度，$P(n)$的频率曲线见图4-45；N为所考虑的最大谐波次数。

表 4-9　**典型明线网络的耦合稀疏**

频率 f/Hz	耦合系数 H_f
40～500	0.70
600	0.80
800	1.00
1200	1.30
1800	1.75
2400	2.15
3000	2.55
3600	2.88
4200	2.95
4800	2.98
5000	3.00

直流滤波器设计包括滤波器选型及参数确定、性能计算，以及定值计算。滤波器选型及参数确定是后续性能计算和定制计算的前提工作。性能计算的目的在于考核滤波器加入系统后，对于设计要求的运行方式和功率水平（如功率输送方向、运行接线方式、直流电压水平、直流电阻高低以及两端交流系统电压水平等），在直流线路走廊的任意位置和两端接地极引线走廊的任意点（简称为直流极线），能否将等效干扰电流水平 I_{eq} 限制在允许范围。例如，在所有直流滤波器投运情况下，不超过 3000～6000mA，部分直流工程的等效干扰电流指标见表 4-10。定值计算在性能计算的基础上进行，计算各个元件上可能出现的电压和电流的最大值，它考核的目的是所设计出来的滤波器参数能否在实际工艺中制造出来，同时具有良好的经济性。

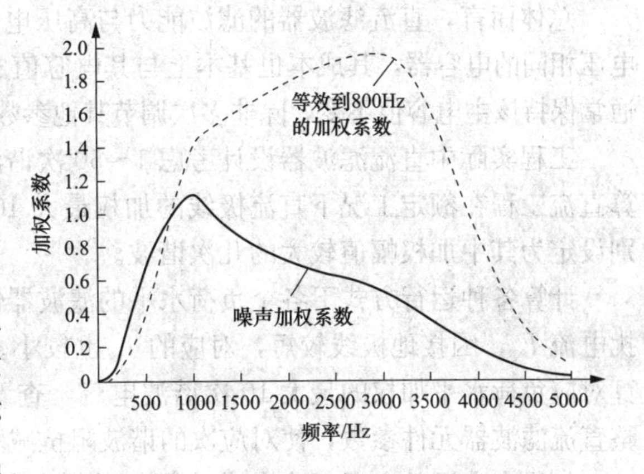

图 4-45　噪声加权系数频率曲线

表 4-10　**部分直流工程的等效干扰电流指标**

直流输电工程	直流系统额定值			线路长度/km	投运年	等效干扰电流指标
	P_{dc}/MW	U_{dc}/kV	I_{dc}/A			
葛洲坝-上海	1200	±500	1200	1045	1989	(1) 0.15A（双极）/0.45A(单极) (2) 0.5A（双极）/1.5A(单极)
New Zealand Ⅱ （新西兰南北岛）	992	+270， −350	1600	617	1992	2.5A
Chandrapur-Padghe （强德拉普尔-巴德海）	1500	±500	1500	754	1997	0.4A（双极）0.8A（单极金属） 1.2A（单极大地）
天广直流	1800	±500	1800	960	2000	(1) 0.5A（双极）/1.0A（单极） (2) 0.4A（双极）/0.8A（单极）
三常直流	3000	±500	3000	860	2002	0.5A（双极） 1.0A（单极）
三广直流				960	2004	
贵广一回直流				880	2004	

在实际工程中，直流滤波器性能计算方法为以功率扫描的方式检验直流系统所有可能的运行工况：直流负荷水平从最小值以某一步长逐渐递增到某一水平值，通常负荷标幺值最小值为0.1，步长为0.05，直流全压时需计算到1.25，80%降压时需计算到0.9，70%降压时需计算到0.8，其中负荷基准值为直流工程的额定负荷。同时，直流滤波器最终的参数需结合直流线路、平波电抗器、换流变等参数，保证直流系统在所有运行接线方式和控制模式下，直流侧主要谐振频率远离基波和低次谐波频率，以免导致直流侧谐振而破坏设备。

（三）直流滤波器参数选择

直流滤波器一般位于极母线和极中性母线之间。考虑到同一换流站两极的对称性，两极通常配置相同的直流滤波器。工程上确定直流滤波器参数的方案是一个不断反复的过程，总体步骤如下。

参考以往工程直流滤波器的参数，并结合经济性，确定滤波器的主电容值和所要采用的滤波器形式。

总体而言，直流滤波器的滤波能力与高压电容器电容值的大小成正比；同时，对于额定电压相同的电容器，其成本也基本上与其电容值成正比。因此，在调节滤波器参数的过程中，通常保持该主电容值不变，除非多次调节其他参数仍不能满足性能要求，才增大该主电容值。

工程实际中直流滤波器设计考虑1～50次谐波。为了初步确定滤波器的调谐次数，可计算直流工程在额定工况下直流极线的加权最大10次谐波电流，然后将滤波器的调谐次数分别设定为其中加权幅值较大的几次谐波。

计算各种运行方式下各个负荷水平的滤波器性能，通常只需校验直流极线沿线的等效干扰电流 I_{eq}，因接地极线较短，对应的 I_{eq} 也较小。若某负荷水平的等效干扰电流超标，则计算对应负荷水平加权的最大10次谐波电流，查看主要由哪次谐波引起的性能超标，然后调整直流滤波器元件参数，使对应次的谐波阻抗减小。重复上述的过程，直至满足性能要求。

如果多次调整之后仍有负荷水平不能满足性能要求，则改变调谐次数并重复上述的过程。若改变调谐次数仍不满足性能要求，则增大主电容值并重复上述的过程。

（四）直流有源滤波器

有些直流输电工程穿越人口相对集中的区域，对其规定了很低的等值干扰电流水平，如双级100mA、单级200mA，如果继续采用常规的滤波系统，则需要并联许多滤波器，提高了投资和占地面积，降低了直流系统的整体可靠性和可用率。而采用直流有源滤波器可较好地解决上述问题。

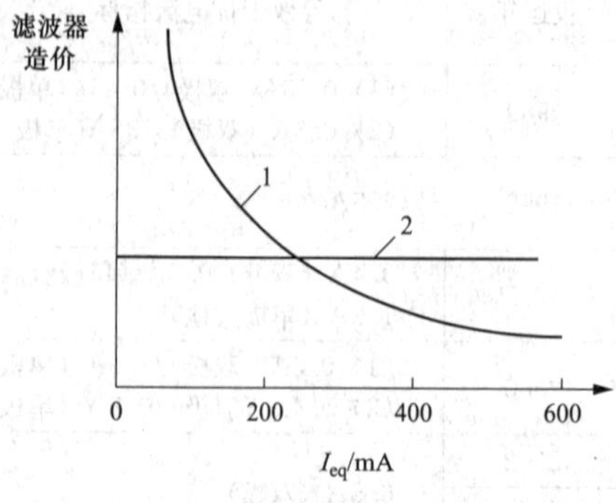

图4-46　直流滤波器造价与等效干扰电流水平的关系图

图4-46为直流滤波器造价与等值干扰电流水平的关系，其中曲线1为无源滤波器方案，曲线2为有源滤波器方案。从图4-46可看出，当直流线路穿越人口密集和广泛采用明线通信的地区，需要提高滤波性能并降低谐波干扰，有较高要求时，采用有源滤波器具有较好的经济性。直流输电工程中采用的直流有源滤波器通常是与无源滤波器串联连接的混合型有源滤波器，其结构示意图如图4-47所示。对于这种混合型有源滤波器，当有源滤波器的有源部分切除运行时，其无源部分应能投入并长期连续

运行。有源滤波器应能在对应极带电的情况下检修而不影响任一极的功率输送。有源部分应能在对应的无源部分带电的情况下检修而不影响任一极的功率输送。

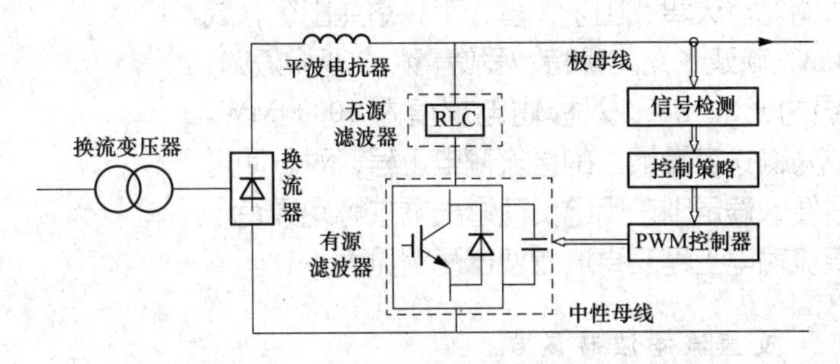

图 4-47　直流有源滤波器结构

五、滤波器设计与配置实例

(一) ±800kV 向家坝—上海特高压直流输电工程

向家坝—上海直流线路全长大约 2000km，直流线路额定电压为±800kV，额定输电容量为双极 6400MW，额定电流为 4kA，双 12 脉动阀组串联连接。

向家坝—上海直流线路在双极运行时的最小直流功率为 640Mvar，单极运行时的最小直流功率为 320Mvar。奉贤换流站具有 300Mvar 的无功吸收能力。根据向家坝—上海特高压直流输电工程的要求，投切一组并联电容器或滤波器时，复龙侧换流母线电压波动值不能超过 0.02p.u.，奉贤侧换流母线电压波动值不超过 0.015p.u.。奉贤换流站单个滤波器/并联电容器组的最大无功容量不能超过 260Mvar。奉贤换流站共配置 3746Mvar 无功补偿的容量，单组容量 260Mvar，共分成 4 大组，15 小组。滤波器形式为 8 组双调谐高通滤波器和 7 组并联电容器。奉贤换流站滤波器配置见表 4-11。

表 4-11　　奉贤换流站滤波器配置

元件	滤波器类型	
	HP12/24	SC
$C_1/\mu F$	3.107	2.855
L_1/mH	8.705	2.010
$C_2/\mu F$	7.475	—
L_2/mH	5.738	—
R_1/Ω	200	—
调谐频率/Hz	585/1245	—
单组容量/Mvar	260	238
组数	8	7

（二）±800kV 扎鲁特—青州特高压直流输电工程

扎鲁特—青州特高压直流输电工程线路起点为内蒙古东部，途经内蒙古、河北、天津、山东4省、市，落点山东，线路长度约为1200km，新建送端扎鲁特、受端青州2座换流站，工程输电电压等级为±800kV，双极输电规模为10000MW。该工程建成后将成为输送容量最大的直流输电工程，对于促进内蒙古能源基地开发，满足山东用电负荷增长需求等均具有十分重要意义。该直流输电工程交直流滤波器配置见表4-12。

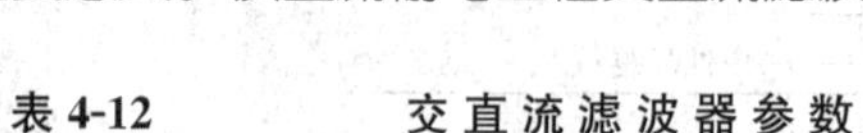
表4-12　　交直流滤波器参数

滤波器型号	$C_1/\mu F$	L_1/mH	R_1/Ω	$C_2/\mu F$	L_2/mH	$C_3/\mu F$	L_3/mH
DT11/24	2.15	12.85	500	5.64	9.51	—	—
DT13/36	2.15	6.24	500	3.87	9.51	—	—
HP3	2.16	685.91	1800	14.77	—	—	—
SC	2.16	2.04	—	—	—	—	—
直流	1.2	7.31	—	3.18	15.4	16.5	0.387

（三）±800kV 锦屏—苏南特高压直流输电工程

±800kV 锦屏—苏南特高压直流输电工程西起四川裕隆站，东到江苏同里站。裕隆站交流滤波器场共有 BP11、BP13、HP24/36和HP3这4种滤波器，同里站只有HP24/36和HP12这2种滤波器。两端换流站滤波器参数分别见表4-13和表4-14。

表4-13　　裕隆站交流滤波器参数

参数	滤波器类型				
	BP11	BP13	HP24/36	HP3	SC
$C_1/\mu F$	1.187	1.187	2.388	2.391	2.391
L_1/mH	70.28	50.20	5.27	529.70	2.00
$C_2/\mu F$	—	—	13.75	19.13	—
L_2/mH	—	—	0.833	—	—
R_1/Ω	8760	8760	490	1331	—
调谐频率/Hz	550	650	1200/1800	150	—
容量/Mvar	215	215	215	215	215
组数	4	4	4	1	5

（四）三—常 HVDC 工程

三—常HVDC工程进行直流滤波器的设计计算需要装设12/24和12/36两组双调谐滤波器。在单极运行时 $I_{eq}\leqslant 1A$ 的技术要求下，电容 C_1 和 C_2 的选取要遵循以下两个原则：

1）C_1 和 C_2 的选取是以 I_{eq} 为限值要求。

表 4-14　　同里站交流滤波器参数

参数	滤波器类型		
	HP12	HP24/36	SC
$C_1/\mu F$	3.37	3.37	3.37
L_1/mH	20.9215	3.5021	2.000
$C_2/\mu F$	—	19.43356	—
L_2/mH	—	0.60932	—
R_1/Ω	650	200	—
调谐频率/Hz	600	1200/1800	—
容量/Mvar	270	270	270
组数	4	4	8

2）C_1 不应过大，否则高压电容器 C_2 的设备成本增加导致直流滤波器的总体投资增加。

确定 C_1 和 C_2 后，12/24 和 12/36 两组双调谐滤波器的不同设计方案和相应的 I_{eq} 见表 4-15。

表 4-15　　三一常 HVDC 工程直流滤波器设计参数

解的序号		第 1 组	第 2 组	第 3 组	第 4 组
12/24 双调谐滤波器	$C_1/\mu F$	2	1.5	1	0.5
	L_1/mH	11.71	14.25	19.2	36.37
	$C_2/\mu F$	9.047	10	15	20
	L_2/mH	5.84	5.79	4.3	3.4
12/36 双调谐滤波器	$C_1/\mu F$	2	1.5	1	3
	L_1/mH	6.46	7.05	8.71	3.21
	$C_2/\mu F$	3.752	5	10	15
	L_2/mH	11.35	10.4	6.32	3.81
I_{eq}/mA		746	1373	1465	768

由表 4-15 可见，第 2 和第 3 组直流滤波器设计方案的 $I_{eq}>$ 1A，应予舍去。第 1 和第 4 组直流滤波器设计方案的 I_{eq} 均满足限值要求，比较而言，第 1 组方案的 I_{eq} 较小，且 12/36 双调谐滤波器的高压电容器的 C_1 较小，投资更小，故宜采用第 1 组直流滤波器设计方案。

第五章 柔性交流输电系统

柔性交流输电系统（FACTS）是基于晶闸管的控制器的集合，包括移相器、先进的静止无功补偿器、动态制动器、可控串联电容、带载调压器、故障电流限制器及其他控制器，这是 1988 年 N. G. Hingorani（辛戈拉尼）博士最早对 FACTS 的定义。在 FACTS 这一概念的指导下，新的 FACTS 设备，如可控串联补偿装置（TCSC）、基于可关断器件的 STATCOM 和统一潮流控制器（UPFC）等也不断出现，反过来又促进了 FACTS 概念的完善。在这个过程中，美国电力科学研究院（IEEE EPRI）及国际大电网会议（CIGRE）等国际组织起了重要的推动作用。

1997 年，FACTS 工作组发布了“FACTS 的推荐术语和定义”文本，本书给出的定义将主要参照该文本。

（1）电力传输的柔性/灵活性：指电力传输系统在维持足够稳态和暂态稳定裕度的条件下适应电网及其运行方式变动的能力。

（2）柔性/灵活交流输电系统：指具有基于电力电子技术的或其他静态的控制器以提高可控性和传输容量的交流输电系统。

（3）FACTS 控制器：指基于电力电子技术的系统或其他静态的设备，它能对交流输电系统的某个或某些参数进行控制。

值得注意的是，在上述定义中提到了其他静态的控制器或设备，这意味着 FACTS 和 FACTS 控制器除了基于电力电子技术之外，还有其他可能的选择。

第一节 无功补偿装置

一、静止无功补偿器（SVC）

SVC 是一种静止的并联无功发生或者吸收装置，可以调整其输出为容性或感性电流，从而达到控制电力系统特定参数（通常是母线电压）的目的。SVC 是最早出现的 FACTS 装置，早在 1974 年，美国通用公司就生产出世界上第一台商用 SVC。它也是目前应用最为广泛的 FACTS 控制器之一。它不仅用于输电网用以控制节点电压水平，提高传输可控性、系统稳定性和输送容量，还广泛应用于配电网中，用来提高供电可靠性和电能质量。

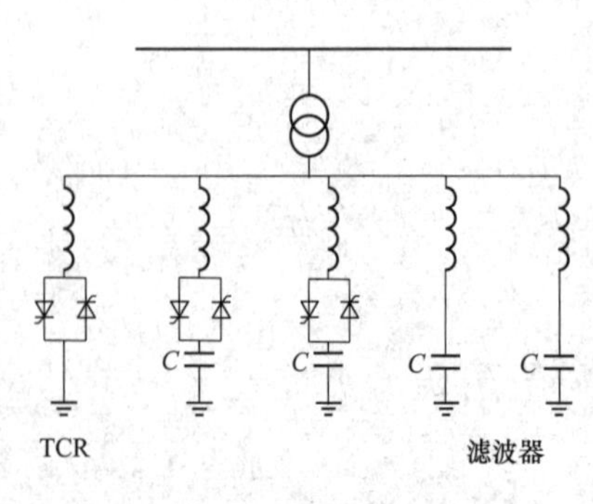

图 5-1 常见的 SVC 设备

SVC 是一个统称，是在机械投切式并联电容和电感的基础上，采用大容量晶闸管代替断路器等触点式开关而发展起来的，分立式补偿器包括可控饱和电抗器（SR）、晶闸管投切电容器（TSC）、晶闸管控制电抗器（TCR）和晶闸管投切电抗器（TSR）。图 5-1 所示的并联无功补偿系统包括了常见的 SVC 设备。

在实际系统中，为了满足并联无功补偿各方面的要求，通常将SVC之间或者与传统的机械投切电容/电感结合起来使用，构成组合式SVC，它属于基于晶闸管控制/投切型FACTS控制器。组合式SVC主要有机械式投切电容器-晶闸管控制电抗器（MSC-TCR）、晶闸管投切电容器-晶闸管控制电抗器（TSC-TCR）和固定电容器-晶闸管控制电抗器（FC-TCR）。在外特性上，SVC可视作并联于系统或负荷的可控容抗或感抗。通常是根据响应速度、应用的要求、损耗、投资成本、运行的频率等来选择SVC的结构。表5-1为不同种类SVC的比较。

表5-1　不同种类SVC的比较

种类	控制范围	控制性质	响应时间	电压控制	谐波产生
同步调相机	感性、容性	连续，外加	慢	好	无
SR/FC	感性、容性	连续，内加	快，与系统等相关	一般	很小
TSC	容性	差级，外加	快，与控制系统相关	一般	无
MSC-TCR	感性、容性	连续，外加	中，与控制系统相关	好	小，需要滤波器
TSC-TCR	感性、容性	连续，外加	快，与控制系统相关	好	小，需要滤波器
FC-TCR	感性、容性	连续，外加	快，与控制系统相关	好	小，需要滤波器

（一）晶闸管控制电抗器

晶闸管控制电抗器（TCR）是一种并联的晶闸管控制的电感，通过对晶闸管阀进行部分导通控制，可连续调节其有效电抗，对基于晶闸管构成的交流开关阀采用触发角控制方式来控制阀体在每个周波的导通时间，从而控制流过并联电抗器的电流，进而改变其等效的基波电抗，达到调节补偿功率的目的。

1. 结构与原理

基本的单相TCR结构如图5-2所示，它由固定电抗器（通常是铁芯的）、双向导通晶闸管（或两个反并联晶闸管）串联组成。由于目前晶闸管的关断能力通常在3～10kV、3～6kA左右，实际应用时，往往采用多个（10～20个）晶闸管串联使用，以满足电压和容量要求，串联的晶闸管要求同时触发导通，而当电流过零时自动阻断。

TCR正常工作时，在电压的每个正负半周的后1/4周波中，即从电压峰值到电压过零点的间隔内，触发晶闸管，此时承受正向电压的晶闸管将导通，使电抗器进入导通状态。

一般用触发延时角α来表示晶闸管的触发瞬间，它是从电压最大峰值点到触发时刻的电角度，决定了电抗器中电流的有效值。

图5-3为TCR的电流波形，图5-3（a）为正半周波的情况，图5-3（b）为负半周波的情况。由于电抗器几乎是纯感性负荷，因此电感中的电流滞后于施加于电感两端的电压，为纯无功电流。当$\alpha=0°$时，电抗器吸收的感性无功最大（额定功率）；当$\alpha=90°$时，电抗器不投入运行，吸收的感性无功最小。

如果触发延时角α为$-90°\sim0°$，则会产生含直流分量的不对称电流，所以，α一般在$0°\sim90°$范围内调节。通过控制晶闸管的触发延时角α，可以连续调节流过电抗器的电流，在零（晶闸管阻断）到最大值（晶闸管全导通）之间变化，相当于改变电抗器的等效电抗值。

设接入点母线电压为标准的余弦信号，即

$$u(t)=U_{\mathrm{m}}\cos\omega t \tag{5-1}$$

将晶闸管视为理想开关，则在正半波时，电抗器支路上的电流为

$$i(t)=\frac{1}{L}\int_0^{\omega t}u(t)\mathrm{d}t=\frac{U_\mathrm{m}}{X_\mathrm{L}}(\sin\omega t-\sin\alpha)\quad \alpha\leqslant\omega t\leqslant\pi-\alpha \tag{5-2}$$

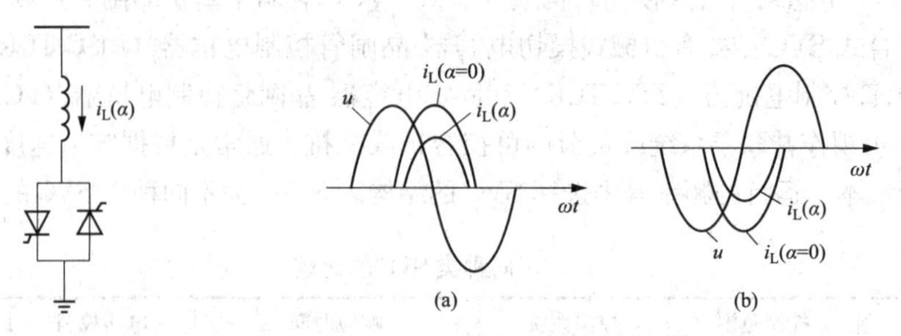

图 5-2 TCR 的单线结构

图 5-3 TCR 的电流波形

(a) 正半周波的情况；(b) 负半周波的情况

式中：X_L 为基波电抗，$X_\mathrm{L}=\omega L$；L 为电抗器的电感值。

当 $\omega t=\pi-\alpha$ 时，由于支路电流下降到 0，晶闸管自动关断。在负半周波，当 $\omega t=\pi+\alpha$ 时，晶闸管反向导通，类似可得到支路上的电流为

$$i(t)=\frac{1}{L}\int_0^{\omega t}u(t)\mathrm{d}t=\frac{U_\mathrm{m}}{X_\mathrm{L}}[\sin\omega t-\sin(\pi+\alpha)]\qquad \pi+\alpha\leqslant\omega t\leqslant 2\pi-\alpha \tag{5-3}$$

或者写作

$$i(t)=\frac{1}{L}\int_0^{\omega t}u(t)\mathrm{d}t=\frac{U_\mathrm{m}}{X_\mathrm{L}}[\sin(\omega t-\pi)-\sin\alpha]\quad \pi+\alpha\leqslant\omega t\leqslant 2\pi-\alpha \tag{5-4}$$

通过分析可知，触发延时角 α 变化时，支路上流过的电流可以连续变化，并在 $\alpha=0°$ 时取得最大值，在 $\alpha=\pi/2$ 时取得最小值。

对支路电流进行傅里叶分解，可以得到其基波分量的幅值为

$$I_\mathrm{F}=\frac{U_\mathrm{m}}{X_\mathrm{L}}\left(1-\frac{2\alpha}{\pi}-\frac{1}{\pi}\sin 2\alpha\right)\qquad 0\leqslant\alpha\leqslant\frac{\pi}{2} \tag{5-5}$$

若定义导通角 $\sigma=\pi-2\alpha$，则有

$$I_\mathrm{F}=\frac{U_\mathrm{m}}{X_\mathrm{L}}\left(\frac{\sigma-\sin\sigma}{\pi}\right)\qquad 0\leqslant\alpha\leqslant\pi \tag{5-6}$$

可见，支路电流的基波分量是 α/σ 的函数。

TCR 的基波等效电纳为

$$B_\mathrm{F}(\alpha)=\frac{I_\mathrm{F}}{U_\mathrm{m}}=\frac{1}{X_\mathrm{L}}\left(1-\frac{2\alpha}{\pi}-\frac{1}{\pi}\sin 2\alpha\right)\qquad 0\leqslant\alpha\leqslant\frac{\pi}{2} \tag{5-7}$$

或者

$$B_\mathrm{F}(\sigma)=\frac{1}{X_\mathrm{L}}\left(\frac{\sigma-\sin\sigma}{\pi}\right)\qquad 0\leqslant\sigma\leqslant\pi \tag{5-8}$$

因此，TCR 的基波电纳连续可控，最小值为 $B_\mathrm{Fmin}=0\left(对应\ \alpha=\frac{\pi}{2}\right)$，最大值为 $B_\mathrm{Fmin}=X_\mathrm{L}$（对应 $\alpha=0$）。

图 5-4 所示为当 α 从 0°逐渐增加过程中，电感上电流及其基波分量的变化过程。

2. 运行特性

TCR 的运行特性可以用图 5-5（a）所示的 U-I 区域来描述，它的边界由最大允许电压、电流和导纳构成。在正常运行区域内，TCR 可以视作连续可调的电感。

当 TCR 按照某个固定的触发延时角进行控制时，称为晶闸管投切电抗器（TSR），通常按 $\alpha=0°$进行控制，此时电抗器中的稳态电流为纯正弦波形。TSR 提供固定的感性阻抗，当接入系统时，其中的感性电流与接入点的母线电压成正比，如图 5-5（b）所示。

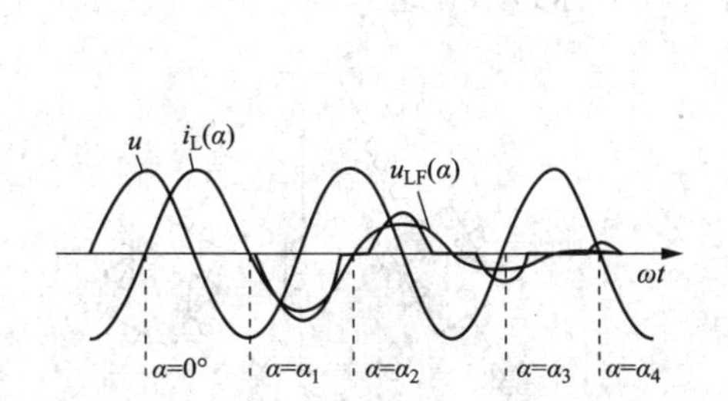

图 5-4　当 α 从 0°逐渐增加时电感电流及其基波分量的变化过程

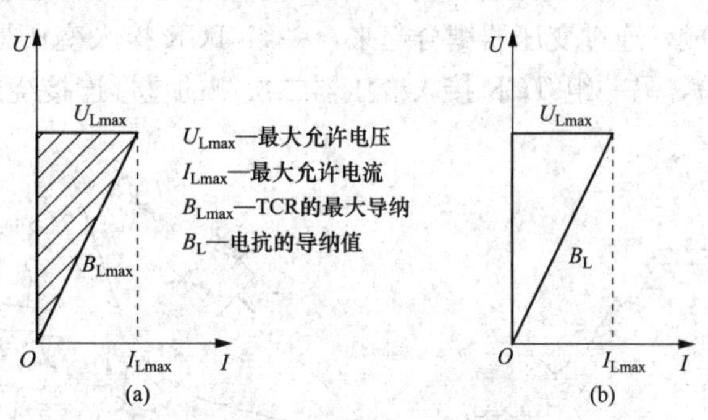

图 5-5　TCR 和 TSR 的运行特性

（a）TCR 的运行特性；（b）TSR 的运行特性

3. 谐波分析与抑制

从图 5-4 可见，当触发延时角 $\alpha\neq0°$时，流过电抗器的电流不是正弦信号。在理想情况下，通过傅里叶分析可以得到电流各次谐波分量的幅值与 α 的关系为

$$I_n(\alpha)=\frac{4U_m}{\pi X_L}\frac{\sin\alpha\cos n\alpha-n\cos\alpha\sin n\alpha}{n(n^2-1)}$$
$$n=2k+1\quad k=1,2,3,\cdots \tag{5-9}$$

基波和各次谐波的电流幅值随着 α 的变化曲线，如图 5-6 所示，其中 I_1 对应基波电流幅值。当 $\alpha=0°$时 TCR 流过最大基波电流 $I_1=0.10$A。

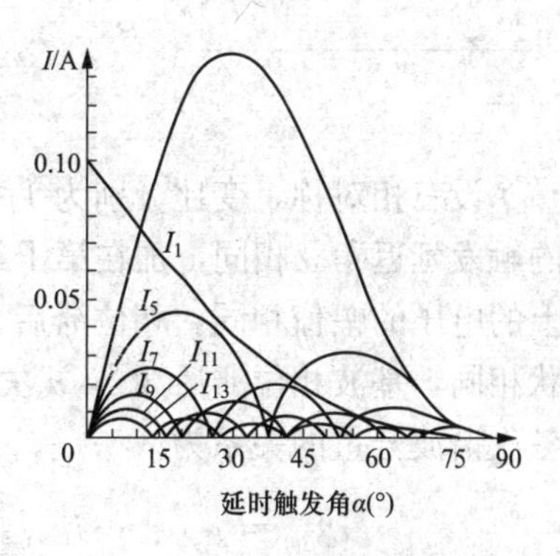

图 5-6　TCR 电流基波和各次谐波幅值与 α 的关系曲线

可见，最主要的谐波是 3、5、7、9、11 和 13 等次谐波，它们的最大值出现在不同的触发导通角，见表 5-2。

表 5-2　TCR 正常运行时最大特征谐波电流值

谐波次数	3	5	7	9	11	13	15	17
谐波幅值/%	13.78	5.45	2.57	1.56	1.05	0.78	0.27	0.22
导通角/(°)	120	108	102	100	98	96	95	95

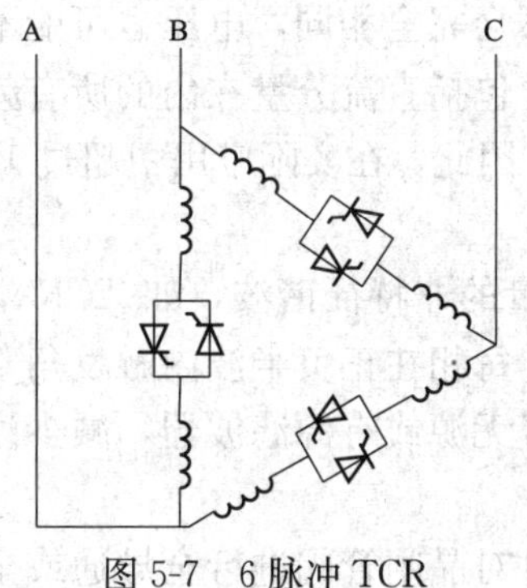

图 5-7　6 脉冲 TCR

TCR 在正常运行时会产生大量的特征谐波注入电网，通常采取以下措施将这些谐波消除。

（1）多脉冲 TCR（包括 6 脉冲和 12 脉冲）。在三相交流电力系统中，通常将三个单相 TCR 按照三角形（△）方式连接起来，如图 5-7所示，用 6 组触发脉冲来控制晶闸管的开通，故称为 6 脉冲 TCR。如果各相 TCR 参数一致，三相电压平衡，晶闸管在电压正半周期和负半周期的控制角相等，那么通过电抗器的电流除基波外，还包括正序 $6k+1$ 次（即 7、13 次等），零序 $6k+3$ 次（即 3、9、15 次等）和负序 $6k-1$ 次（即 5、11

次等）次谐波。其中零序电流在接成三角形的电抗器内形成环流，不会进入电网。正序和负序电流流入电网，因此 6 脉冲 TCR 的特征谐波为 $n=6k\pm1$（k 为正整数）。

图 5-8 所示为 12 脉冲 TCR 电路结构，由两组参数相同的 6 脉冲 TCR 按三角形方式连接而成，通过变压器耦合起来，一组 TCR 接入变压器二次侧的三角形连接绕组（以下称第Ⅰ组），另一组 TCR 接入变压器二次侧的星形连接绕组（以下称为第Ⅱ组）。

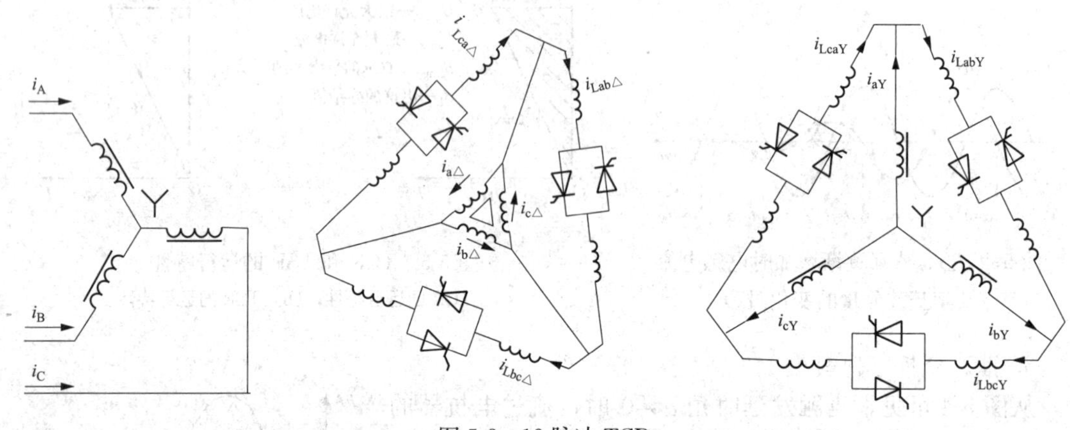

图 5-8　12 脉冲 TCR

设三相对称，变比分别为 $1:k_{\triangle}$（二次侧）和 $1:k_Y$，且 $k_{\triangle}:k_Y=\sqrt{3}:1$，各 TCR 控制的触发延迟角 α 相同，加在第Ⅰ组二次侧 ab 相间 TCR 上的电压与加在第Ⅱ组 ab 相间 TCR 上的电压的幅值相同，相位滞后 30°，由于各组 TCR 采用相同触发延时角，则 $i_{Lab\triangle}$ 与 i_{LabY} 形状相同，基波相位滞后 30°，n 次谐波分量的相位滞后 $n\times30°$；而 i_{aY} 各次谐波分量与 i_{LabY} 的各次谐波分量的关系为

$$i_{aY,n}=i_{LabY,n}-i_{LcaY,n}=i_{LabY,n}\left[\sin(n\omega t+\phi)-\sin\left(n\omega t+\phi+n\frac{2\pi}{3}\right)\right] \tag{5-10}$$

一次侧电流为

$$i_{A,n}=k_{\triangle}\left(i_{a\triangle,n}+\frac{1}{\sqrt{3}}i_{aY,n}\right)=k_{\triangle}i_{LabY,n}\left[\sin\left(n\omega t+\phi-\frac{n\pi}{6}\right)+\frac{2}{\sqrt{3}}\sin\frac{n\pi}{3}\sin\left(n\omega t+\phi-\frac{\pi}{2}+n\frac{\pi}{3}\right)\right] \tag{5-11}$$

当 $n=6(2k-1)\pm1$（k 为正整数）时，$i_{A,n}=0$，即消去了 5、7、17、19 等次谐波分量；又由于 6 脉冲三角形连接 TCR 输出电流中不含 3、9、15 等次谐波分量，因此，12 脉冲 TCR 的特征谐波为 $n=12k\pm1$（k 为正整数）。

上面分析是基于三相对称假设的，但实际系统中，电抗器不会完全相同，电压也可能不平衡，尤其当电抗器正负半周投切不对称时，电抗器电流将包含包括直流分量在内的所有频谱的谐波，直流分量可能使变压器饱和，增大谐波含量和损耗。因此，在实际应用中超过 12 脉冲的多脉冲 TCR 应用不多。

（2）并联滤波器。在电力系统中存在诸多因素导致产生大量的非特征谐波，如 TCR 端电压幅值与相位不平衡，电抗器参数的差异，触发角的不对称，每相在正负半波内触发角不对称等。此时，采用多脉冲将难以达到滤波要求，可以考虑配置无源或有源滤波器，减少注入系统的谐波电流。

晶闸管投切电抗器是一种并联的晶闸管投切的电感器，通过对晶闸管阀进行全导通或全关断控制，可阶梯式改变其等效电抗。TSR 也是 SVC 的一个子集。它通常由几个并联的电感支路组成，每个电感支路都由设有触发角控制的晶闸管阀来投切，从而达到阶梯式改变所消耗的无功功率的目的。对晶闸管阀不采用触发角控制可以降低成本和损耗，其缺点是不能连续控制有效电抗。

（二）晶闸管投切电容器

晶闸管投切电容器（TSC）是一种并联的晶闸管投切的电容器，通过对晶闸管阀进行全导通或全关断控制，可阶梯式改变其等效容抗。TSC 也是 SVC 的一个子集。它通常也由多个并联的电容器支路组成，每个支路都由设有触发角控制的晶闸管阀来投切，从而达到阶梯式改变注入系统无功功率的目的。与并联电抗器可以在任意时刻通过开通晶闸管阀投入运行不同，并联电容器必须在适当的时机开通晶闸管阀而投入运行，否则可能因为过大的冲击电流而损坏设备。

TSC 具有无机械磨损、响应速度快、平滑投切及良好的综合补偿效果等优点；但相对而言，控制较复杂、投资费用较高，主要适用于性能要求较高的并联无功补偿应用。

1. TSC 的基本结构与原理

单相 TSC 的基本结构如图 5-9（a）所示，它由电容器、双向导通晶闸管（或反并联晶闸管）和阻抗值很小的限流电抗器组成。限流电抗器的主要作用是限制晶闸管阀由误操作引起的浪涌电流，而这种误操作往往是由误控制导致电容器在不适当的时机投入引起的。同时，限流电抗器与电容器通过参数搭配可以避免与交流系统电抗在某些特定频率上发生谐振。

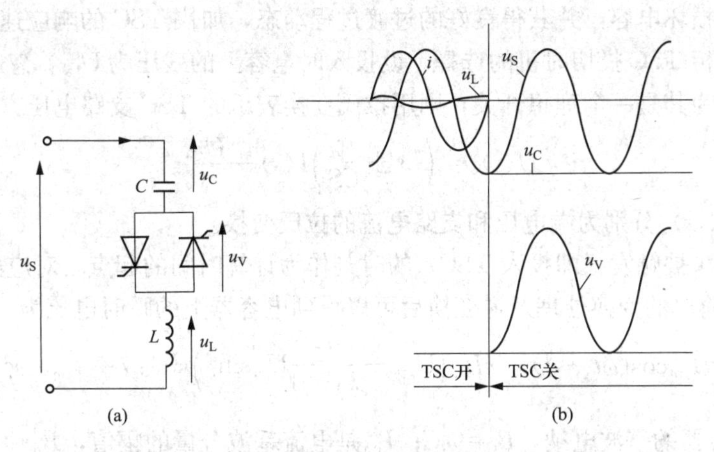

图 5-9　单相 TSC 的基本结构和工作波形

（a）单相 TSC 的基本结构图；（b）波形图

TSC 有两个工作状态，即投入和断开状态。投入状态下，双向晶闸管（或反并联晶闸管之一）导通，电容器（组）起作用，TSC 发出容性无功功率；断开状态下，双向晶闸管（或反并联晶闸管）阻断，TSC 支路不起作用，不输出无功功率。

当 TSC 支路投入运行并进入稳态时，假设母线电压是标准的正弦信号，即

$$u(t)=U_{\mathrm{m}}\sin(\omega t+\phi) \tag{5-12}$$

忽略晶闸管的导通压降和损耗，认为其是一个理想开关，则 TSC 支路的电流为

$$i(t)=\frac{k^2}{k^2-1}\frac{U_{\mathrm{m}}}{X_{\mathrm{C}}}\cos(\omega t+\phi) \tag{5-13}$$

式中：$k=\sqrt{X_C/X_L}=\omega_n/\omega$，为 LC 电路自然频率与工频之比，$\omega_n=1/\sqrt{LC}=k\omega$，是电路的自然频率，$X_L=\omega L$；$X_C=1/\omega C$。

电容上电压的幅值为

$$U_C=\frac{k^2}{k^2-1}U_m \tag{5-14}$$

当电容电流过零时，晶闸管自然关断，TSC 支路被断开，此时电容上的电压达到极值，即

$$U_{C,i=0}=\pm\frac{k^2}{k^2-1}U_m \tag{5-15}$$

式中，"+"号对应电容电流由正变为 0，晶闸管自然关断的情况，"−"号对应电容电流由负变为 0，晶闸管自然关断的情况。此后，如果忽略电容的漏电损耗，则其上的电压将维持极值不变，而晶闸管承受的电压在（近似）0 和交流电压峰峰值之间变化，如图 5-9（b）所示。

实际上，当 TSC 支路断开后，为了安全起见，或者由于电容的漏电效应，电容上的电压将不能维持其极值，当再次投入时，电容上的残留电压将为 0（完全放电）到 $\pm\frac{k^2}{k^2-1}U_m$ 之间的某个值，称为部分放电。

2. TSC 投入的暂态过程分析

TSC 的投入时机是 TSC 控制中重要的问题之一，目标是使晶闸管导通瞬间不至于引起过大的冲击电流损坏电容，并获得良好的过渡过程动态，加快 TSC 的响应速度。

下面简单分析 TSC 投切时机的选择。设投入时电容上的残压为 U_{C0}，忽略晶闸管的导通压降和损耗，认为其是一个理想开关，则用拉氏变换表示的 TSC 支路电压方程为

$$U(s)=\left(Ls+\frac{1}{CS}\right)I(s)+\frac{U_{C0}}{s} \tag{5-16}$$

式中：$U(s)$ 和 $I(s)$ 分别为端电压和支路电流的拉氏变换。

以晶闸管首次被触发（即投入 TSC）的时刻作为计算时间的起点，对应的电压波形中的角度为 ϕ。经过简单的变换处理及逆变换后可以得到电容器上的瞬时电流为

$$i(t)=I_{1m}\cos(\omega t+\phi)-kB_C\left(U_{C0}-\frac{k^2}{k^2-1}U_m\sin\phi\right)\sin\omega_n t-I_{1m}\cos\phi\cos\omega_n t \tag{5-17}$$

式中：B_C 为电容器的基波电纳，$B_C=\omega C$；I_{1m}是电流基波分量的幅值，$I_{1m}=U_mB_C\frac{k^2}{k^2-1}$。

上式右侧的后两项代表预期的电流振荡分量，其频率为自然频率，实际上会由于该支路电阻的影响而逐渐衰减为零。

（1）无暂态过程的 TSC 投入时机。由式（5-17）可见，如果希望投入 TSC 支路时完全没有过渡过程，即后边两项振荡分量为零，必须同时满足以下两个条件：

1）自然换相条件为

$$\alpha=0°,\quad \phi=\pm 90° \tag{5-18}$$

2）零电压切换条件为

$$U_{C0}=\frac{k^2}{k^2-1}U_m\sin\phi \tag{5-19}$$

自然换相条件要求在系统电压极值点触发晶闸管，这是因为流过电容的电流超前其两端电压（即系统电压）90°，在系统电压极值点流经电容的电流为零，而作为依赖电流过零自然关断的半控器件，晶闸管的无电流冲击换相点应为系统电压极值点。零电压切换条件要求投入时电容器应已预充电到$\pm U_{\mathrm{m}}\dfrac{k^2}{k^2-1}$，如此则开通前后晶闸管两端电压均为零，开通过程将不会在电路中引起由电压突变导致的过渡过程。上述两个条件同时满足时投入 TSC，则立即进入稳态运行，相应的波形如图 5-10 所示。

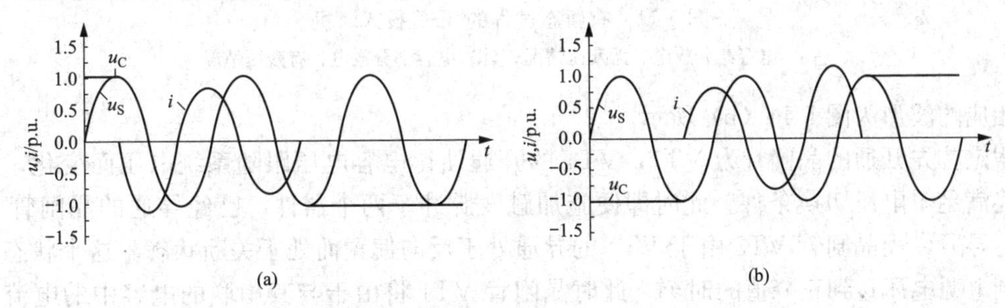

图 5-10　无暂态过程的 TSC 投入时机
(a) 情况 1；(b) 情况 2

但在实践中，如果考虑到系统自身的电抗，则 k 往往是不确定的；同时，根据国家标准，每一电容器单元或电容器组应能在 3min 之内从初始直流电压放电到 75V 或更低值。由于电容器一旦被切除后将经过放电回路放电而导致电容电压的下降，因此除非每次投入之前对电容进行充电，否则上述无暂态过程的投切条件很难保证。因此，实际应用时常采用下面讲到的两种有暂态过程的投入时机。

(2) 电容充分放电情况下系统电压过零点作为 TSC 的投入时机。这种做法是假定每次投入之前电容器均经过充分放电，其两端电压为零。此时就可以在系统电压过零点，即触发延时角等于$-90°$时开通晶闸管使电容接入。此时由于 $U_{\mathrm{C0}}=0$，$\sin\phi=0$，故式（5-19）代表的零电压切换条件可以得到满足，但自然换相条件不能得到满足，使得振荡分量的第一项为零，于是式（5-17）改写为

$$I_0 = I_{1\mathrm{m}}(\cos\omega t - \cos\omega_{\mathrm{n}} t) \tag{5-20}$$

可知，电流振荡的最大值接近正常情况下 2 倍。显然，仅在首次投切（$t=0$）时，可以保证流经晶闸管和与之串联的电容的电流为零。在此后的投切过程中，由于电容中的基频电流在系统电压过零时达到其峰值，不能自然关断，如图 5-11（a）所示，因此，采用电压过零点投切电容的方式只能应用于首次投切。在其后的运行中，两个晶闸管仍应在系统电压峰值时自然换相。在实践中，往往采用连续脉冲的形式使晶闸管工作于二极管模式。这种方式由于电容器一旦从系统中切除，必须等到电压下降到零以后才能够再次投入，根据国家标准，电容所附带的放电电路需要 3～10min 对电容上的电压进行放电，所以限制其再次投入的时间。

(3) 晶闸管端电压为零作为 TSC 投入时机。这种方法可以看作前一种方法的扩展，它不再要求电容充分放电和在系统电压过零时刻投入，而是以晶闸管两端电压为零（系统电压和电容两端电压相等）作为投入的时机，即首次投入时，满足 $U_{\mathrm{C0}}=U_{\mathrm{m}}\sin\phi$，从而式（5-17）为

$$i(t) = I_{1\mathrm{m}}\cos(\omega t + \phi) + \frac{1}{k}I_{1\mathrm{m}}\sin\phi\sin\omega_{\mathrm{n}} t - I_{1\mathrm{m}}\cos\phi\cos\omega_{\mathrm{n}} t \tag{5-21}$$

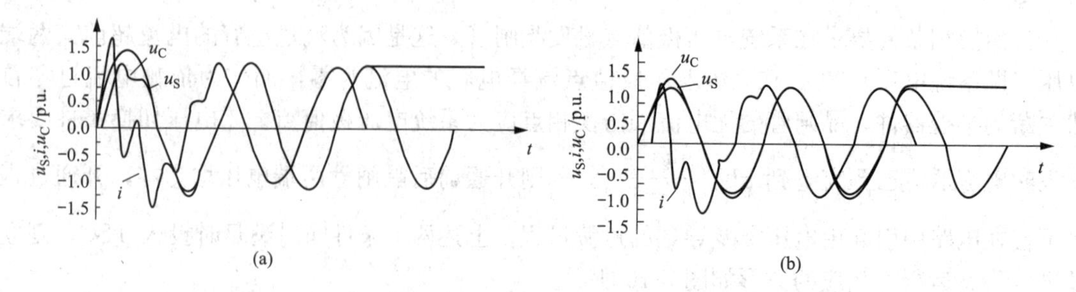

图 5-11 有暂态过程的 TSC 投入时机

(a) 电容充分放电、无残压情况；(b) 电容部分放电、有残压情况

相应的波形为图 5-11（b）所示。

假定首先开通的晶闸管为 VT1，VT1 的开通使得电容电压跟随系统电压而变化，所以将始终满足零电压切换条件。此时即便施加触发脉冲于两个器件，已经导通的晶闸管 VT1 仍维持导通，而晶闸管 VT2 由于 VT1 的导通处于反向偏置而处于关断状态。这个状态一直延续到电源电压达到正峰值的时刻，此时晶闸管 VT1 将由于与其串联的电容中的电流下降到零而自然关断，同时电容器已被充电到电源电压的正峰值，而随之而来的电源电压的下降将使电容中的电流反向；而又由于 VT2 处于正向偏置，具备触发导通条件，此时施加触发脉冲将实现无过渡过程的自然换相。这种方法中，TSC 的晶闸管一旦导通就将始终满足零电压切换条件，所以最简单可靠的做法就是提供连续脉冲来实现自然换相，否则还需增加峰值投切条件。该方法由于取消了必须在电容电压为零时进行投切的条件，所以可以在短时间内进行重复投切。

综上所述，为使 TSC 电路的过渡过程最短，应在输入的交流电压与电容上的残留电压相等，即晶闸管两端的电压为 0 时将其首次触发导通。具体而言：当电容上的正向（反向）残压小于（大于）输入交流电压的峰（谷）值时，在输入电压等于电容上的残压时导通晶闸管，可使得过渡过程最短；当电容上的正向（反向）残压大于（小于）输入交流电压的峰（谷）值时，在输入电压达到峰（谷）值时，导通晶闸管，可直接进入稳态运行。图 5-11 所示为当电容完全放电和部分放电时，重新投入 TSC 支路的过渡过程。一般来说，电容残留电压的幅值越小，过渡过程越明显。

根据以上投切原则，TSC 响应控制命令的最大迟延，也称为传输迟延，将达到一个周波；而且由于电容器只能在一个周期的特定时刻投入，不能采用像 TCR 那样的延时触发控制，因此，TSC 支路只能提供电流为零（断开时）或者为最大容性（投入时）电流。

当其投入时，支路的容性电流与加在其上的电压成正比，其 U-I 特性曲线如图 5-12 所示。实际应用时，可以将多组 TSC 并联使用，根据容量需要逐个投入，从而获得近似连续的容抗；也可以将 TSC 与 TCR 并联使用，获得连续可控的感（容）抗值。

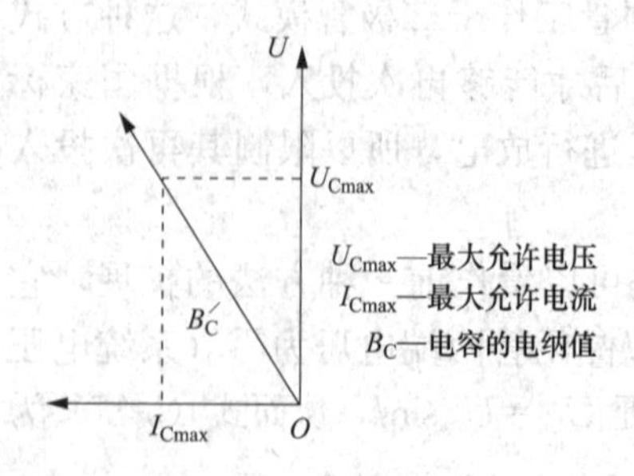

图 5-12 TSC 的 U-I 特性曲线

在实际系统中，为了满足并联无功补偿各方面的要求，通常将它们之间或与传统的机械投切电容/电感结合起来使用，构成组合式 SVC。

实用的 SVC 包括并联的感性支路和容性支路，且一部分为可控的。可控的感性支路包括 TCR 或 TSR 两种形式。容性支路通常包括与滤波器结合成一体的固定电容器、机械式接触器投切电容装置（MSC）、TSC或是它们的某种组合形式。图5-13为SVC的一些常见结构形式。

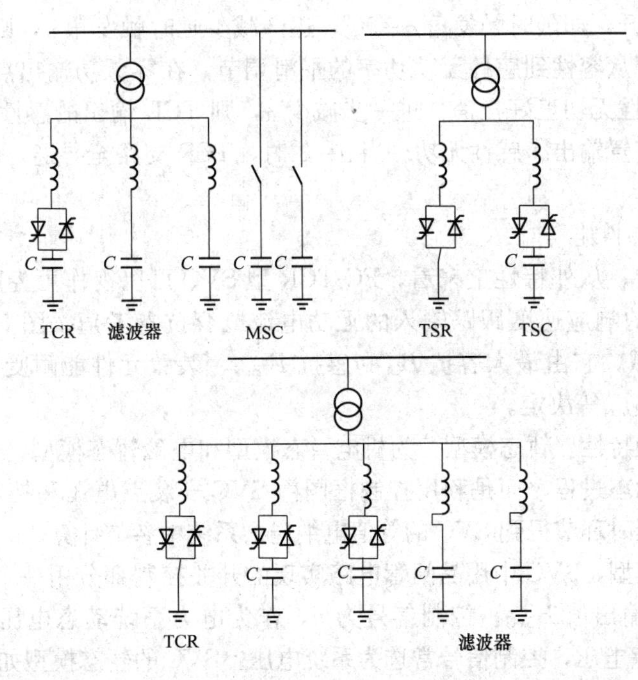

图5-13　SVC的一些常见结构形式

（三）固定电容—晶闸管控制电抗型SVC

1. 基本结构和原理

固定电容-晶闸管控制电抗型静止无功补偿器（FC-TCR型SVC）的单相结构如图5-14所示，其中电容支路为固定连接，TCR支路采用延时触发控制，形成连续可控的感性电抗。通常，TCR的容量大于FC的容量，以保证既能输出容性无功也能输出感性无功。实际应用中，常用一个滤波网络（LC或LCR）取代单纯的电容支路，滤波网络在基频下等效为容性阻抗，产生需要的容性无功功率，而在特定频段内表现为低阻抗，从而对TCR产生的谐波分量起到滤波作用。

FC-TCR型SVC总的无功输出（以吸收感性无功功率为正）为TCR支路和FC支路的无功输出之和，即$Q=Q_L-Q_C$。图5-15为无功输出与需求之间的关系曲线，纵坐标为无功输出，横坐标为无功需求。

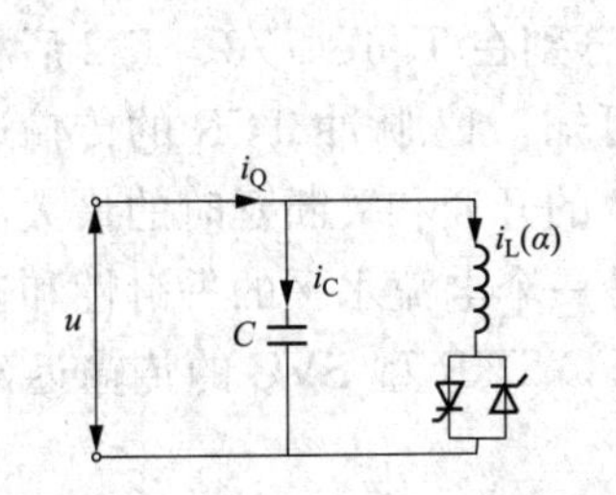

图5-14　FC-TCR型SVC的单相结构图　　图5-15　FC-TCR型SVC无功输出与需求之间的关系曲线

图中最下面的平行线表示 FC 输出的容性无功（假设输入电压有效值不变），最上面的斜线表示 TCR 的无功输出，中间的斜线是 FC-TCR 的合成输出。当需要最大的容性无功输出时，将 TCR 支路断开，即延时触发角 $\alpha=90°$，逐渐减少延时触发角 α，则 TCR 输出的感性无功增加，从而实现从容性到感性无功功率的平滑调节。在零无功输出点上，FC 输出的容性无功和 TCR 的感性无功正好抵消，进一步减少 α，则 TCR 输出的感性无功超过 FC 输出的容性无功，整个装置输出净感性无功。当 $\alpha=0°$时，TCR 支路全导通，装置输出的感性无功最大。

2. 外特性和动态性能

（1）外特性曲线。从外特性上来看，FC-TCR 型 SVC 可以视作可控阻抗，在一定的容量范围内能以一定的响应速度跟踪输入的无功电流或容抗参考值。图 5-16 为 FC-TCR 型 SVC 的 U-I 运行区域，它由最大容抗 B_C 和感抗 B_{Lmax}、装置元件能耐受的最大电压 U_{Cmax}、U_{Lmax}和电流 I_{Cmax}、I_{Lmax}等决定。

（2）动态模型和特性。暂态模型分为机电暂态模型和电磁暂态模型。前者并不考虑晶闸管的触发和元件的动态过程，而是利用控制框图由 SVC 安装点电压和控制点电压经过移相环节、放大环节和延时环节得到 SVC 的等值电纳送入系统中参与计算。

考虑机电暂态模型，SVC 中用晶闸管电路实现的开关控制部分用一个惯性环节来模拟，定义为 SVC 的电纳输出值 B_{SVC}。控制信号为 u，作为电力系统动态电压支撑的重要手段，SVC 常用于控制节点电压，控制信号常选为系统电压。SVC 的暂态模型如图 5-17 所示。

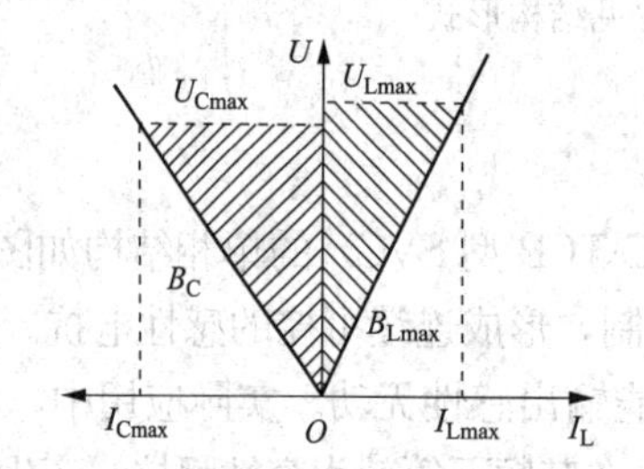

图 5-16　FC-TCR 型 SVC 的 U-I 特性曲线

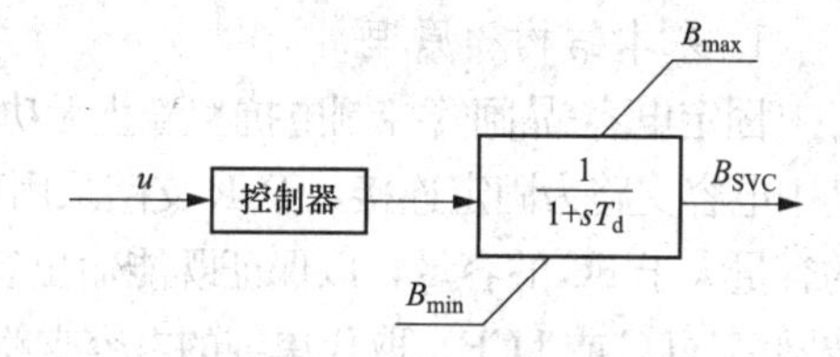

图 5-17　SVC 的暂态模型

对于单相 TCR，传输迟延 T_d 的最大值为半个周波，$T_d=T/2$，即在参考值变化后最多将等半个周波待晶闸管电流自然过零后，才能根据新的触发角来触发晶闸管。

对于三相△连接 TCR（即 6 脉冲 TCR），在平衡条件下平均传输迟延 T_d 的最大值在增加感性无功电流的情况下为 $T/6$，而在减少感性无功电流的情况下为 $T/3$。造成这种差异的原因在于 TCR 支路的导通可控而关断不可控，一旦晶闸管被触发导通，必须等到其电流自然过零而关断。对于 6 脉冲 TCR，假设初始无功电流为最大值（即延时触发角 $\alpha=0°$），如果恰好在某相电流过零时发出关断指令，则三相 TCR 支路将分别在 $T/6$、$T/3$、$T/2$ 后相继关断，从而使最大传输迟延的平均值为 $T/3$。经过类似分析可知，12 脉冲 TCR 的传输迟延在最坏的情况下跟 6 脉冲 TCR 没有太大差别，因为单相 TCR 的开通和关断延时的最大值是一样的。但是，随着脉冲数的增多，从一个电流水平过渡到另一个电流水平的平滑性和连续性将逐次得到改善。在进行电力系统研究时，为简便起见，FC-TCR 型 SVC 的传输迟延通常采用 T/6，这对于系统规划和一般的性能评估已经足够。

（3）控制器的典型模型。图 5-18 是基于电压控制型 FC-TCR 型 SVC 的基本电路结构。

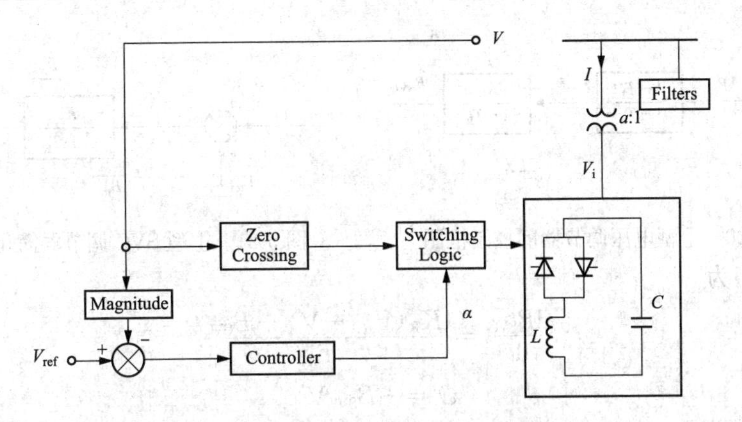

图 5-18　基于电压控制型的 FC-TCR 型 SVC
（固定电容＋晶闸管控制电抗型静止无功补偿器）电路结构

它主要包括 4 个模块：

1）对实际控制点的母线电压和电压目标值进行计算。

2）触发角计算是对实际控制点的母线电压和电压目标值的偏差采用电压调节进行控制，得出晶闸管的延时触发角。这可以利用模拟电路法、数字查表法或者微处理器方法实现。

3）过零点是将同步用的基准信号输入脉冲控制，它和交流输入电压具有相同的频率，相位关系也是固定的，控制器所产生的晶闸管触发脉冲是根据该基准信号产生的。

4）触发脉冲发生。利用触发角产生模块产生的触发角，得到晶闸管门极触发脉冲，在合适的时间对晶闸管进行导通，令 TCR 支路开始工作。

IEEE 提出了两种基本的 SVC 控制模型，基本模型Ⅰ称为增益-时间常数模型、模型Ⅱ称为带有电流反馈的积分器模型。基本模型Ⅰ和基本模型Ⅱ的结构基本相同，只是在实现斜率的方式上有所不同。

（4）IEEE 提出的 SVC 模型Ⅰ。模型Ⅰ及其电压调节器的模型如图 5-19 和图 5-20 所示。

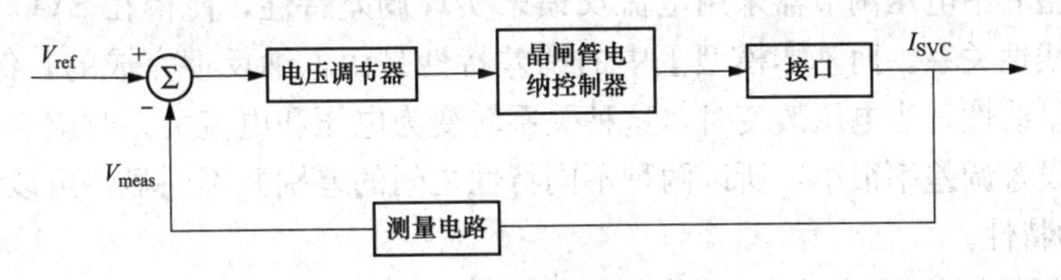

图 5-19　SVC 基本模型Ⅰ

超前的相位可以加强 SVC 对系统的阻尼，但是可能会对同步转矩产生轻微的不利影响。当稳态增益数值较大时，超前-滞后时间常数也可产生足够的相位和增益裕度。电纳输出 B_{SVC} 的上下限为 B_{max} 和 B_{min}。模型Ⅰ中电压调节的传递函数为

$$G(s)=\frac{K_R}{1+sT_R}\left(\frac{1+sT_1}{1+sT_2}\right) \tag{5-22}$$

式中：K_R 为增益，其典型值为 20～100；T_R 为时间常数，通常为 20～150ms；T_1、T_2 为时间常数，大多数情况下为 0。

当 $T_1=T_2=0$ 时，其调节器的模型如图 5-21 所示。

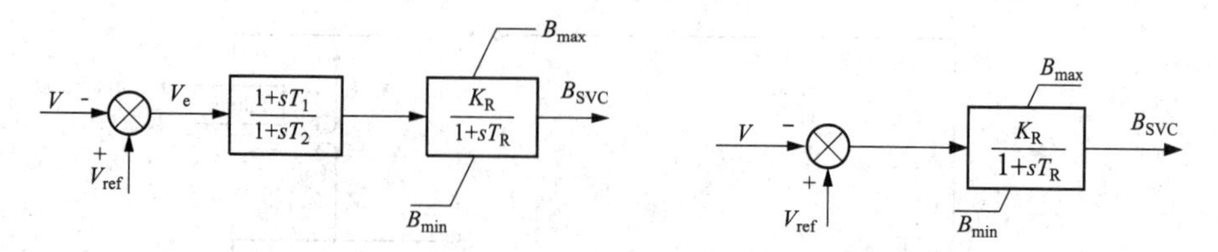

图 5-20　Ⅰ型电压调节器的控制框图　　　　图 5-21　Ⅰ型 SVC 调节器简化模型

其数学模型为

$$\frac{\mathrm{d}B_{\mathrm{SVC}}}{\mathrm{d}t}=\frac{K_{\mathrm{R}}(V_{\mathrm{ref}}-V)-B_{\mathrm{SVC}}}{T_{\mathrm{R}}} \tag{5-23}$$

$$Q=-B_{\mathrm{SVC}}V^{2} \tag{5-24}$$

（5）IEEE 提出的 SVC 模型Ⅱ。模型Ⅱ及其电压调节器的模型如图 5-22 和图 5-23 所示。

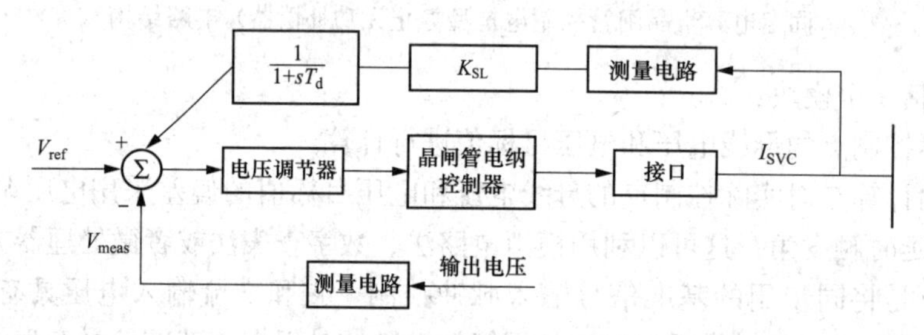

图 5-22　SVC 基本模型Ⅱ

电压调节器可以等效为

$$G(s)=\frac{K_{1}}{s}\left(\frac{1+sT_{\mathrm{P}}}{1+sT_{\mathrm{Q}}}\right) \tag{5-25}$$

式中：$T_{\mathrm{Q}}=T_{\mathrm{P}}+\frac{K_{\mathrm{P}}}{K_{1}}$，比例增益 K_{P} 用于提高响应速度，通常 T_{P} 等于零，因而控制器被转化为比例积分型。

在基本模型Ⅱ中电压调节器采用电流反馈来实现调差特性，使得在 SVC 可控范围内端电压和电流呈线性关系。而基本模型Ⅰ中的调差特性是由电纳反馈完成的，保证了 SVC 输出电纳和电压呈线性，当电压改变时，这种关系转变为电压和电流关系时就会出现微小非线性。但是通常设置调差率很小，所以两种不同特性之间的差别并不明显，可以采用任意一种来模拟 SVC 的特性。

SVC 的电压控制作用可以通过一个简化的 SVC 与电力系统的框图来说明。图 5-24 为电力系统用一个等效电源 S 串联一个从 SVC 母线看出去的等效系统阻抗 X_{s} 来模拟，如果 SVC 吸收无功电流 I_{SVC}，那么当没有 SVC 电压调节器时，SVC 母线电压为

$$V_{\mathrm{S}}=V_{\mathrm{SVC}}+I_{\mathrm{SVC}}X_{\mathrm{S}} \tag{5-26}$$

因此，SVC 电流导致了一个与系统电压 V_{S} 同相的电压降 $I_{\mathrm{SVC}}X_{\mathrm{S}}$。SVC 母线电压随着 SVC 感性电流的增加而减小，随着容性电流的增加而增加。从式（5-26）还可以看出，SVC 调节系统电压的有效性决定于所联交流系统的相对强度。系统强度即从 SVC 母线看出去的等效系统阻抗，基本决定了由 SVC 无功电流变化引起的电压变化量。

二、可控并联电抗器

可控并联电抗器（简称可控高抗）是解决超/特高压输电系统中无功电压调节和限制电

压对并联电抗器不同需求之间矛盾的关键手段，特别是对风电输出通道，线路长、输送容量大、潮流变化大、潮流变化剧烈的系统有着十分重要的作用。

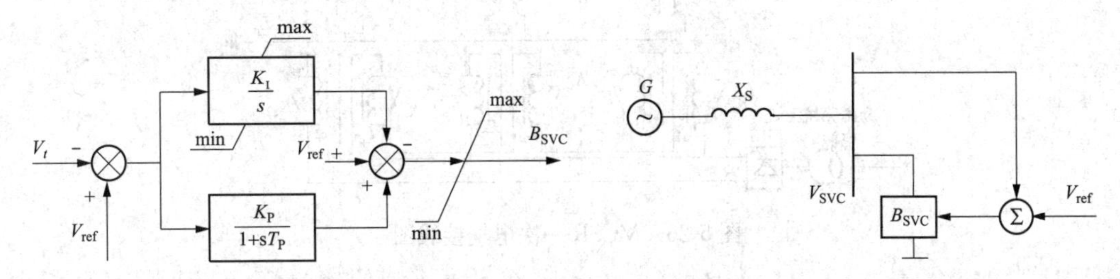

图 5-23　Ⅱ型电压控制器的控制框图　　图 5-24　简化的 SVC 与电力系统的框图

目前可控高抗技术根据其构成原理的不同，可划分为基于磁控原理和基于高阻抗变压器原理两种类型。基于高阻抗变压器原理的可控高抗主要是分级可控的方式。

（一）磁控式可控高抗

1. 结构和工作原理

超高压大容量磁控式可控并联电抗器（Magnetic Controlled Shunt Reactor，MCSR）本体通常采用三相电抗器组。各相电抗器主铁芯一分为二，在每个分铁芯上绕有网侧绕组（即工作绕组）和励磁绕组（即控制绕组）。各分支工作绕组并联后进行星形连接，中性点经小电抗接地；A1、B1、C1 相控制绕组与 A2、B2、C2 控制绕组分别首尾相连后再反向并联，开口处接入外加直流励磁电源；三相联动开关分别并联在相应的控制绕组两端。磁控式可控高抗单相本体结构如图 5-25 所示，一次电气接线如图 5-26 所示。图 5-26 中，L_{A1}、L_{A2}、L_{B1}、L_{B2}、L_{C1}、L_{C2} 为电抗器各分支工作绕组；L_{a1}、L_{a2}、L_{b1}、L_{b2}、L_{c1}、L_{c2} 为电抗器各分支控制绕组；K_{a1}、K_{b1}、K_{c1} 与 K_{a2}、K_{b2}、K_{c2} 分别构成三相联动旁路开关；RF 为可控整流设备；L_n 为中性点小电抗。如果磁控式可控高抗还有用于滤波、容性无功补偿的三次绕组，MCSR 还可实现容性无功功率输出。

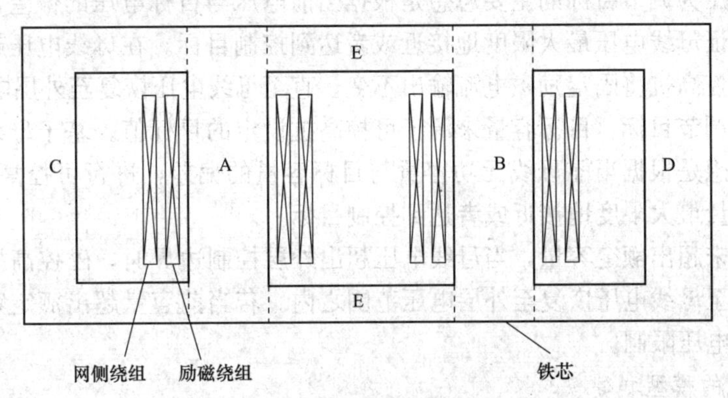

图 5-25　单相 MCSR 铁芯结构及绕组布置

磁控式可控高抗的基本工作原理：通过改变直流励磁的大小，改变铁芯的磁饱和度，进而改变等效磁导率，从而平滑地改变电抗值和电抗容量。磁控式可控高抗正常工作时，励磁系统供给直流电流，直流电流由可控整流设备产生。图 5-27 为磁控式可控高抗的工作原理示意图，测量系统 4、5 产生的偏差信号触发控制设备 3，然后控制设备操作晶闸管整流器 2，整流设备产生直流电流去改变电抗器的磁饱和度，从而实现对电抗器 1 的无功平滑调节。

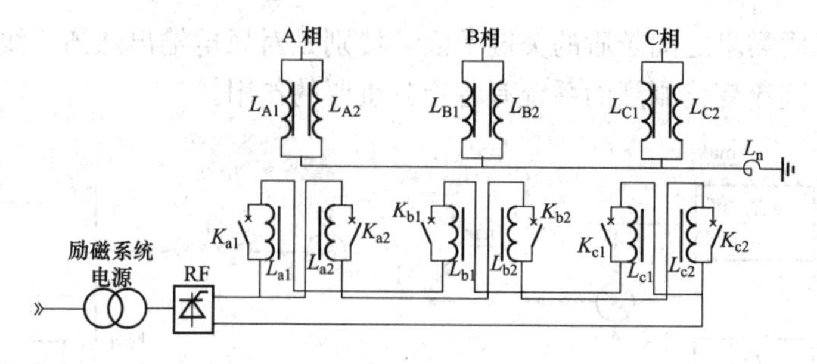

图 5-26 MCSR 一次电气接线图

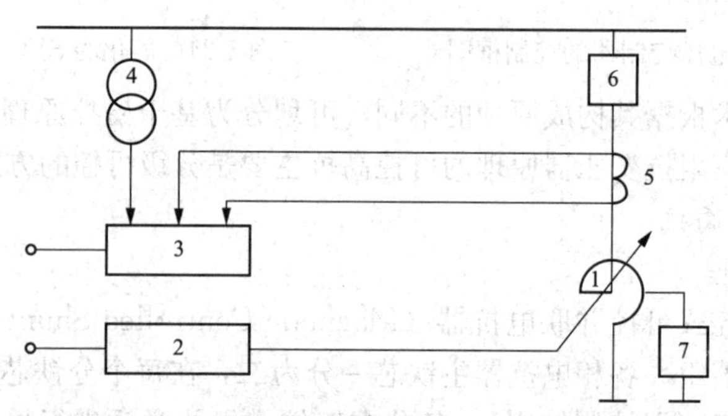

图 5-27 磁控式可控高抗的工作原理示意图

磁控式可控高抗自动控制方式下的调节目标分为恒电压和恒容量两种，调节的方式分为 PI 和步进两种方式。自动控制方式首先需要确定调节目标，然后比较调节目标的当前值与目标值，选择不同的调节方式，执行不同的算法，逼近调节目标的目标值。

（1）恒电压调节目标。目标电压来源于无功协调系统和可控高抗系统。无功协调控制系统优先级高，可控高抗系统次之。无功协调模式投入时，可控高抗将无功协调控制下发的值作为目标值；无功协调模式退出时，可控高抗将自身时段电压值作为目标值。

基于母线电压为调节目标的主要思想是根据当前电压与目标电压的偏差，进行可控高抗的容量升降，保证母线电压最大限度地接近或者达到控制目标。在母线电压超出外层控制边界时，磁控式可控高抗将固定励磁电流输出不变，直至母线电压恢复至外层电压范围之内。

（2）恒容量调节目标。目标容量来源于可控高抗设定的目标值。基于母线无功容量为调节目标的主要思想是根据当前母线无功容量与目标容量的偏差，进行可控高抗的容量升降，保证母线无功容量最大限度地接近或者达到控制目标。

若当前容量未超出额定容量，当母线电压超出外层控制边界时，磁控高抗的固定励磁电流输出不变，直至母线电压恢复至外层电压范围之内。若当前容量超出额定容量时，则回调容量，不受外层电压限制。

2. 控制系统的模型和建模

一般来说，可控高抗的控制对象为母线电压。根据工作原理，给出了磁控式可控高抗采用自动恒电压控制方式时的系统模型，如图 5-28 所示。该模型包含 7 个部分：

（1）电压测量环节。

（2）电压偏差环节。

（3）死区环节。当电压偏差的绝对值小于设定的电压误差的门槛，则输出为零；当电压偏差大于电压误差的门槛，则输出为正；当电压偏差小于电压误差的门槛，则输出为负。

（4）励磁电流调节环节。当死区输出大于 0，则减小励磁电流；当死区输出小于 0，则增加励磁电流；当死区输出等于 0，励磁电流不变。

（5）限幅环节。

（6）反映直流内部的控制环节和传递函数。

（7）反映励磁到交流输出的传递函数。

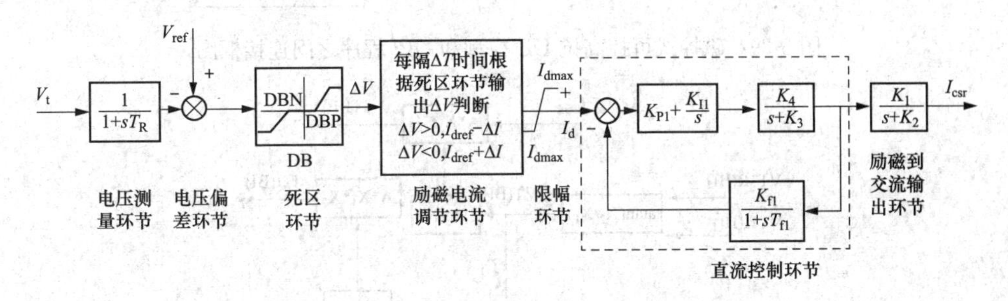

图 5-28　磁控式可控高抗的控制系统模型

图 5-28 中，T_R 为电压量测环节的时间常数；V_t 为可控高抗安装点电压；V_{ref} 为电压目标值；DBN 为负向死区值；DBP 为正向死区值；I_{dref} 为可控高抗的励磁电流初始值；ΔI 为励磁电流调节量；I_{dmax} 和 I_{dmin} 分别为励磁电流的最大值和最小值；K_{P1} 和 K_{I1} 分别为比例和积分控制器参数；K_{f1} 和 T_{f1} 为反馈控制器的增益和时间参数；K_1 和 K_2 为反映装置特性的参数；K_3 和 K_4 为励磁特性参数。

根据图 5-28 所示的磁控式可控高抗系统模型，具体的步骤如下。

步骤 1：建立母线磁控式高压可控电抗器的电压测量环节、电压偏差环节、直流内部控制环节和直流励磁到交流输出环节。

步骤 2：建立死区环节和励磁电流调节环节。根据系统允许的母线电压偏差分别设定正向死区 DBP 和负向死区 DBN。如果当前电压值和目标电压值的偏差信号（V_t-V_{ref}）超出正向死区 DBP 和负向死区 DBN，则可控高抗需要动作；否则，不动作。对于励磁电流调节环节来说，不用实时判断死区环节的输出量 ΔV，每隔 ΔT 的时间进行判别，当 $\Delta V>0$ 时，则励磁电流调节环节的输出 $I_d=I_{dref}-\Delta I$；当 $\Delta V<0$ 时，则励磁电流调节环节的输出 $I_d=I_{dref}+\Delta I$；当 $\Delta V=0$ 时，则励磁电流调节环节的输出保持不变。

步骤 3：用当前电压值和目标电压值的偏差信号（V_t-V_{ref}）作为临时信息交换值 TM1，用励磁电流调节环节的输出信号 I_d 作为临时信息交换值 TM2，电压偏差信号（V_t-V_{ref}）和输出信号 I_d 用于连接 UD 模型和 UP 模块，解决了 UD 模型和 UP 模块相互组合的问题，如图 5-29 所示。

步骤 4：磁控式可控高抗的输出以电流 I_{SCR} 的形式注入网络。因此，可直接将其输出 I_{SCR} 作为注入母线电流的大小，把注入电流 I_{SCR} 转换成实部 ITR 与虚部 ITI，实现与网络的连接，如图 5-30 所示。具体如下

$$\theta=\arctan\frac{\mathrm{Im}(V_t)}{\mathrm{Re}(V_t)} \tag{5-27}$$

$$I_{CSR}\mathrm{RE}(I_{CSR})+\mathrm{jIm}(I_{CSR})=-I_{CSR}\sin\theta+\mathrm{j}I_{CSR}\cos\theta \tag{5-28}$$

式中：V_t 为可控高抗安装点的电压。

从理论上讲，磁控式可控高抗可以实现容量的平滑调节，但是，从励磁电流调节环节可以看出，系统中设置励磁电流调节量 ΔI，实现每次动作容量的较小调节，已实现连续调节。

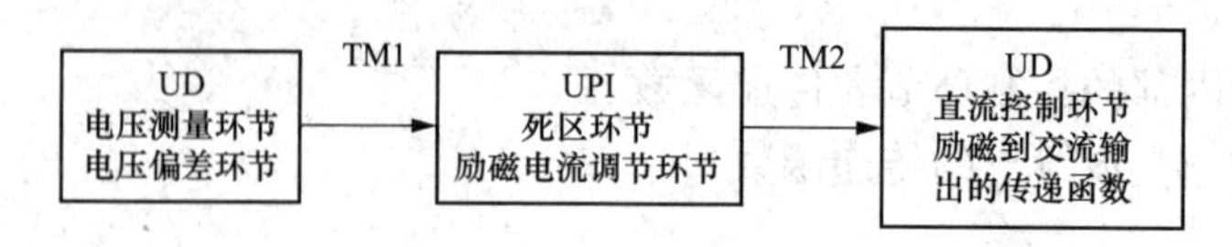

图 5-29 磁控式可控高抗 UD 模型和 UPI 程序之间连接框图

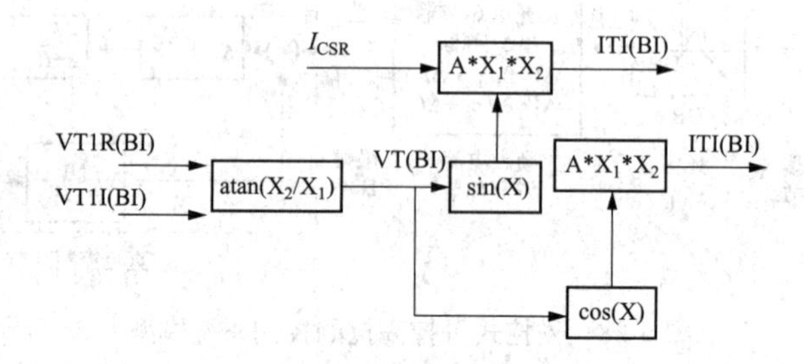

图 5-30 磁控式可控高抗电流注入 UD 模型示意图

（二）分级式可控高抗

1. 结构和工作原理

分级式可控高抗又称阀控式可控电抗器，它的本体部分将变压器和电抗器设计为一体，使变压器的漏抗率达到或接近 100%，再在变压器的低压侧接入晶闸管阀和旁路断路器，实现输出容量的分级调节，其工作原理如图 5-31 所示。

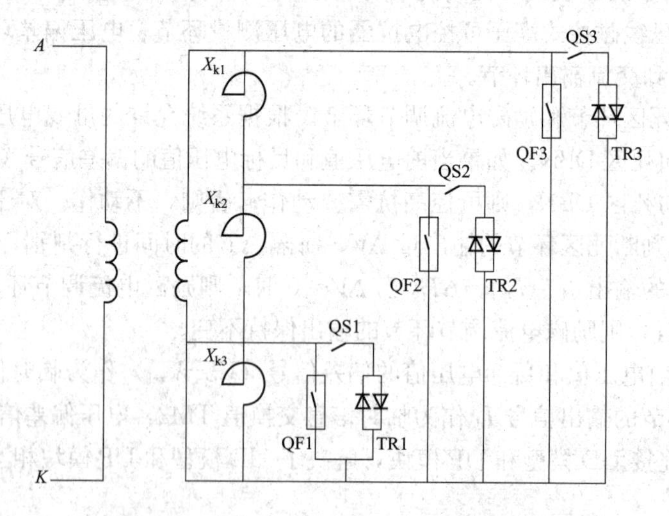

图 5-31 磁控式可控高抗的工作原理示意图

图 5-31 中，X_{k1}、X_{k2}、X_{k3} 为电抗器，与可控高抗二次绕组（控制绕组）并联；QF1、QF2、QF3 是断路器，分别与相对应的反向并联晶闸管和隔离开关串联组合电路并联，作用是旁路 TR1、TR2、TR3，从而将电流切换到断路器上；TR1、TR2、TR3 是晶闸管阀，作用是通过快速调节分级投切式可控高抗阻抗的效果；QS1、QS2、QS3 为隔离开关，作用是将 TR1、TR2、TR3 接入系统，进行电路之间的切换操作，以改变系统的运行方式，同时还可以防止由于控制操作失误而导致的电气故障。当分级投切式可控高抗需要退出相应电抗，

调解自身输出容量时，反向并联晶闸管快速导通，将相应电抗旁路，紧接着旁路断路器合闸，承担回路短路电流，然后，双向晶闸管退出运行。随着负载由空载向额定功率变化，有规律地控制 TR1、TR2、TR3 导通或截止，达到分段调节工作绕组电流的目的。例如，在此电路中，如果 TR1 断开，TR2 导通，不管 TR3 导通与否，此时只有电抗器 X_{k3} 接入控制绕组中。这时可以通过调节 TR2 的导通角，达到逐步调节无功功率的目的。因为电抗器 X_{k1}、X_{k2}、X_{k3} 只能逐台接入，所以分级投切式可控高抗的无功功率是分段调节的。

2. 控制系统模型和建模

图 5-32 为分级式可控电抗器的控制系统模型，该模型包含 6 个部分：

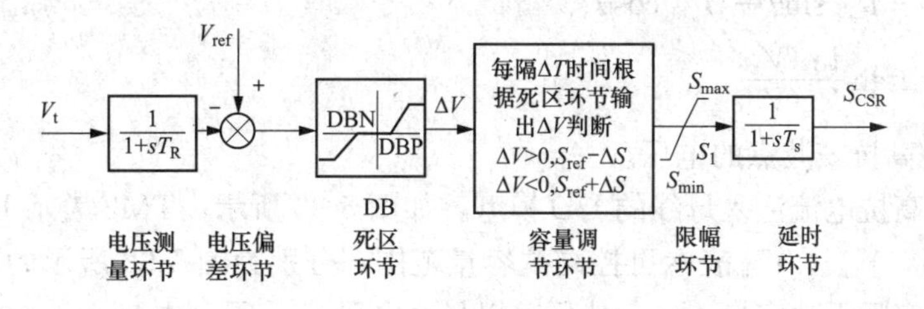

图 5-32 分级式可控电抗器的控制系统模型

（1）电压测量环节。

（2）电压偏差环节。

（3）死区环节。当电压偏差的绝对值小于设定的电压误差的门槛时，则输出为零；当电压偏差大于电压误差的门槛时，则输出为正；当电压偏差小于电压误差的门槛时，则输出为负。

（4）容量调节环节。当死区输出大于 0，则增加投入容量；当死区输出小于 0，则减小投入容量；当死区输出等于 0，容量保持不变。

（5）限幅环节。

（6）延时环节。

图 5-32 中，V_t 为可控高抗安装点电压；V_{ref} 为电压目标值；T_R 为电压量测时间常数，DBN 为负向死区值；DBP 为正向死区值；S_{ref} 为分级式可控高抗初始投入容量；S_{max}、S_{min} 为可控高抗允许容量范围；ΔS 为每级的投切量；T_s 为延时时间常数；S_{CSR} 为可控高抗投入的容量。采用 UD 和 UPI 联合的方法建立阀控分级式可控高抗的模型，具体步骤如下。

步骤 1：采用 UD 模块实现电压测量环节、电压偏差环节及延时环节。

步骤 2：采用 UPI 编程模块实现死区环节和容量投切环节；分别设定正向死区 DBP 和负向死区 DBN，根据系统允许的母线电压偏差进行设定。如果当前电压值和目标电压值的偏差信号（$V_t - V_{ref}$）超出正向死区 DBP 和负向死区 DBN，则可控高抗需要动作；否则，不动作。另外，不用实时判断死区环节的输出量 ΔV，每隔 ΔT 的时间进行判别即可，当死区环节的输出 $\Delta V > 0$，则分级式可控高抗的输出 $S_1 = S_{ref} - \Delta S$；当 $\Delta V < 0$，则分级式可控高抗的输出 $S_1 = S_{ref} + \Delta S$；当 $\Delta V = 0$，则输出保持不变；ΔS 表示 1 级高抗的容量。

步骤 3：用当前电压值和目标电压值的偏差信号（$V_t - V_{ref}$）作为临时信息交换值 TM1，用分级式可控高抗的输出 S_1 作为临时信息交换值 TM2，输出量 ΔV 和输出信号 S_1 用于连接 UD 模型和 UP 模块，解决 UD 模型和 UP 模块相互组合的问题。

步骤 4：采用电流源的形式注入母线。具体实施为根据图 5-32 可知，阀控分级式可控高抗的输出为容量 S_{CSR}，采用电流源的形式注入母线，将可控高抗注入系统的感性无功转换成电流的形式注入母线，以变量 ITR 与 ITI 分别表示注入母线电流 I_{CSR} 的实部与虚部。

假设被控母线电压 V_t 的相角为 θ，由于可控高抗注入系统的为感性无功，所以注入电流 I_{CSR} 总是与电压 V_t 正交，所以

$$I_{CSR} = \frac{S_{CSR}}{V_t} \tag{5-29}$$

$$\begin{aligned} I_{CSR} &= \mathrm{Re}(I_{CSR}) + \mathrm{jIm}(I_{CSR}) = -I_{CSR}\cos(\theta - 90°) + (-\mathrm{j}I_{CSR})\sin(\theta - 90°) \\ &= -I_{CSR}\sin\theta + \mathrm{j}I_{CSR}\cos\theta \end{aligned} \tag{5-30}$$

$$\theta = a\tan\frac{\mathrm{Im}(V_t)}{\mathrm{Re}(V_t)} \tag{5-31}$$

式中：V_t 为可控高抗安装点的电压。

分级式可控高抗电流注入母线的 UD 模型，如图 5-33 所示，TM2 表示 UPI 输出的可控高抗无功容量 S_1，Y_{max}、Y_{min} 表示可控高抗容量范围，分别为图 5-32 所示的 S_{max} 和 S_{min}，经过延时环节得到实际无功容量 S_{CSR}；然后除以母线电压 V_t，得到电流 I_{SCR}；最后，得到注入母线的电流 I 的实部 ITR 与虚部 ITI。

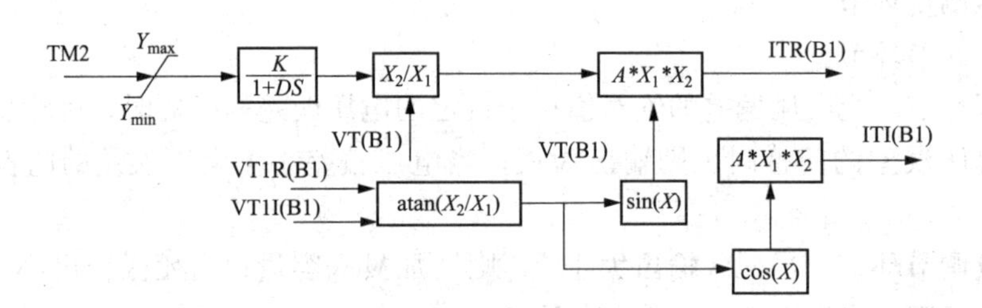

图 5-33 分级式可控高抗电流注入母线的 UD 模型示意图

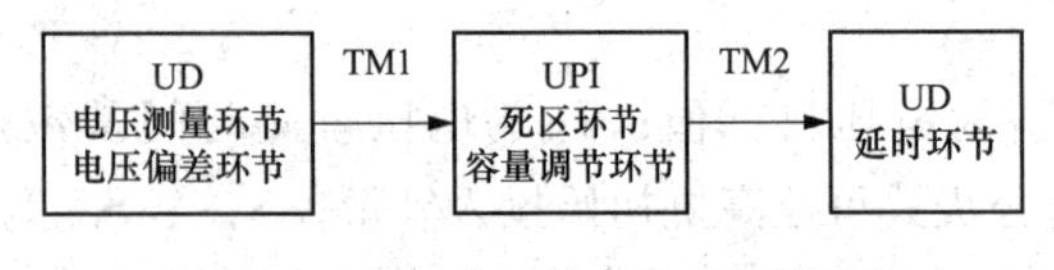

图 5-34 分级式可控高抗 UD 模型和 UPI 程序之间连接框图

分级式可控高抗 UD 模型和 UPI 程序之间连接框图如图 5-34 所示。

步骤 5：采用小阻抗交流连接线路可控高抗。可控高抗有的配置在线路上，有的配置在母线上。当可控高抗配置在线路上时，则采用小阻抗交流连接该设备，设置阻抗标幺值为 $R+\mathrm{j}X=0+\mathrm{j}0.0001$。母线可控高抗则可以直接连接。

三、工程实例分析

（一）工程背景

2013 年，新疆与西北主网联网 750kV 第二通道工程建成，它是国家电网公司“十二五”规划重点建设项目之一，西起新疆哈密，途经甘肃敦煌，东至青海格尔木，涉及 7 站 12 线，线路全长 2×1079km，是我国西北 750kV 主网架的重要组成部分。它是继 2010 年 10 月投产的新疆与西北主网联网第一通道工程之后在我国广袤的西北地区建设的又一项远距离、大规

笔记

模联网工程，也是新疆及西北地区煤电、风电及光伏的重要外送通道。它将使西北 750kV 电网由“长链形”过渡为“双环形”结构，使得西北 750kV 主网架的规模得到扩大，提升新疆电网向西北主网的送电能力，为后续建设“疆电外送”哈密—郑州 800kV 特高压直流工程提供交流网架支撑，保证大容量直流外送工程安全稳定运行，并将支持新疆哈密东南部风电、海西地区光伏送出，以及解决“十二五”期间青海电网缺电问题，为地区新能源及经济的发展创造有利条件。

（二）无功补偿装置的配置方案

第二通道工程为解决远距离交流外送通道的无功平衡、电压控制及近区大规模风电馈入引起的功率、电压波动频繁等突出问题，建成了由多组新型柔性交流输电 FACTS 装置组成的多 FACTS 设备群进行动态无功补偿。其中包括 750kV 级磁控式母线可控高抗、分级式线路可控高抗（Thyristor Controlled Shunt Reactor，TCSR）及 360Mvar 的 66kV 大容量静止无功补偿装置。图 5-35 为该系统的简化接线。

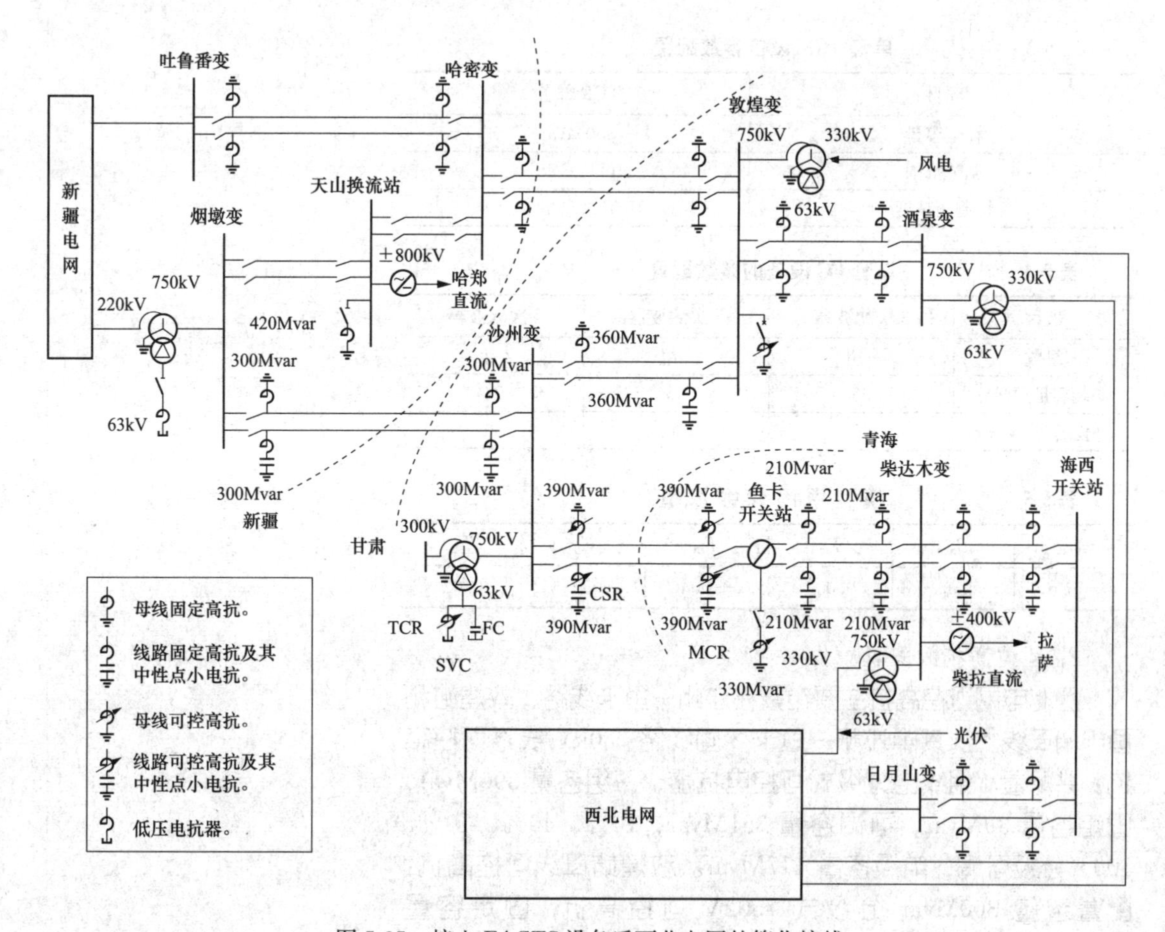

图 5-35　接入 FACTS 设备后西北电网的简化接线

1. 静止无功补偿装置的配置

沙州 750kV 变电站第 3 绕组 66kV 侧配置 2 套 SVC，额定电压下输出容量－360Mvar（感性）～360Mvar（容性），2 套 TCR，每套 TCR 装置输出容量为 0～360Mvar（感性），滤波器装置总容量为 360Mvar（容性）。该 SVC 系统采用 FC＋TCR 形式，成套系统除控制 TCR 和 3 次、5 次、7 次滤波器之外，还接受协调控制系统的指令，协调沙州站 SVC 和可控高抗的动作。在电力系统正常运行时，SVC 能跟随自动调压系统 AVC 运行。沙洲站单套 SVC 主要设备的参数配置，见表 5-3～表5-5。

为减轻风电大幅度波动对 750kV 电压造成的影响，对输电通道提供无功支撑，将 750kV 母线电压控制在允许范围内，SVC 需具备如下基本功能：通过控制 SVC 装置无功输出容量来抑制 750kV 母线电压的稳态波动；在出现由故障或甩负荷引起的系统扰动后，通过控制 SVC 装置无功输出容量来抑制 750kV 母线电压的暂态波动，使母线电压恢复正常。

表 5-3 单套 TCR 设备参数配置

项目	TCR 部分
补偿容量	360Mvar
调节范围	105°～165°
控制角精度	0.01°（电角度）

表 5-4 单套 FC 设备的参数配置

项目	3 次滤波器	5 次滤波器	7 次滤波器
组数	2 组	1 组	1 组
安装容量/Mvar	96	96	96
补偿容量/Mvar	60	60	60

表 5-5 模型中的参数取值

B_{max}	B_{min}	T_m	T_{th}	K_1	T_1
4.0p.u.	－4.0p.u.	0.004	0.004	50	0.02

2. 可控高抗的配置

西北电网可控高抗主要布置在沙州—鱼卡线路、敦煌站和鱼卡站母线上。其中沙州—鱼卡 2 回线路 750kV 线路可控高抗：共配置 4 组线路分级式可控电抗器，每组容量 390Mvar，固定容量 39Mvar，可调容量 351Mvar，10％、40％、70％、100％分级可调，单级容量 117Mvar。敦煌站母线可控高抗：配置容量 300Mvar 分级式 750kV 可控高抗，固定容量 75Mvar，可调容量 225Mvar，25％、50％、75％、100％分级

调节。鱼卡站母线可控高抗：母线配置 330Mvar 磁控式母线可控高抗，固定容量为 16.5Mvar，连续可调，可调节范围为额定容量的 5%～100%。750kV 磁控式可控高抗为世界首台。敦煌站 300Mvar 阀控分级式母线可控高抗的模型，其参数设置见表 5-6～表 5-8。

表 5-6　磁控式母线可控高抗参数的确定

V_{ref}/kV	ΔT/s	DBN/kV	DBP/kV	K_{P1}	K_{I1}
775	60	−20	+20	0.05	2
K_{f1}	T_{f1}	K_1	K_2	K_3	K_4
1	0.01	0.03	0.05	0.4	2200

表 5-7　沙州—鱼卡分级式线路可控高抗参数

V_{ref}/kV	ΔT/s	DBN/kV	DBP/kV	ΔS/Mvar	T_S/s
775	60	−20	+20	117	0.005

表 5-8　敦煌变分级式母线可控高抗参数

V_{ref}/kV	ΔT/s	DBN/kV	DBP/kV	ΔS/Mvar	T_S/s
775	60	−20	+20	75	0.005

西北电网处于夏季小负荷方式运行模式时，故障发生在甘沙州 71 母线，故障类型为单相短路接地故障，故障发生时间为 1s，时长为 0.2s，故障点为甘沙州 71 母线电压，SVC 安装点在甘沙州 61 母线，控制点在甘沙州 71 母线。图 5-36 为未安装 SVC 时甘沙州 71 母线电压。图 5-37 为安装 SVC 时甘沙州 71 母线电压。

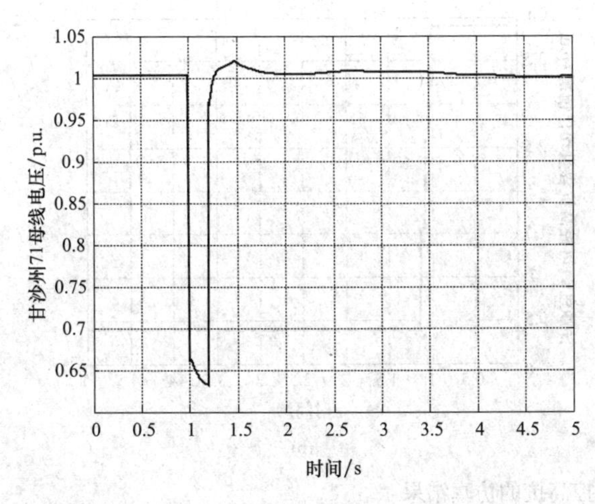

图 5-36　甘沙州 71 母线电压（未安装 SVC）

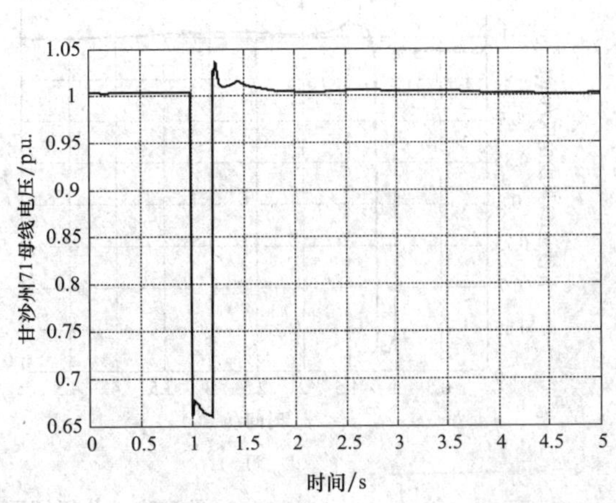

图 5-37　甘沙州 71 母线电压（安装 SVC）

笔记

对比图 5-36 与图 5-37 可以发现，加入 SVC 后故障节点甘沙州 71 母线电压跌落到 0.68p.u. 左右，而未安装 SVC 的系统甘沙州 71 母线电压跌落到 0.64p.u. 左右，安装了 SVC 的系统的母线电压在故障期间要高于没安装 SVC 系统的母线电压。这说明在系统发生故障时，SVC 对系统电压能起到支撑作用，使系统母线电压不至于跌落过低，保持系统暂态稳定性。

青鱼卡 71 母线电压和磁控式可控高抗注入电流如图 5-38 所示，可以看出，在 1s 时随着青鱼卡 71 母线电压跌落，超过死区值，磁控式可控高抗注入电流减小，即减小注入系统感性无功以防止电压跌落过多。甘沙鱼 K1 母线电压和分级式可控高抗容量投切动作曲线如图 5-39 所示，可以看出，在 1s 时随着甘沙鱼 K1 母线电压跌落，超过死区值，分级式可控高抗容量不断切除，从 100%容量切除到 10%容量。

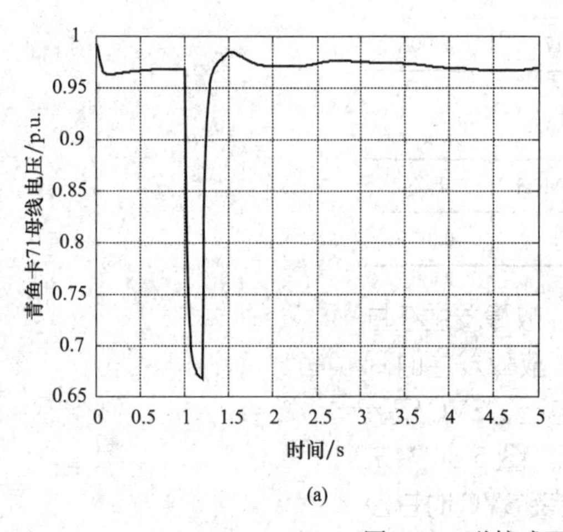

(a)

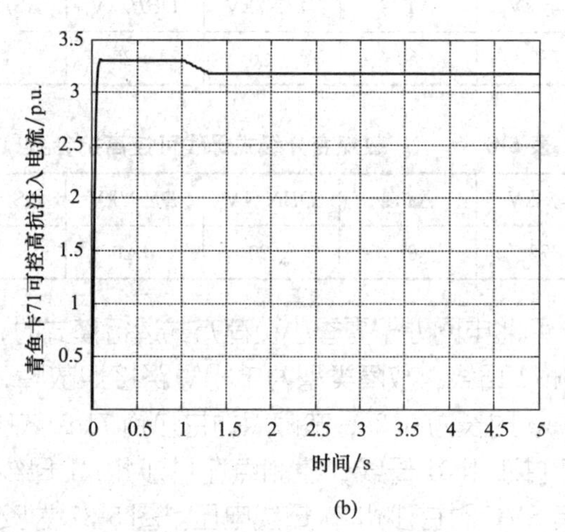

(b)

图 5-38 磁控式可控高抗的仿真结果

(a) 青鱼卡 71 母线电压；(b) 磁控式可控高抗注入电流

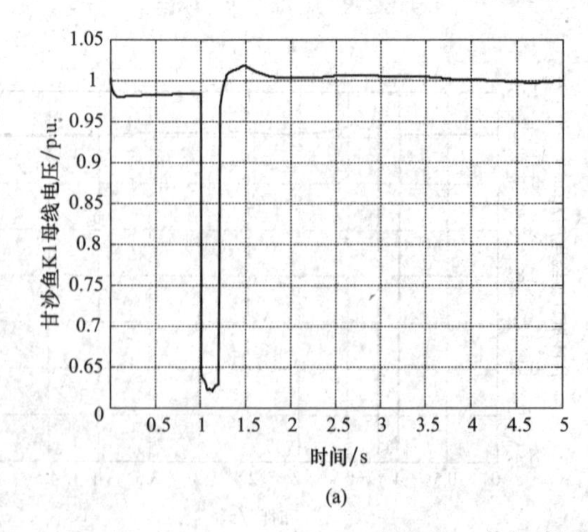

(a)

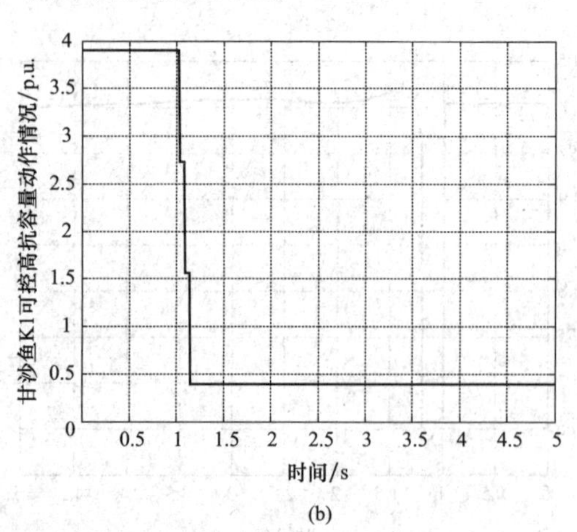

(b)

图 5-39 分级式可控高抗的仿真结果

(a) 甘沙鱼 K1 母线电压；(b) 分级式可控高抗容量投切动作曲线

从图5-38和图5-39可以看出，磁控式可控高抗投入电流随着电压变化而变化，分级式可控高抗模型投入容量随着电压变化而及时切换。

（三）运行情况

2014年1月16日16：59西北电网发生天中直流单极闭锁故障，发生点为天山换流站。天山换流站在进行极Ⅱ高端大负荷试验过程中，天中直流金属回线转大地回线时，直流极Ⅱ高端闭锁，闭锁前直流单极功率为2030MW。天中直流西北侧安控系统按照策略正确动作，切除新疆电网机组1015MW，系统频率最高至50.12Hz。事故后天山站750kV稳态升压20kV，稳态过电压对电网影响较小。但事故后暂态过电压问题突出，桥湾四场风机由于过电压保护动作脱网4MW。

事故前方式的情况如下：

（1）典型潮流。西电东送2160MW、北电南送370MW、青海受电1440MW、新疆送出160MW。

（2）调度口径总负荷62850MW，新疆电网17250MW。

（3）网架结构。西北电网750kV网架（仅日月山750kV一台主变压器检修）全接线运行，西北与新疆联网通道全接线运行。

（4）可控高抗。可控高抗沙鱼Ⅰ线沙洲侧事故前处于40％挡位。

（5）直流外送情况。天中直流外送2030MW，德宝直流外送2000MW，银东直流外送4000MW，灵宝直流外送700MW，柴拉直流外送140MW。

（6）近区火电开机。①甘肃河西：酒泉热电两机，酒泉三厂两机，张掖两机。②新疆哈密：东源两机、天光两机。

（7）可控高抗动作情况。沙鱼Ⅰ线沙州侧：可控高抗按内层电压控制策略动作由40％挡调至70％挡。鱼卡站线路：可控高抗事故前已处于100％挡位，事故中未动作。敦煌变电站：可控高抗因设备原因，事故前处于50％挡位手动调节模式，事故中未自动调节。鱼卡站：事故中未调节。

由沙州750kV母线电压同步相量测量装置（PMU）的时长为1min的录波曲线可知，在16：59：30时明显可控高抗动作，电压下降约从800kV下降到796kV。由天中直流单极闭锁系统运行分析报告可知：从沙州变PMU曲线可以看出，17：01：02沙鱼Ⅰ线侧可控高抗动作一级，由40％挡调至70％挡，沙州变电站750kV电压由795kV下降至790kV。图5-40为PMU录波数据。

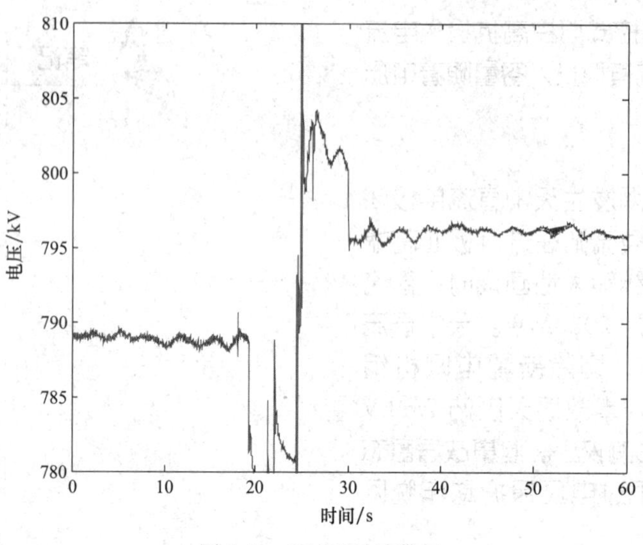

图 5-40　PMU 录波数据

以新疆与西北主网联网第二通道工程中装设的可控高抗为对象，用以拟合天中直流闭锁故障运行的场景。

根据第二通道中的 FACTS 设备的配置方案，采用西北电网调度中心提供按照西北电网实际数据搭建的算例，基准容量为 100MVA。在 PSASP 中拟合这一故障，设置新哈密换流站 51（即天山换流站）—河南郑州直流线路发生单极断线故障，发生时间为 $t=2.48$s，时长直到仿真结束。可以看到：

（1）在图 5-41 中，当对未加 FACTS 设备的模型进行仿真时，沙州站的 750kV 母线电压值明显偏高，超过电压控制阈值 1.0p.u.（即 800kV），与电网的实际情况不符。加入 FACTS 设

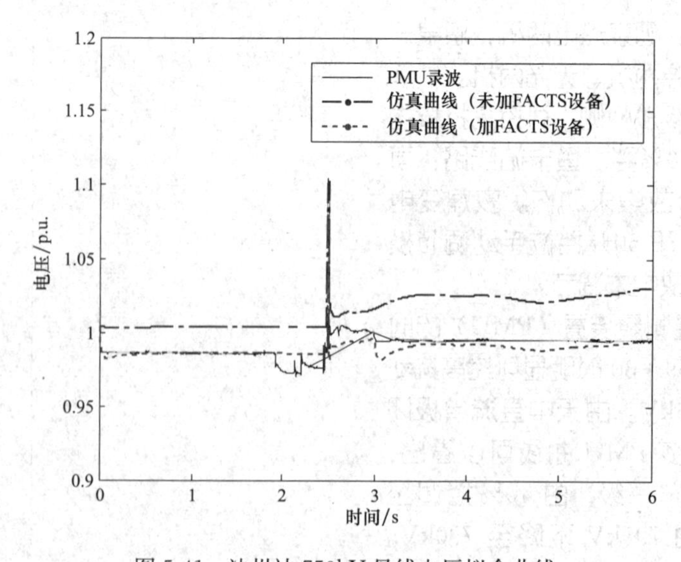

图 5-41　沙州站 750kV 母线电压拟合曲线

笔记

备的模型时，沙州站的 750kV 母线电压能降低到 1.0p.u. 以内，能够起到降低母线电压的作用。

（2）接入 FACTS 设备的模型后，在 3s 时由于天中直流闭锁故障后电压升高，甘沙鱼 K1、K2 上的两个分级式可控高抗分别动作一级，如图 5-42 和图 5-43 所示，沙州变电站的电压由约 799kV 降低到约 795.2kV，下降约 3.8kV，将电压降低到 1.0p.u. 以内。

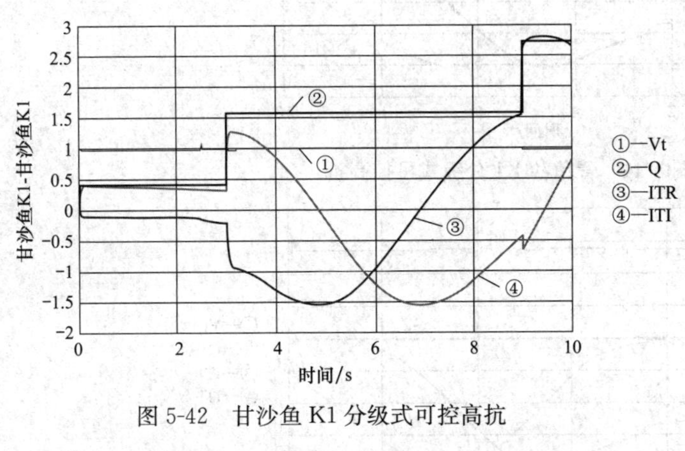

图 5-42　甘沙鱼 K1 分级式可控高抗

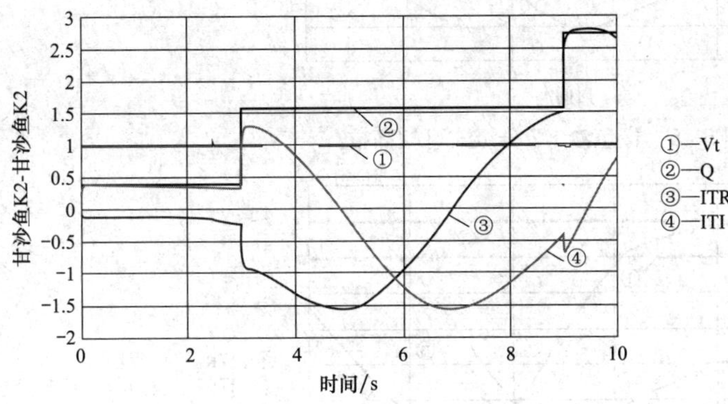

图 5-43　甘沙鱼 K2 分级式可控高抗

（3）青鱼沙 K1、K2 上的两个分级式可控高抗投入容量一直为初始值 39Mvar，未动作，如图 5-44 和图 5-45 所示；甘敦煌 71 分级式可控高抗投入容量一直为 150Mvar，未动作，如图 5-46 所示；青鱼卡 71 母线上的磁控式可控高抗初始投入容量为满容量，即 330Mvar，未动作，如图 5-47 所示。

（4）在 91s 时沙鱼Ⅰ线可控高抗动作一级，从 40%挡上升到 70%挡，沙州变电站 750kV 电压由 795kV 下降至 790kV；由甘沙鱼 K1 母线上分级式可控高抗动作曲线可以看出，在 9s 时甘沙鱼 K1 母线上分级式可控高抗容量动作一级（注：仿真时，时间尺度为实际情况的 0.1 倍，所以 9s 系统的情况就是实际系统的 90s 时的情况），从 40%挡升至 70%挡，从156Mvar上升到273Mvar，沙州变电站的电压由约798kV下降至约788kV，如图5-48所示。

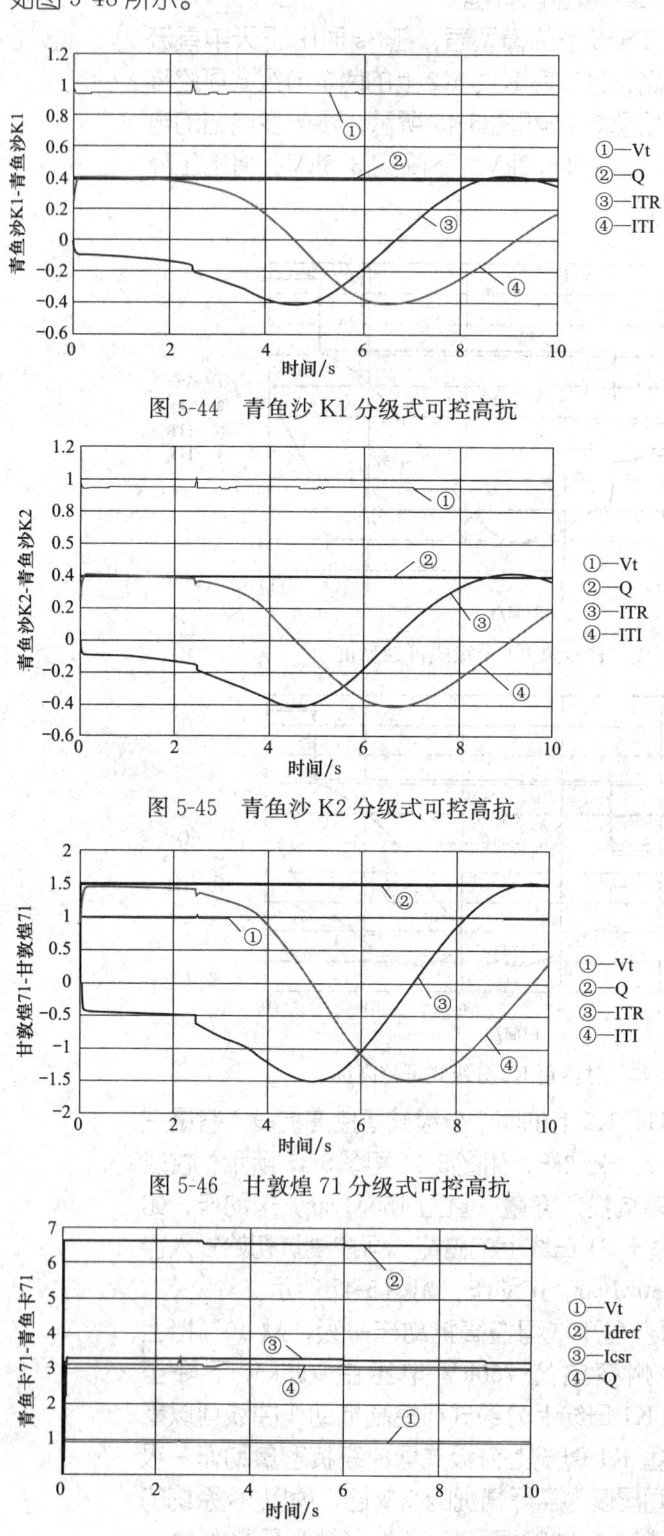

图5-44 青鱼沙K1分级式可控高抗

图5-45 青鱼沙K2分级式可控高抗

图5-46 甘敦煌71分级式可控高抗

图5-47 青鱼卡71磁控式可控高抗

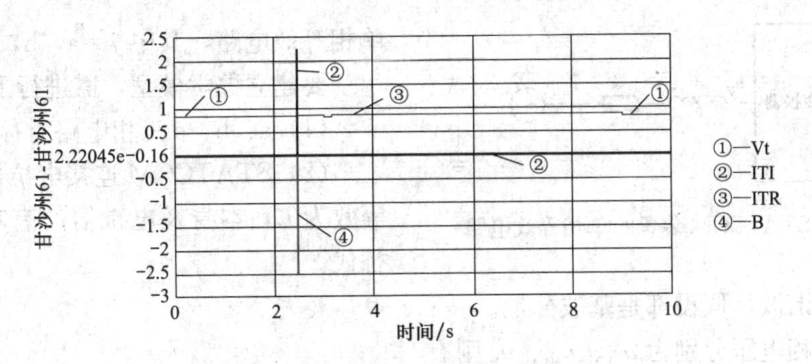

图 5-48　甘沙州 61SVC 情况

第二节　静止同步补偿器 STATCOM

20 世纪七八十年代出现了一种新原理的并联无功补偿 FACTS 设备，它以变换器技术为基础，等效为一个可调的电压/电流源，通过控制该电压/电流源的幅值和相位来达到改变向电网输送的无功功率的目的，它的名称一度包括 ASVC、ASVG、STATCON、SVC Light 和 STATCOM，在 2002 年，IEEE DC&FACTS 专委会起草的术语表中统一为 STATCOM。相应地，STATCOM 被归为基于变换器的 FACTS 控制器。

一、工作原理

目前，实用的大容量 STATCOM 基本上采用电压型变换器，下面以基于 VSI 的 STATCOM 来说明其工作原理，如图 5-49 所示。STATCOM 的主电路包括作为储能元件的电容器和基于电力电子器件的 VSI，变换器通过连接电抗（或变压器）接入系统。

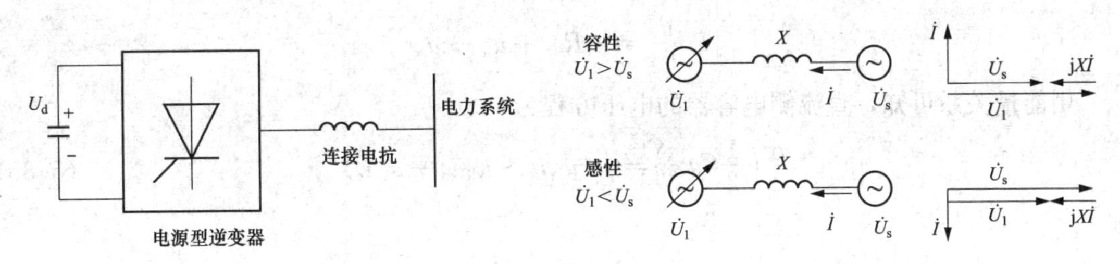

图 5-49　基于 VSI 的 STATCOM 结构示意图　　图 5-50　STATCOM 的简化工作原理

如图 5-50 所示，理想情况下（忽略线路阻抗和 STATCOM 的损耗），可以将 STATCOM 的输出等效成“可控”电压源 U_I，系统视为理想电压源 U_S，两者相位一致。当 $U_I>U_S$ 时，从系统流向 STATCOM 的电流相位超前系统电压相位 90°，STATCOM 工作于“容性”区，输出感性无功；反之，当 $U_I<U_S$ 时，从系统流向 STATCOM 的电流相位滞后系统 90°，STATCOM 工作于“感性”区，吸收感性无功；当 $U_I=U_S$ 时，系统与 STATCOM 之间的电流为 0，不交换无功功率。可见，STATCOM 输出无功功率的极性和大小决定于 U_I 和 U_S 的大小，通过控制 U_I 的大小就可以连续调节 STATCOM 发出或吸收的无功。

二、数学模型

本节建立 STATCOM 数学模型，深入分析其工作原理。图 5-51 是 STATCOM 装置的

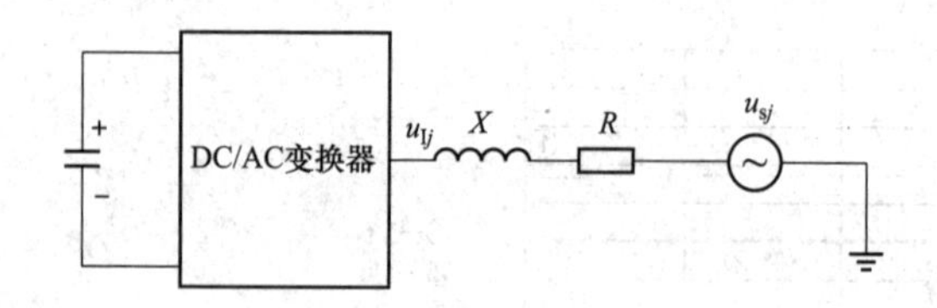

图 5-51 STATCOM 装置的单相等效电路

单相等效电路，其中 j=a，b，c。

要建立数学模型，需进行下面的假设：

（1）a、b、c 三相电路对称。

（2）STATCOM 连接电抗器与线路电感等效为 L，本身及电抗器的有功损耗，用 R 替代。

（3）忽略谐波，假设都是基波分量。

设系统三相电压分别为 u_{sa}、u_{sb}、u_{sc}则有

$$\begin{cases} u_{sa} = \sqrt{2}U_s\cos(\omega t) \\ u_{sb} = \sqrt{2}U_s\cos(\omega t - 120^\circ) \\ u_{sc} = \sqrt{2}U_s\cos(\omega t + 120^\circ) \end{cases} \tag{5-32}$$

式中：U_s 为系统相电压的有效值；ω 为相电压的角频率。

STATCOM 输出的三相电压分别是 u_{Ia}、u_{Ib}、u_{Ic}，则有

$$\begin{cases} u_{\mathrm{Ia}} = mu_{dc}\sin(\omega t - \varphi) \\ u_{\mathrm{Ib}} = mu_{dc}\sin(\omega t - 120^\circ - \varphi) \\ u_{\mathrm{Ic}} = mu_{dc}\sin(\omega t + 120^\circ + \varphi) \end{cases} \tag{5-33}$$

式中：m 为 STATCOM 输出电压的调制比。

$$\begin{cases} L\dfrac{\mathrm{d}i_a}{\mathrm{d}t} = -Ri_a + u_{\mathrm{Ia}} - u_{sa} \\ L\dfrac{\mathrm{d}i_b}{\mathrm{d}t} = -Ri_b + u_{\mathrm{Ib}} - u_{sb} \\ L\dfrac{\mathrm{d}i_c}{\mathrm{d}t} = -Ri_c + u_{\mathrm{Ic}} - u_{sc} \end{cases} \tag{5-34}$$

由能量关系可知，直流侧电容器的电压方程为

$$\frac{\mathrm{d}}{\mathrm{d}t}\left(\frac{1}{2}Cu_{dc}^2\right) = -(u_{\mathrm{Ia}}i_a + u_{\mathrm{Ib}}i_b + u_{\mathrm{Ic}}i_c) \tag{5-35}$$

即

$$\frac{\mathrm{d}u_{dc}}{\mathrm{d}t} = -\frac{m}{C}[i_a\sin(\omega t - \varphi) + i_b\sin(\omega t - 120^\circ - \varphi) + i_c\sin(\omega t + 120^\circ - \varphi)] \tag{5-36}$$

由此可知，STATCOM 的数学模型为

$$\begin{cases} L\dfrac{\mathrm{d}i_a}{\mathrm{d}t} = -Ri_a + mu_{dc}\sin(\omega t - \varphi) - \sqrt{2}U_s\sin\omega t \\ L\dfrac{\mathrm{d}i_b}{\mathrm{d}t} = -Ri_b + mu_{dc}\sin(\omega t - 120^\circ - \varphi) - \sqrt{2}U_s\sin(\omega t - 120^\circ) \\ L\dfrac{\mathrm{d}i_c}{\mathrm{d}t} = -Ri_c + mu_{dc}\sin(\omega t + 120^\circ - \varphi) - \sqrt{2}U_s\sin(\omega t + 120^\circ) \\ \dfrac{\mathrm{d}u_{dc}}{\mathrm{d}t} = -\dfrac{m}{C}[i_a\sin(\omega t - \varphi) + i_b\sin(\omega t - 120^\circ - \varphi) + i_c\sin(\omega t + 120^\circ - \varphi)] \end{cases} \tag{5-37}$$

式（5-37）中含有四个未知数，只需已知 STATCOM 的输出电流及直流电压的初始值，通过解微分方程，即可求出各变量随时间变化的曲线。然而上述方程组是时变系数的微分方

程，分析时存在困难，利用 dq 变换可以将时变微分方程变换为常系数微分方程。

三、运行特性

（1）STATCOM 最大容性或感性输出电流不依赖系统电压。它可以在很低的电压（如 0.2p.u.）下运行于满发电流状态，比 SVC 具有更好的补偿特性。在大系统扰动下，电压偏移往往会超出补偿的线性运行区，STATCOM 在系统电压跌落时，提供最大补偿电流的能力使它具有更佳的电压支撑能力。大量的仿真分析表明，在电力系统故障过程中，电压降低导致 STATCOM 的无功补偿能力相当于 1.2～1.3 倍容量 SVC 的无功功率补偿能力。

（2）STATCOM 在感性和容性运行区域有较优越的暂态性能。STATCOM 的暂态过载能力跟所采用的电路、器件和控制方式有关。在容性运行区，STATCOM 可达到的暂态过电流的最大值由所使用的电力器件（如 GTO）的最大关断电流决定；在感性运行区，对于采用基波频率控制的变换器，由于电力电子器件一般是自换流的，其暂态电流值理论上只受电力电子器件结（如 GTO 结）最大允许温度限制，大体上具有比容性范围更高的暂态过载能力。但需要指出的是，如果变换器采用 PWM 控制，由于每半个基波周波内上下阀件间电流转换多次，这种可能性不成立。甚至在使用非 PWM 变换器时，当运行的暂态值超过所使用的电力电子器件关断电流容量极值时，应该认真考虑运行可靠性，因为一旦预料中的自换流由于某种原因失败，会导致变换器故障。

（3）STATCOM 的响应速度。STATCOM 的整体开环响应时间包括传输迟延和设备自身的响应特性，前者是从发出操作指令到开关器件真正响应的时间间隔，而后者决定于主电路响应参考输入到输出（阻抗或无功电流）发生改变的速度。STATCOM 的传输迟延很小（0.2～0.3ms），可以忽略不计，开环响应速度主要由其固有的时间常数决定，大容量 STATCOM 的开环时间常数通常为 10～30ms，最快的（如基于高频 PWM）STATCOM 开环时间常数可降低到数毫秒。

还有一些因素使得 STATCOM 能获得更好的动态响应特性，包括：①基于可关断器件的 STATCOM 能实现各种优化控制模式，如 PWM、多电平等，增强了控制灵活性；②STATCOM具有电流源型特性，在端电压幅值变化约 15%的范围即可获得全额可调的输出，有利于实现更快速的控制效果；③STATCOM 能在极短时间内快速改变其直流电压来调节交流输出电压，进而控制输出功率和电流；④STATCOM 采用多脉波或多电平结构时，随着容量增大，损耗（等效电阻效应）降低，其响应速度会得到进一步提高。由于 STATCOM 具有较小的开环时间常数，其闭环调节的带宽也好，有利于设计响应更快、性能更好的闭环控制系统。通常，STATCOM 的闭环装置级响应时间常数能达到毫秒级甚至更小。

STATCOM 极快的动态响应特性不仅有利于其在电力系统机电乃至电磁暂态过程中发挥作用以改善电网运行特性，而且有助于在非常宽的频带内设计系统级闭环控制，使得 STATCOM 对系统阻抗变化等具有更好的适应性和鲁棒性。

（4）STATCOM 的有功功率调节能力。STATCOM 的直流侧通常采用电容或电感作为电压源或电流源支撑，由于电容和电感存储的能量有限，因而不能与系统交换大量的有功功率，只能进行无功功率补偿而不能进行有功功率补偿。但是，STATCOM 的直流侧可以接入大容量的储能系统，如电池组、超导储能装置、超级电容器等，从而构成静止同步发生器（SSG），对交流系统进行有功功率补偿。也就是说，STATCOM 可以方便地升级为 SSG，从而具有可控地与交流系统交换有功和无功功率的能力。STATCOM 升级为 SSG 后，其有功和无功功率输出可以独立控制，对电网具有更好的动态调节能力，从而有利于提高电网的稳定性和运行效率。

（5）STATCOM 的安全运行区。影响开关器件安全工作的主要因素是过电流。以 GTO 为例，因为 GTO 受最大关断电流 I_{GTO}的限制，一旦流过 GTO 的电流大于 I_{GTO}，而此时正好对 GTO 发关断脉冲，则 GTO 立即损坏。这就使得 STATCOM 对输出电流有较严格的限制，其输出的感性无功电流和容性无功电流均有最大值限制，即 $-I_{Cmax} \leqslant I \leqslant I_{Lmax}$，其中 $-I_{Cmax}$和 I_{Lmax}分别为 STATCOM 能输出的最大容性和感性电流，通常设计成 $-I_{Cmax}=I_{Lmax}=I_{max}$，即具有对称的容性和感性输出能力，另外，开关器件的耐压值也是有限的，如果其两端的电压超过其最大耐受电压，也会导致其工作异常乃至损坏，因此 STATCOM 有最大电压限制。虽然 STATCOM 在系统电压很低时都能输出额定电流，但电压过低（如远低于 0.2 倍额定电压）时，其正常工作也会受到影响，因此 STATCOM 工作电压有一定的范围，即 $-U_{min} \leqslant U \leqslant U_{max}$。

此外，STATCOM 装置直流侧电容电压也不能过高，否则容易损坏电容并且造成开关器件关断状态下承受的电压偏高，因此，直流侧电容电压有上限值。同样，直流侧电容电压也不能太低，否则系统出现电压突变时容易损害整流二极管，因此直流侧电容电压有下限值 u_{dmin}。可见，直流侧电容器电压必须满足 $u_{dmin} \leqslant u_d \leqslant u_{dmax}$。稳态情况下 STATCOM 的直流侧电压和电流分别为

$$u_{I,d}=\frac{\cos\delta\cos(\alpha+\delta)}{\cos\alpha}U_s, \qquad u_{I,f,q}=\frac{\sin\delta\cos(\alpha+\delta)}{\cos\alpha}U_s$$

$$i_d=0, u_d=\frac{U_s\cos(\alpha+\delta)}{\cos(\alpha)}, \qquad \alpha=\arctan(X/R)$$

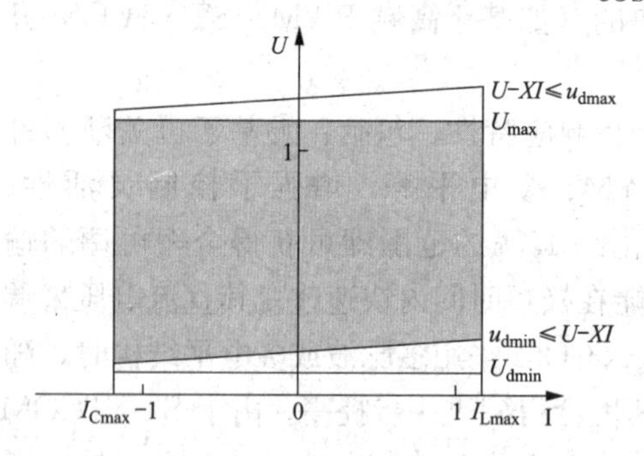

图 5-52　STATCOM 的安全运行区

考虑到正常运行时 δ 很小，$\cos\delta \approx 1.0$，从而直流侧电压可近似地表示为

$$u_{dmin} \leqslant U-X_L I \leqslant u_{dmax}$$

综上，STATCOM 的安全运行区域（灰色部分）如图 5-52 所示，其中 1.0 表示电压额定值。对于实际的 STATCOM 装置，其安全运行区域主要是由电流限制、交流侧最大电压限制和直流侧最低电压限制等限定的，并且由于选择元件时留有安全裕量而具备的过载能力。

第三节　静止同步串联补偿器

一、工作原理

静止同步串联补偿器（SSSC）是一种不含外部电源的静止式同步无功补偿设备，串联在输电线上并产生相位与线路电流正交、幅值可独立控制的电压，能通过增加或减少线路上的无功压降而控制传输功率的大小。SSSC 也可以包含一定的暂态储能或耗能装置，通过在短时间内增加或减少线路上的有功压降而起到有功补偿的作用，从而达到改善电力系统动态性能的目的。

简单地看，SSSC 就是将 STATCOM 串联在线路上使用的一种 FACTS 控制器。它也属于基于变换器型 FACTS 控制器，变换器可以采用 VSC，也可以采用 CSC。图 5-53 为基于 VSC 的 SSSC 的基本结构，相当于将 STATCOM 的变换器通过变压器（或电抗器）并联到系统母线上的结构改变为变换器通过变压器（或电抗器）串联到线路上的结构。

由于 SSSC 是串联在输电线路上的，而通常注入的电压远小于线路电压等级，因此，SSSC 的对地绝缘要求很高，可以将整个装置都安装在与地绝缘良好的平台上，也可以在其一次侧和二次侧之间设置足够的绝缘；而且接入变压器的两侧绕组和变换器要承受整个线路电流，在短路故障时如果没有适当的旁路保护措施，它们还要承受很大的故障电流。这是 SSSC 与 STATCOM 在实际应用时的区别。

基于 VSC 的 SSSC 通过调节其直流侧电容器电压的幅值和/或变换器的调制比就可以控制变换器交流输出电压的幅值，进而改变其输出电压的极性和大小，达到连续控制输出无功功率的极性和大小的目的。

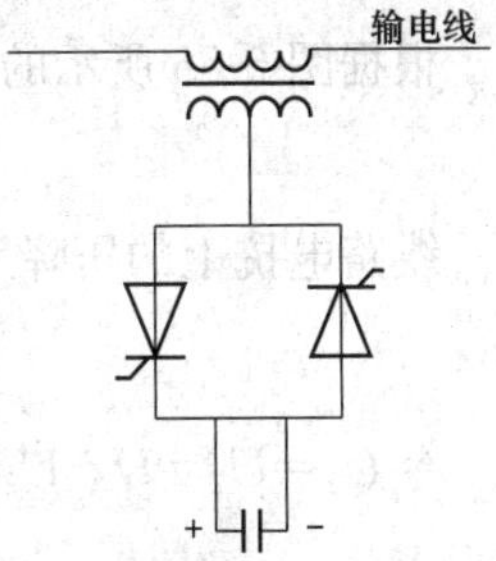

图 5-54 为静止同步串联补偿器的示意图。SSSC 装置可以等效为一个可控的电压源，如图 5-55 所示。SSSC 装置的直流侧通常采用一般的电容器组作为支撑电压的元件，因此 SSSC 装置除本身损耗外，一般与系统之间不存在有功功率的交换，所以 SSSC 装置产生的补偿电压相量与线路电流相量相差 90°，即

$$\dot{U}_{\mathrm{q}} = -\mathrm{j}K\dot{I}$$

式中：K 为可以控制的可正可负的实数，K 为正时 SSSC 装置相当于有负的电抗，即相当于电容器，K 为负时 SSSC 装置相当于有正的电抗，即相当于电感器；K 的最大值与最小值由 SSSC 装置本身的补偿能力决定。

图 5-53　基于 VSC 的 SSSC 的基本结构

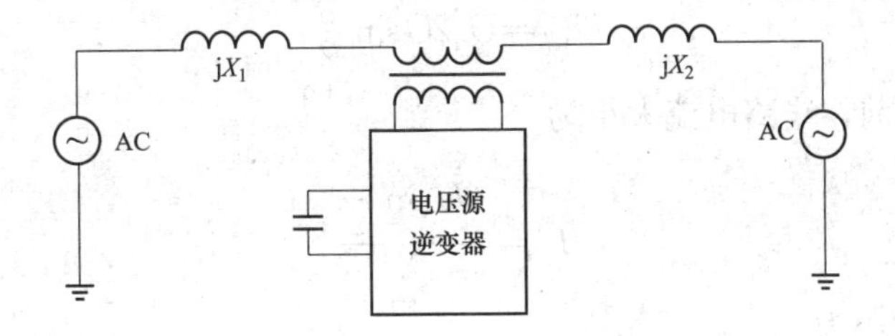

图 5-54　静止同步串联补偿器示意图

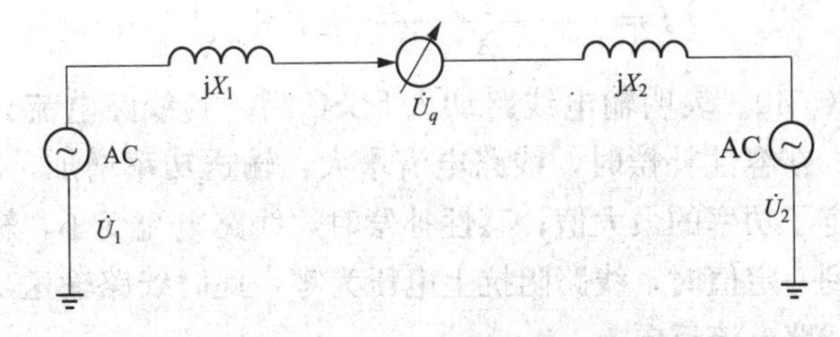

图 5-55　静止同步串联补偿器等效图

二、特性分析

（一）SSSC 装置对线路电流的影响

SSSC 装置可以用可控电压源等效的特点，推导 SSSC 串联接入系统后系统的功角特性。

中间串联接入 SSSC 装置的双端系统的等效电路及相量图，如图 5-56 所示。下面分析 SSSC 装置对系统功角特性的影响。

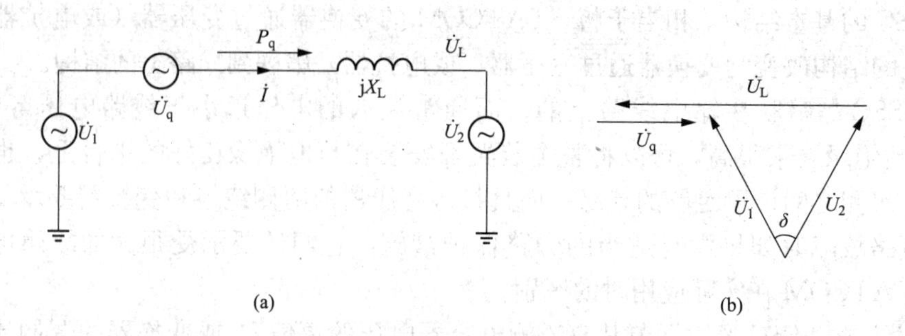

图 5-56　中间串联接入 SSSC 装置的双端（发端与受端）系统的等效电路及相量图
（a）等效电路；（b）相量图

根据图 5-56 所示的参考方向，可以将 SSSC 装置等效为可控的电压源，即

$$\dot{U}_q = -jK\dot{I}$$

线路电抗上的压降为

$$\dot{U}_L = -jX_L\dot{I}$$

令 $U_1=U_2=U$，$\dot{U}_2=U\angle 0$，$\dot{U}_1=U\angle\delta$，因为

$$\dot{U}_1 = \dot{U}_2 + \dot{U}_L + \dot{U}_q$$

利用图 5-57 的相量图，并假定图中 $\dot{U}_q$ 与正方向一致时 $\dot{U}_q$ 为正，否则 U_q 为负，可以求出

$$U_L = U_q 2U\sin\frac{\delta}{2} \tag{5-38}$$

未串联 SSSC 之前，线路电流大小为

$$I' = \frac{2U\sin\dfrac{\delta}{2}}{X} \tag{5-39}$$

得到线路电流大小为

$$I = \frac{U_q + 2U\sin\dfrac{\delta}{2}}{X} = I' + \frac{U_q}{X} \tag{5-40}$$

式（5-39）和式（5-40）表明输电线路加入 SSSC 后，其线路电流只是幅值改变，并未改变线路电流的相位。在容性补偿时，线路电流增大，输送功率增加，SSSC 补偿容量和系统传送容量的限制决定了功率的最大值；感性补偿时，线路电流变小，输送功率减小；当注入线路的补偿电压达到一定值时，线路阻抗上电压为零，此时线路输送功率也为零。继续增大补偿电压，可以使线路电流反向。

（二）SSSC 装置对系统功角特性的影响

由于 SSSC 只能改变线路电流的幅值大小，而不能改变其相位，故 SSSC 对线路电流的调节作用仍然有局限性，但是 SSSC 对线路功率的控制非常明显。投入 SSSC 后，线路输送的有功功率和无功功率为

$$P_{q}=\frac{U^{2}}{X_{L}-K}\sin\delta=\frac{U^{2}}{X_{L}}\sin\delta+\frac{U}{X_{L}}U_{q}\cos\frac{\delta}{2} \tag{5-41}$$

$$Q_{q}=\frac{U^{2}}{X_{L}}(1-\cos\delta)+\frac{U}{X_{L}}U_{q}\sin\frac{\delta}{2} \tag{5-42}$$

当 $U_q=0$ 时，系统由送端输送到受端的有功功率最大值为功率基值，即

$$S_{B}=P_{B}=\frac{U^{2}}{X_{L}} \tag{5-43}$$

则由式（5-41）得到串联接入 SSSC 装置的双端系统在补偿电压 U_q 取不同标幺值时的功角特性曲线，如图 5-57 所示。

由图 5-57 可以看到，当 $U_q>0$ 时，功角特性比没有 SSSC 装置时的功角特性上升了，只有 180°点功角特性没有变化，说明通过 SSSC 装置的正向调节可以提高线路输送有功功率的能力。当 $U_q<0$ 时，功角特性比没有 SSSC 装置时的功角特性下降了，只有 180°点功角特性没有变化，说明通过 SSSC 装置的反向调节可以降低线路输送有功功率的能力。在 δ 角较小时，较大地改变系统的功角特性，使功角特性为负，即线路反送有功功率。可见，SSSC 装置不仅可以改变线路的功率输送能力，而且可以通过 SSSC 装置的控制改变线路有功功率的流向。

SSSC 装置接入直流电源后，可补偿线路电阻（或电抗），不依赖于线路串联补偿度就可以方便地维持线路电抗与电阻之比 X_L/R 为较大的值，从而提高线路的输送能力。在高电压的输电线中，通常只考虑线路的电抗而忽略线路的电阻，这是因为在高压输电线上线路电抗与电阻的比值（X_L/R）较大。假定输电线两端电压恒为 U，相角差为 δ，则线路存在电阻时传输功率为

$$P=\frac{U^{2}}{X_{L}^{2}+R^{2}}[X_{L}\sin\delta-R(1-\cos\delta)] \tag{5-44}$$

$$Q=\frac{U^{2}}{X_{L}^{2}+R^{2}}[R\sin\delta+X_{L}(1-\cos\delta)] \tag{5-45}$$

根据式（5-44）和式（5-45）可以得到线路的电抗与电阻的比值对线路传输能力的影响曲线，如图 5-58 所示。可见，X_L/R 越大，线路传输能力越强；X_L/R 越小，线路传输能力较弱，所以直流侧采用储能元件的 SSSC 装置不仅能够补偿线路电抗，还可以补偿线路电阻，因此可以控制 SSSC 使线路 X_L/R 尽量大，从而大大提高线路的传输能力。

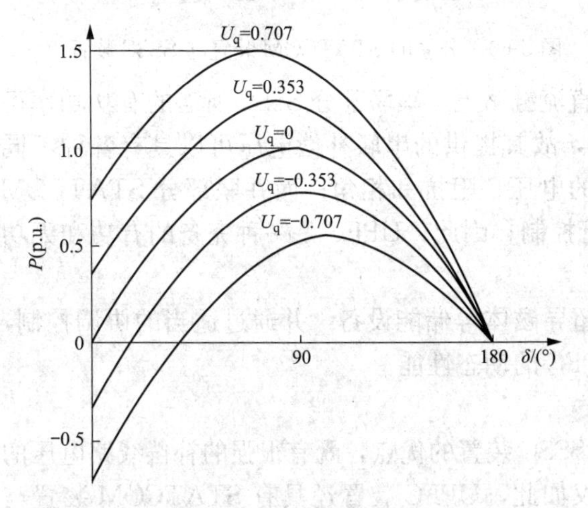

图 5-57　串联接入 SSSC 装置的双端系统的功角特性曲线

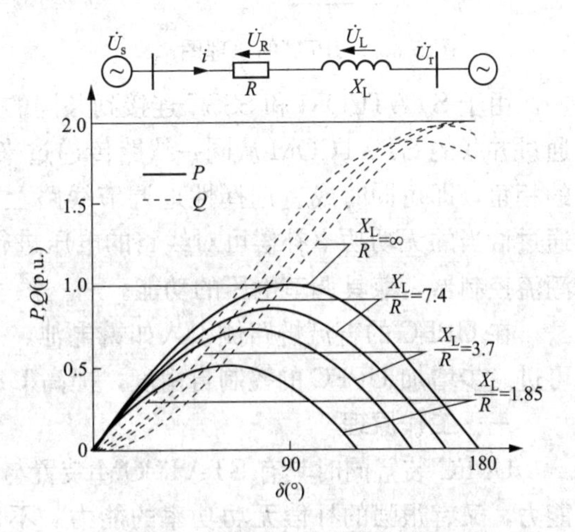

图 5-58　输电线路的电抗与电阻的比值对线路输送能力的影响曲线

第四节　统一潮流控制器

基于变流器的并联型补偿器，如 STATCOM 装置，可以有效地产生无功电流，补偿系统的无功功率，维持节点电压。而基于变流器的串联型补偿器，如 SSSC 装置，则可以有效地补偿输电系统线路的电压，控制线路的潮流。虽然 STATCOM 装置与 SSSC 装置都具有很强的补偿功能，但是 STATCOM 装置对于线路电压的补偿能力较弱，而 SSSC 装置对于无功电流的补偿能力不强。将这两种装置综合成一种补偿装置，使该装置兼具上述两种装置的功能，就是统一潮流控制器（Unified Power Flow Controller，UPFC）。它是由 STATCOM 和 SSSC 基于共同的直流链路耦合形成，允许有功功率在 SSSC 和 STATCOM 的交流输出端双向流动，并在无需任何附加储能或电源设备的情况下即可同时进行有功和无功功率补偿的一种并联-串联组合型 FACTS 控制器。UPFC 作为第 3 代 FACTS 器件，可处理几乎全部潮流控制问题和输电线路补偿问题，是目前最强大的 FACTS 元件，并且 UPFC 的体积相对传统设备而言较小，安装工作量较低，成本随之减小。

UPFC 具有全面的补偿功能，不但能实现独立可控的并联无功功率补偿，而且可以通过向线路注入相角不受约束的串联补偿电压，同时或有选择性地控制传输线上的电压、阻抗和相角，实现有功和无功潮流控制，其原理如图 5-59 所示。它也可以看作由一台 STATCOM 装置和一台 SSSC 装置的直流侧并联构成，如图 5-60 所示。

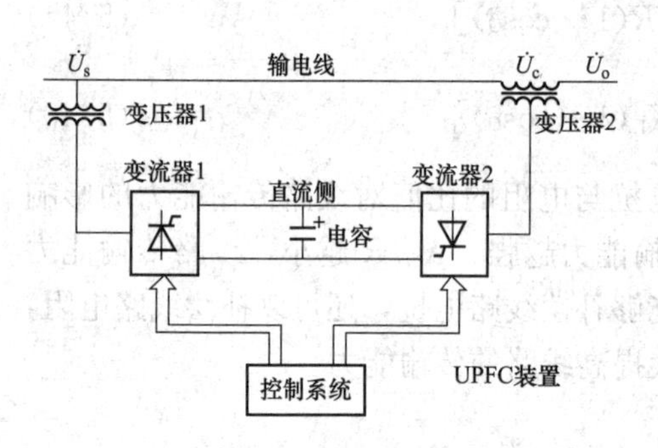

图 5-59　UPFC 的原理图

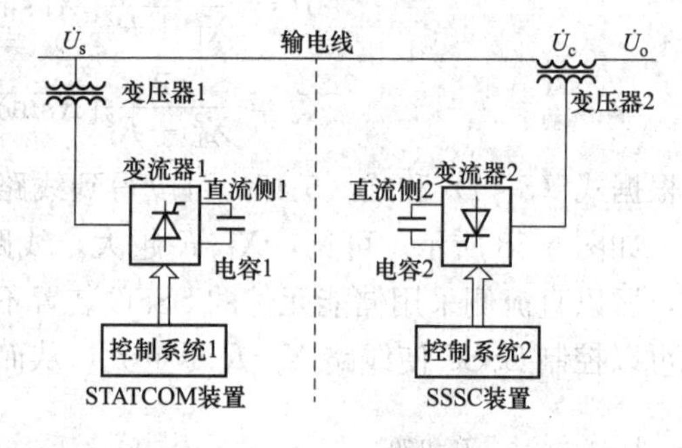

图 5-60　分立的 STATCOM 装置与 SSSC 装置

由于 STATCOM 和 SSSC 连接到共同的直流链路上，串联部分 SSSC 所需的有功功率可通过并联的 STATCOM 从同一线路传递过来，故其提供的串联补偿电压可以具有各种不同的相角，即可同时或有选择性地调节线路上的电压、阻抗和相角；而并联部分 STATCOM 通过恰当的无功功率补偿可对线路的电压进行控制；因此，UPFC 是一种完备的有功和无功潮流控制器，兼具调节电压的功能。

在 UPFC 的直流链路侧引入如蓄电池、超导磁体等储能设备，并通过适当的协调控制，可进一步增加 UPFC 的控制自由度，提高 UPFC 的动态性能。

一、工作原理

UPFC 装置同时具有 STATCOM 装置与 SSSC 装置的优点，既有很强的补偿线路电压的能力，又有很强的补偿无功功率的能力。不仅如此，UPFC 装置还具有 STATCOM 装置与 SSSC 装置都不具有的功能，如可以在四个象限运行，即串联部分既可以吸收、发出无功功率，也可以吸收、发出有功功率，并联部分可以为串联部分的有功功率提供通道，即 UPFC

装置具有吞吐有功功率的能力，因此，具有非常强的控制线路潮流的能力。

图 5-61 为带有控制系统的 UPFC 装置的结构及工作相量图，其中串联变换器实现 UPFC 的主要功能：控制补偿电压 $\dot{U}_c$ 的大小 U_c 与相角 θ，相当于可控的同步电压源；并联部分提供或吸收有功功率，为串联部分提供能量支持以及进行无功补偿。UPFC 原理结构如图 5-62 所示。

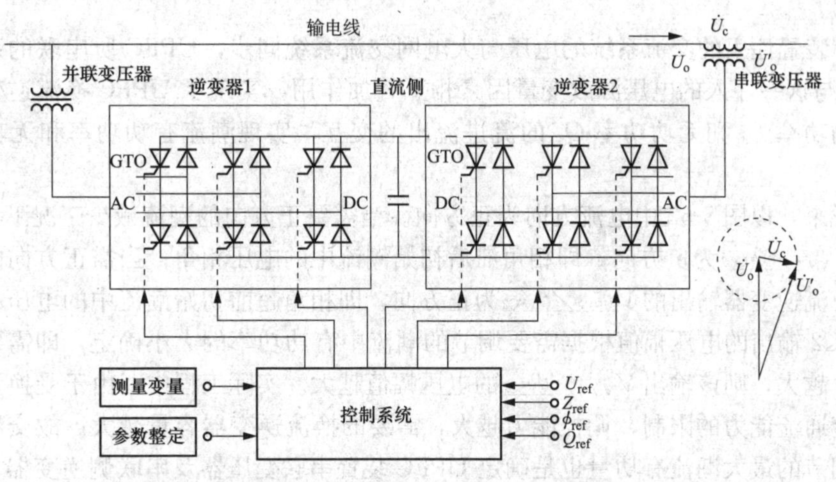

图 5-61　带有控制系统的 UPFC 装置的结构及工作相量图

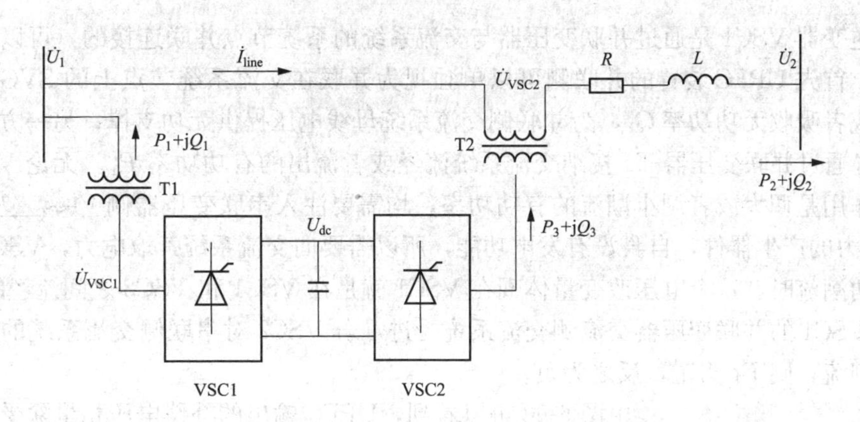

图 5-62　UPFC 原理结构图

图 5-62 中，$\dot{U}_1$、$\dot{U}_2$ 为输电线路两端（首端、末端）电压；P_2、Q_2 为线路输送的有功、无功功率；P_1、Q_1 为 UPFC 并联侧向系统注入的有功、无功功率；$\dot{I}_{line}$ 为输电线路电流；U_{dc}为直流母线电压；$\dot{U}_{VSC1}$、$\dot{U}_{VSC2}$为换流逆变器 VSC1 和 VSC2 交流侧的电压。电压源型逆变器 VSC1 通过并联侧变压器 T1 与系统耦合连接，电压源变流器 VSC2 通过串联变压器 T2 与系统耦合连接。

UPFC 装置可看作一套理想交流-交流换流逆变器单元，有功功率可通过 AC-AC 换流逆变器进行交换，有功功率可以由逆变器 VSC1 从交流系统进入，并流向逆变器 VSC2，再流入 VSC2 出口端的交流系统；也可实现有功功率由逆变器 VSC2 从交流系统进入，并流向逆变器 VSC1，再流入 VSC1 出口端的交流系统。两电压源型逆变器也能分别独立地为出口端的交流系统快速注入无功功率，向交流系统提供无功电压支撑。

换流逆变器 VSC2 的主要功能是实现 UPFC 装置对交流系统的潮流调控，VSC2 通过串联变压器 T2 向交流侧注入经控制策略调控后的 $\dot{V}_{VSC2}\angle\dot{V}_{VSC2}$，其电压幅值和相位可在换流逆变器额定功率范围内变化。换流逆变器注入系统的可调控电压相角和幅值不仅受换流逆变器的能力限制，还受制于所连接的交流系统特性，如系统阻抗及串联侧两端的初始电压幅值和相角。

UPFC 装置注入的交流系统的电压与大电网交流系统同步，UPFC 所串联的系统交流线路电流 I_{line} 与这一注入的电压源改变量因素相互叠加作用，实现了 UPFC 换流逆变器与交流侧系统有功功率 P_3 和无功功率 Q_3 的流进流出的交互，实现潮流有功功率和无功功率的可调控。

具体说来，以图 5-62 中电流方向为正方向。当需要正方向的潮流减少工况下，换流逆变器输出的 $V_{VSC2}\angle\theta_{VSC2}$ 为负方向，即相角滞后初始潮流中的电压相角；当需正方向的潮流增大工况下，换流逆变器输出的 $V_{VSC2}\angle\theta_{VSC2}$ 为正方向，即相角超前初始潮流中的电压相角。换流逆变器 VSC2 输出的电压幅值根据需要调节的潮流中有功功率的大小确定，即需要调控的潮流有功功率越大，则该输出 $V_{VSC2}\angle\theta_{VSC2}$ 的电压幅值越大。实际工程中，由于受换流逆变器的元器件额定通流能力的限制，调控能力越大，需要的换流逆变器容量越大。故交流系统受控线路需要调节的最大潮流有功量也是确定 UPFC 装置串联变压器及串联侧逆变器 VSC2 容量的依据。

换流逆变器 VSC1 是通过并联变压器与交流系统的系统节点并联连接的，可以发挥两方面的作用。首先 UPFC 装置的并联侧可以单独视为并联在交流系统节点上的 SVG，实现向系统注入或者吸收无功功率 Q_1，为并联侧交流系统母线电压提供无功支撑；另一方面，全套 UPFC 装置通过并联变压器 T1 接纳交流系统流经或者流出的有功功率 P_1。无论 VSC2 对交流系统的作用是调大或者调小潮流的有功功率，均需要注入串联变压器侧 $V_{VSC2}\angle\theta_{VSC2}$，UPFC 不是电力的产生器件，自身没有发电功能，所以需要向交流系统索取电力，VSC2 改变交流系统有功潮流时，这个电压改变量体现在 VSC1 就是在 VSC1 和 VSC2 之间流经的 P_1，只是有功从 VSC1 的并联变压器交流侧交流系统受进，若 VSC2 对串联侧交流系统的作用是正方向增大潮流，则 P_1 为正，反之为负。

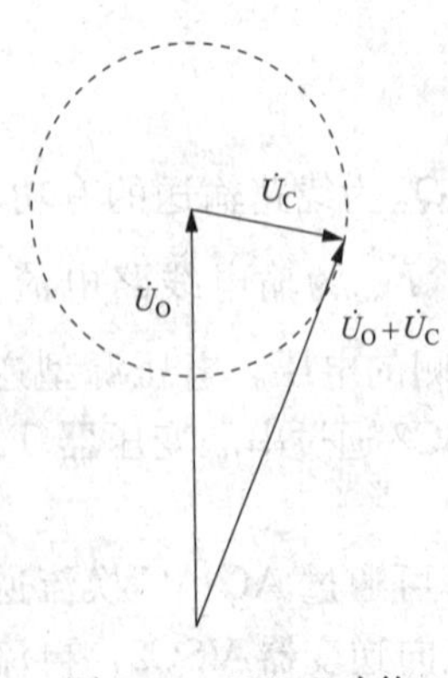

图 5-63 UPFC 功能实现图

由图 5-63 可以看到，UPFC 输出的补偿电压相量除受最大幅值的限制外，还可以在以 U_O 端点为圆心，最大幅值为半径的圆内任意变化，因此，UPFC 可以非常灵活地补偿电压，与线路的电流没有关系。

UPFC 的主要控制功能是电压调节、串联补偿、相角调节及多功能的潮流控制，图 5-64～图 5-67 分别解释了 UPFC 的基本四种控制功能。其中，图 5-64 是 UPFC 电压调节示意图，UPFC 的串联补偿电压 $\Delta\dot{U}_O$ 与 $\dot{U}_O$ 同向或者反向，它能够调节 $\dot{U}_O$ 的大小而不改变电压的相位。通过灵活控制串联补偿电压，就能够很轻易控制电压大小。图 5-65 是 UPFC 串联补偿示意图，一般的串联补偿装置（如 SSS 装置单独使用）与线路之间没有有功功率的交换，即补偿电压要垂直于线路电流，这样做可以减少装置和线路之间的损耗。于是在 UPFC 装置中，要求在串联补偿的时候，补偿电压 $\dot{U}_C$ 同线路电流 $\dot{I}$ 垂直来实现无功与有功的交换。图 5-66 是 UPFC 的相角调节示意图，即不改变电压的大小，只改变电压的相角，产生的补偿电压在图 5-66 所示的弧线上。图 5-67 是 UPFC 的多功能潮流控制示意图，即结合前面三种功能，按照系统正常运行的要求来提供所需要的补偿电压，以达到改变输出电压大小和相位的目的。

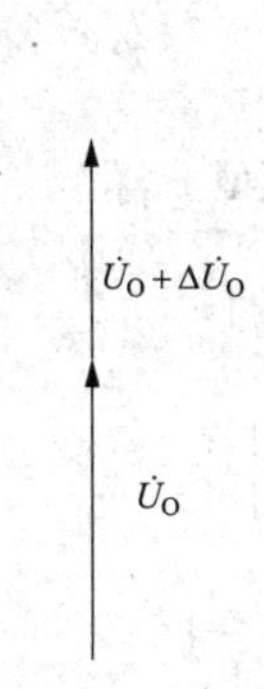

图 5-64 UPFC 电压调节控制功能

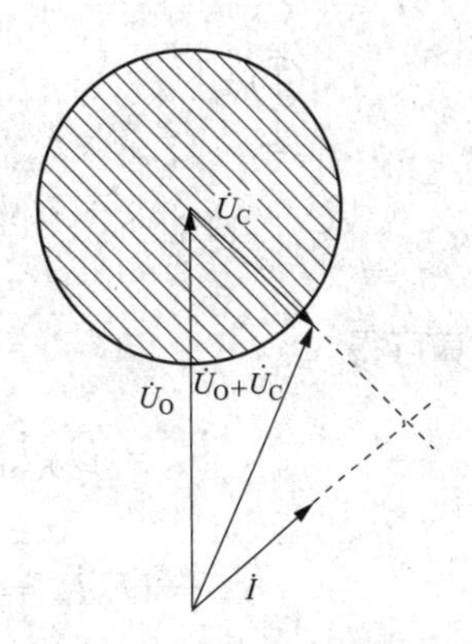

图 5-65 UPFC 串联补偿控制功能

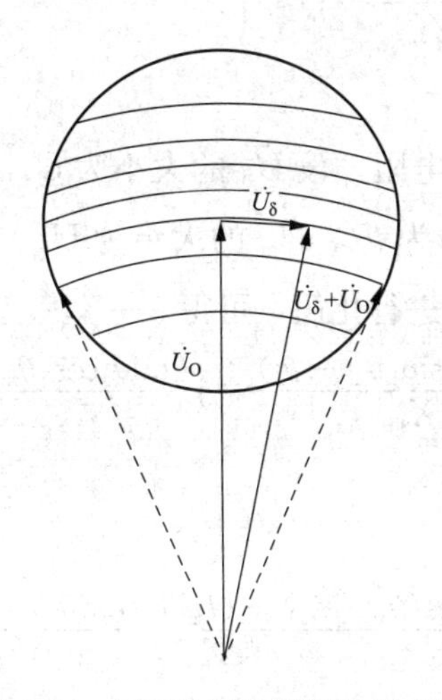

图 5-66 UPFC 相角调节控制功能

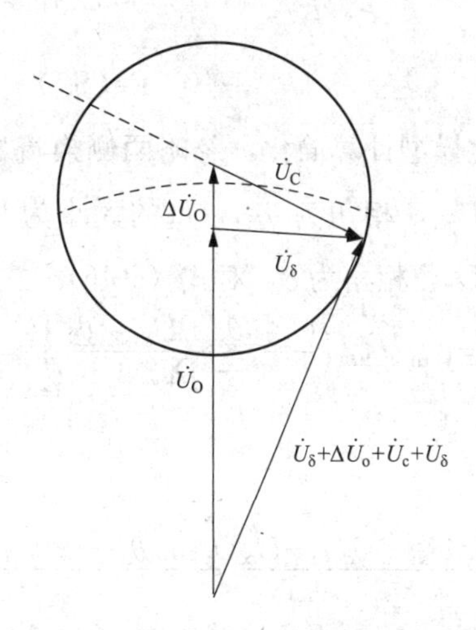

图 5-67 UPFC 多功能潮流控制功能

二、数学模型

根据 UPFC 工作原理分析可得，UPFC 装置串联侧和并联侧分别以不同的结构对系统潮流发挥不同的作用，所以 UPFC 的数学模型也分串联侧和并联侧两部分。串、并联两侧通过一个公共直流端相连，有功功率通过电容器在这两个变流器之间相互流动，所以每一个变流器都能够产生或者吸收无功功率。

UPFC 串、并联侧两部分可以分别用两个受控源和相应的阻抗表示，图 5-68 为最常见的 UPFC 的双电压源数学模型。其中 $\dot{U}_{sh}$ 即为并联侧等效电压源，$\dot{U}_{se}$ 为串联侧等效电压源。由于串联侧和并联侧相互交换功率，即流入流出并联侧的功率大小和流入流出串联侧的功率大小相互抵消。S_{sh}和S_{se}分别为并串联侧换流器注入系统的功率大小。

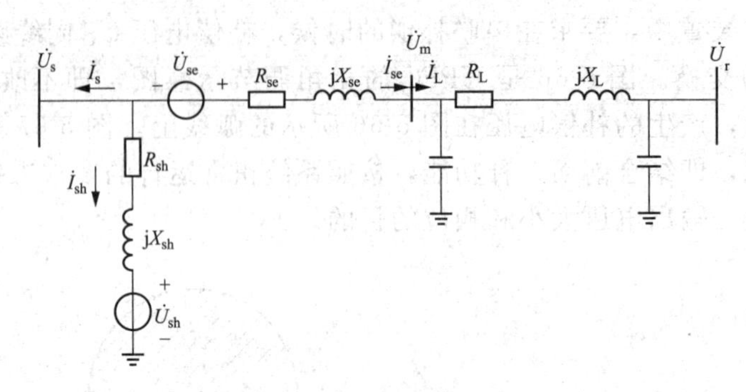

图 5-68 UPFC 的双电压源数学模型

由图 5-68 计算可得

$$\dot{S}_{sh}=\dot{U}_{sh}\dot{I}_{sh}^{*}=\dot{U}_{sh}\left[\frac{\dot{U}_s-\dot{U}_{sh}}{Z_{sh}}\right]^{*} \tag{5-46}$$

$$\dot{S}_{se}=\dot{U}_{se}\dot{I}_{se}^{*}=\dot{U}_{se}\left[\frac{\dot{U}_s+\dot{U}_{se}-\dot{U}_m}{Z_{se}}\right]^{*} \tag{5-47}$$

$$\dot{S}_{L}=\dot{U}_{r}\dot{I}_{L}^{*}=\dot{U}_{r}\left[\frac{\dot{U}_m-\dot{U}_{r}}{Z_{L}}\right] \tag{5-48}$$

$$\mathrm{Re}(\dot{S}_{sh})+\mathrm{Re}(\dot{S}_{se})=0 \tag{5-49}$$

为了简化模型计算简化，忽略两侧换流器自身的电阻。设$\dot{U}_S$的大小为U_s，相角为θ_s，$\dot{U}_{sh}$的大小为U_{sh}，相角为θ_{sh}，$\dot{U}_{se}$的大小为$\dot{U}_{se}$，相角为θ_{se}，$\dot{U}_m$的大小为U_m，相角为θ_m，$\dot{U}_r$的大小为U_r，相角为δ，对式（5-46）～式（5-49）进行化简，可得

$$\dot{S}_{sh}=\dot{U}_{sh}\dot{I}_{sh}^{*}=\dot{U}_{sh}\angle\theta_{sh}\left(\frac{U_s\angle\theta_s-U_{sh}\angle\theta_{sh}}{-\mathrm{j}X_{sh}}\right)^{*}=\frac{-U_{sh}U_s\sin(\theta_{sh}-\theta_s)}{X_{sh}}+\mathrm{j}\frac{U_{sh}U_s\cos(\theta_{sh}-\theta_s)-U_{sh}^2}{X_{sh}} \tag{5-50}$$

$$\begin{aligned}\dot{S}_{se}&=\dot{U}_{se}\dot{I}_{se}^{*}\\&=\frac{U_{se}U_m\sin(\theta_{sh}-\theta_m)-U_{se}U_s\sin(\theta_{se}-\theta_s)}{X_{se}}+\mathrm{j}\frac{U_{se}U_s\cos(\theta_{se}-\theta_s)-U_{se}U_m\cos(\theta_{se}-\theta_m)+U_{se}^2}{X_{se}}\end{aligned} \tag{5-51}$$

$$\begin{aligned}\dot{S}_{L}&=\dot{U}_{r}\dot{I}_{L}^{*}\\&=\frac{-U_rU_m\sin(\delta-\theta_m)}{X_L}+\mathrm{j}\frac{U_rU_m\cos(\delta-\theta_m)-U_r^2}{X_{se}}\\&\quad+\frac{-U_{sh}U_s\sin(\theta_{sh}-\theta_s)}{X_{sh}}+\frac{U_{se}U_m\sin(\theta_{se}-\theta_m)-U_{se}U_s\sin(\theta_{se}-\theta_s)}{X_{se}}=0\end{aligned} \tag{5-52}$$

式（5-50）～式（5-52）为 UPFC 双电压源等效模型。

在实际中，往往忽略串并联侧变流器的电抗。如果将并联侧等效为电流源$\dot{I}_c$，方向与$\dot{I}_{sh}$一致，会得到一个含电流源和电压源的 UPFC 双电源等效模型，如图 5-69 所示。

三、UPFC 的应用情况

（一）美国 Inez（伊内兹）工程

全球第一个 UPFC 工程于 1998 年在美国 Inez 建成投产，容量为 138kV /320MVA。该工程位于美国电力系统中南部的 Inez 地区 765 /138kV 电网，当时迫切需要提高电力输送能力和电压支持能力，因而决定采用 UPFC。该地区电力需求约为 2000MW，由较长的 138kV 输电线路供给，电厂和超高压 138kV 变电站坐落在其外围地区。系统电压主要由安装在 BeaverCreek（比佛克里克）138kV 变电站的静止无功补偿装置和二次变电站的并联电容器组来支持。

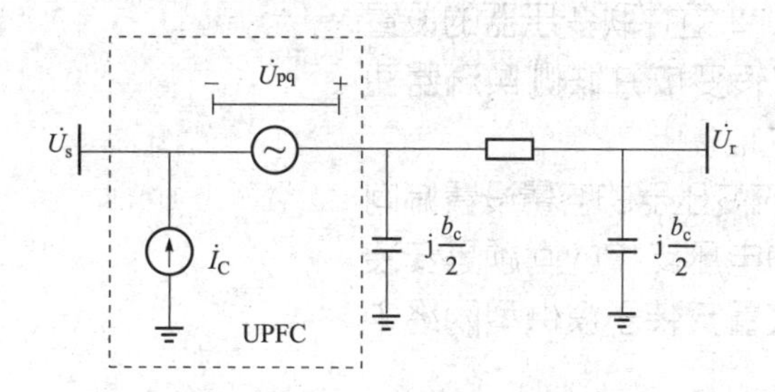

图 5-69　UPFC 双电源等效模型

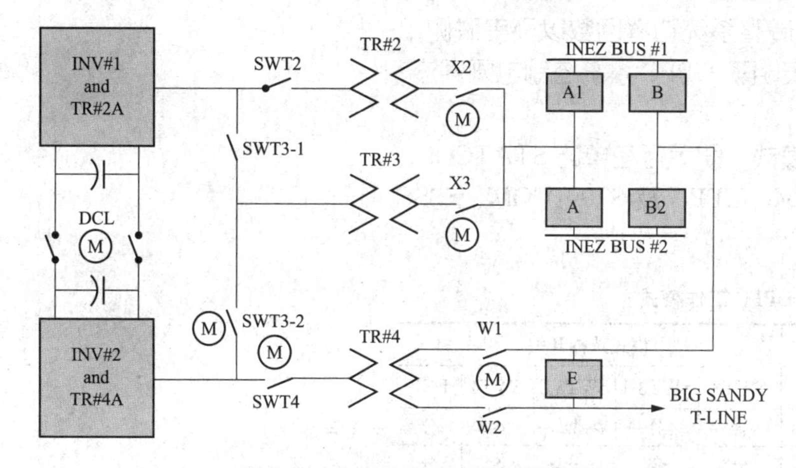

图 5-70　Inez 地区 UPFC 拓扑结构

Inez 地区 138kV 输电系统的运行特点：输电距离远，并联电容器集中，线路负荷率高，母线电压低，有功与无功损耗大。Inez 变电站安装的 UPFC 的交直流系统拓扑结构示意图如图 5-70 所示。由于建设年代早，美国 Inez 地区 UPFC 换流器由 GTO 器件搭建，由于器件自身的通流能力受限，为了达到电力系统需求的调节能力，UPFC 整个设备串并联的器件很多，串联侧和并联侧的换流器额定容量都达到 160MVA，整体造价高昂。该套设备由 2 套换流装置（并联侧换流器 160MVA、串联侧换流器 160MVA）、2 组并联侧变压器、1

组串联侧变压器及交直流连接导体部分构成。其技术特点有:

(1) 并联侧变压器和串联侧变压器的交流侧电压等级均与 Inez 变电站高压侧母线一致。

(2) UPFC 站内直流场地中，通过 4 套开关实现了将串联侧换流器改为并联侧换流器的设计，即该 UPFC 可视为 160MVA 串联侧＋160MVA 并联侧，或者 320MVA 并联侧＋0MVA 串联侧。

(3) 并联侧变压器设置 2 组，正常工况下实现了 100%备用率，提高了整个 UPFC 工程的局部设备的备用率。由于 UPFC 设备的特殊定制原因，设备自身的可靠性和备品备件的设置直接影响了整站的可靠性。此外，2 组并联变压器的设置在极端方式下可配合将串联侧换流器转变成并联侧换流器使用，实现 2 倍容量的无功电压支撑能力。

(4) 由于串、并联侧换流器和换流变压器的容量设置偏向于并联侧，可以看出 Inez 地区对无功电压支撑的问题是安装 UPFC 的主要原因，同时该 UPFC 装置安装于馈供型网络中间节点位置。

自 1998 年投运后，这台装置进行了改变线路有功、无功潮流，改变 Inez 母线电压，调整系统功率因数以及串联侧单独作为 SSSC 运行的试验，表明了 UPFC 系统控制电网潮流、支撑母线电压的有效性。

UPFC 有以下 9 种工作模式，即运行在单站 STATCOM、单站 SSSC、双站 STATCOM、UPFC 及 STATCOM、SSSC 混合模式，见表 5-9。

表 5-9 Inez 地区 UPFC 工作模式

序号	模式	描述	模式选择开关				
			SWT2	SWT3-1	SWT3-2	SWT4	DCL
1	SATACOM	INV#1 TR#2	合	分	&	&	分
2	SATACOM	INV#1 TR#3	分	合	分	&	分
3	SATACOM	INV#2 TR#3	分	分	合	分	分
4	DualSATACOMs	INV#1 TR#2 INV#2 TR#3	合	分	合	分	分
5	SSSC	INV#2 TR#4	&	&	分	合	分
6	UPFC	INV#1 TR#2 INV#2 TR#4	合	分	分	合	合
7	UPFC	INV#1 TR#3 INV#2 TR#4	分	合	分	合	合
8	SATACOM&SSSC	INV#1 TR#2 INV#2 TR#4	合	分	分	合	分
9	SATACOM&SSSC	INV#1 TR#3 INV#2 TR#4	分	合	分	合	分

（二）韩国 Kangjin（康津）工程

全球第二套 UPFC（154kV、80MVA）安装在朝鲜半岛南半部的 Kangjin 变电站，于 2003 年投运，用以解决该地区电压偏低和电网过负荷问题。该工程由韩国电力公司和韩国电科院、Hyosung（晓星）公司、西门子公司合作研制。Kangjin 地区主要由 154kV 长线路供电，线路 Shinkwangju-Shinkangjin（新光州新康津）或 Kwangyang-Yeosu（光阳丽水）发生故障会导致 Kangjin 地区电压严重偏低，154kV 线路过负荷。同时，该地区的新建线路计划一直得不到许可，所以需要安装 UPFC 来提供电压支撑和潮流控制。Kangjin 地区的 UPFC 拓扑结构如图 5-71 所示，UPFC 能运行在 40Mvar 的 STATCOM、40Mvar SSSC 和 80MVA UPFC 模式。

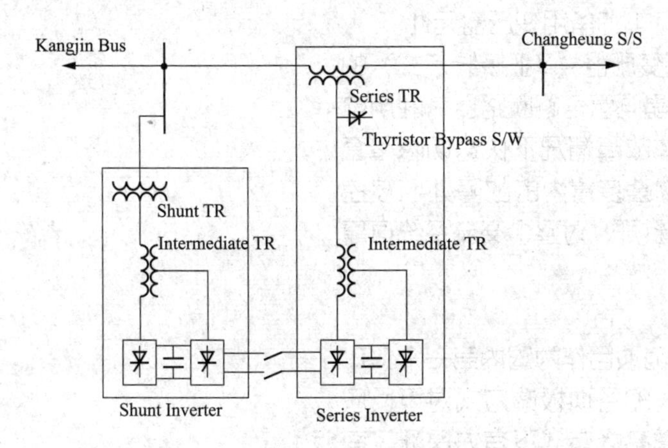

图 5-71　Kangjin 地区 UPFC 拓扑结构

Kangjin UPFC 工程的串、并联侧换流器结构相同，均采用三相三电平换流器二重化方式，构成容量为 40MVA 的 24 脉动换流器。换流器的额定交流电压为 14.845kV，额定交流电流为 1.55kA。

该 UPFC 设备的拓扑结构和运行特点如下：

（1）UPFC 的串联调整目标为单一回路交流线路，即控制了整片电网中 1 回线路断面的功率流动。由于输电网中的潮流自然分布，该线路上的潮流被调控后，会直接影响整个电网其他输电断面线路的功率流动。若电网结构简单，即与该受控断面平行的断面电气距离较远，则 UPFC 的潮流调控效果将较好，反之若电网结构过于紧密，则 UPFC 的效果仅限于控制整个断面中的 1 回线路，起到控制保护 1 回线路不过载的效果。

（2）UPFC 装置的串联侧和并联侧变压器不是一步将线路侧交流系统的运行电压降低到适合逆变器侧的电压水平

(14.845kV)，在并联变压器和串联变压器的二次侧与逆变器交流侧之间还通过一组可调变比的升压变压器来实现连接。这样设计的初衷是进一步减小逆变器中换流基本元件的通流电流，受变压器制造工艺的限制和晶闸管制造能力的限制，以及考虑到整体工程造价，采用了此种多级变压的方式。这样做的坏处是整个 UPFC 装置多了 2 组升压变压器（非常规设备），降低了运行可靠性。

(3) 与第一套 UPFC 设备类似但有区别的地方在于，韩国 UPFC 工程也设计了并联侧和串联侧逆变器的直流连接，以实现极端方式下 2 倍并联侧无功电压支撑功能，但并未设置 2 套并联侧变压器及多级降压变压器，而是将正常方式下用于并联侧的变压器按 2 倍容量设计，这样的做法并未降低太多成本，反而使 UPFC 并联侧损失了 1∶1 的备用变压器元件。

(4) 韩国 UPFC 工程在串联侧变压器（YⅢ接线方式）的二次侧与逆变器交流侧之间设置了晶闸管旁路断路器，利用电力电子器件实现了 UPFC 自身本体故障情况下快速切除整套 UPFC 装置的功能，实现 UPFC 成套装置内的故障处与被控交流线路和交流系统的快速耦合和断开，对整个交流系统可靠性提升有好处。

（三）我国 UPFC 工程

南京西环网统一潮流控制器示范项目作为国内第一个 UPFC 工程已经建成投运，不仅投运后的各项极端方式对策反应试验正常通过，而且在 2016 年夏季高峰方式下有力保证了南京主城区电网安全可靠运行。南京 UPFC 示范项目位于 220kV 铁北开关站内，其中 UPFC 成套装置的逆变器容量为串联侧 2×60MVA，并联侧 1×60MVA；变压器容量为串联侧 2×70MVA，并联侧 2×60MVA。其串联侧 2 组串联变压器分别串联接入 220kV 铁北至晓庄双回线路，并联侧 2 组并联变压器以 35kV 电压等级接入 220kV 燕子矶变电站的 35kV 母线。

在南京 UPFC 项目的基础上，国网江苏省电力有限公司紧接着开展了苏州南部电网 500kV UPFC 工程的设计工作，这是世界电压等级最高的 UPFC 工程。该工程位于 500kV 木渎变电站西侧围墙外，将变电站周边空置场地纳入统一围墙范围内。其中 UPFC 成套装置的逆变器容量为并联侧 2×250MVA，串联侧 2×250MVA；变压器容量为串联侧 2×300MVA，并联侧 2×300MVA。其串联侧 2 组串联变压器分别串联接入 500kV 木渎至梅里双回线路，并联侧 2 组并联变压器以 500kV 电压等级接入 500kV 木渎变电站的 500kV 配电装置。

四、工程应用

（一）工程简介

南京市区 220kV 电网呈双环网结构，如图 5-72 所示。南京西环网指南京主城 220kV 环网西部，为龙王山变电站以西至秦淮变电站以北部分，主要供电范围为鼓楼区、建邺区、下关区及栖霞新港地区、雨花经济开发区，是南京城网的主要负荷中心。

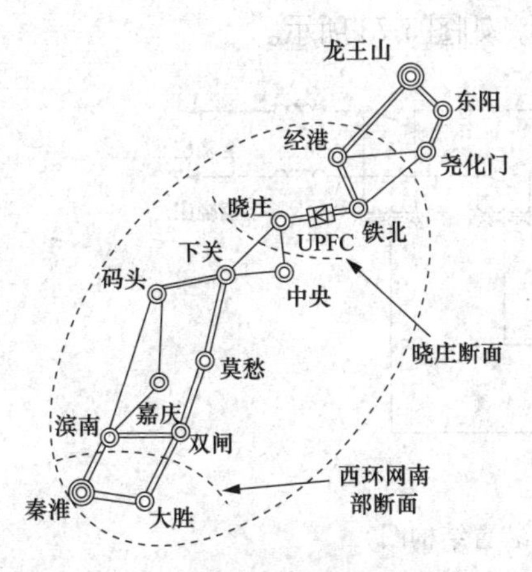

图 5-72　南京西环网系统接线示意图

该区域供电电源主要由 500kV 东善桥变电站、龙王山变电站从南北两端共同供电，区域内还有华润板桥电厂、华能南京电厂。由于南京市区电网结构及电源、负荷分布特点，为西环网供电的主要输电通道存在较严重的潮流分布不均情况，其中 500kV 龙王山变电站向西环网的 220kV 输电通道潮流偏重，尤其是西环网内 220kV 晓庄变电站南送下关变电站、中央门变电站断面潮流过重情况尤为突出，而 500kV 东善桥变电站向西环网的 220kV 输电通道潮流较轻，从而最终影响了西环网的整体供电能力和安全可靠水平。随着西环网负荷的增长，南京城网由东向西的潮流将进一步加重，输电通道出现“卡脖子”问题，晓庄—下关/晓庄—中央断面潮流过重。晓庄—下关、晓庄—中央均属于老线路，截面 $2\times400\text{mm}^2$，输送能力有限（极限输送容量 520MVA），同时，晓庄变电站、下关变电站和中央变电站均处于老城区，周边房屋较多，居民较密集，线路较容易发生故障。另外，2016 年将建成投运 500kV 秦淮变电站，但是其配套 220kV 秦淮—滨南二通道建设难度较大，无法如期投运，原秦淮—滨南双回线路输送能力有限，将成为南京西环网另一输电瓶颈。

UPFC 装置的可选安装位置为 220kV 晓庄变电站、220kV 铁北开关站。经进一步论证，晓庄变电站因场地面积受限无法

笔记

安装合适容量的 UPFC 装置。因此该工程初步确定在 220kV 铁北开关站安装 UPFC 装置。

南京西环网 UPFC 工程主回路采用 MMC 拓扑换流器，3 组换流器采用背靠背连接方式，通过刀开关连接至公共直流母线；并联换流器经过两组互为备用的三相变压器分别接入燕子矶变电站两段 35kV 母线，串联换流器经两组变压器分别串入晓庄—铁北 220kV 双回线路。通过转换区刀开关可实现 3 个换流器做并联运行或串联运行接线方式的灵活转换，如图 5-73 所示。

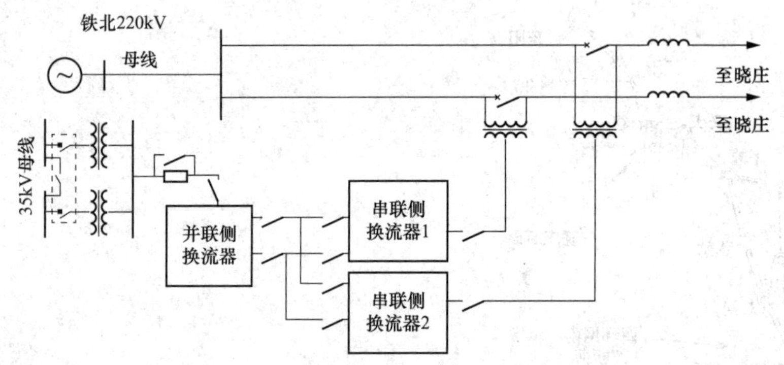

图 5-73　南京西环网 UPFC 装置结构图

MMC 由 3 个相单元组成，每个相单元分上、下桥臂，共有 6 个桥臂，每个桥臂由多个相同的半桥子模块和一个桥臂电感串联而成；3 个结构相同的相单元直流侧并联；MMC 每个子模块包含 2 组 IGBT 和反向并联二极管及一个直流储能电容基于 MMC 的 UPFC 系统结构，UPFC 由 2 个背靠背共用直流母线的 MMC 组成，分别为并联侧和串联侧。并联侧 MMC 通过并联变压器接入电网，可以控制交流电压或无功功率，实现无功补偿的功能，同时与交流系统进行有功交换来控制直流电压恒定。串联侧换流器通过串联变压器串接入系统中，通过控制串入线路电压的幅值和相角来调节线路潮流。表 5-10 为 UPFC 关键设备及其参数。

表 5-10　UPFC 关键设备及其参数

关键设备	主要参数
MMC	桥臂子模块数量 28 个（含 2 个冗余）
	额定容量 60MVA
	额定直流电压±20kV
	交流额定电压 20.8kV
	直流额定功率 40MW
串联变压器	额定容量 70MVA/70MVA/25MVA
	电压变比 26.5kV/20.8kV/10kV
	漏抗 0.2（标幺值）/0.3（标幺值）/0.075（标幺值）
	接线形式Ⅲ/Ynd11

笔记

续表

关键设备	主要参数
并联变压器	额定容量 60MVA
	电压变比 (35±2×2.5%)kV/20.8kV
	漏抗 0.1（标幺值）
	接线形式 Dyn1

（二）接入系统后的控制策略

UPFC 装置在运行时存在 2 种控制模式：

(1) 功率目标控制模式（模式 1）：UPFC 装置按系统级控制策略自动或运行人员手动确定的铁北—晓庄线路的有功、无功控制目标，自动调节 UPFC 需要输出的电压幅值、相角，从而将铁北—晓庄线路功率控制到设定值。

(2) 定串联电压模式（模式 2）：UPFC 装置直接按运行人员手动指定或装置在最小运行方式下自动指定的 UPFC 输出电压幅值、相角目标，将 UPFC 输出电压幅值、相角控制到目标值，从而调节潮流。

上述 2 种模式中，正常情况下主要使用模式 1。在模式 2 下，UPFC 基本按固定移相角的方式调节电网潮流，控制效果与移相变压器类似。南京西环网 UPFC 系统级控制原理框架如图 5-74 所示。其控制目标如下：①在电网正常运行状态下优先保证断面潮流；②在系统发生故障导致线路过载时优先保证线路不超过其功率限值。

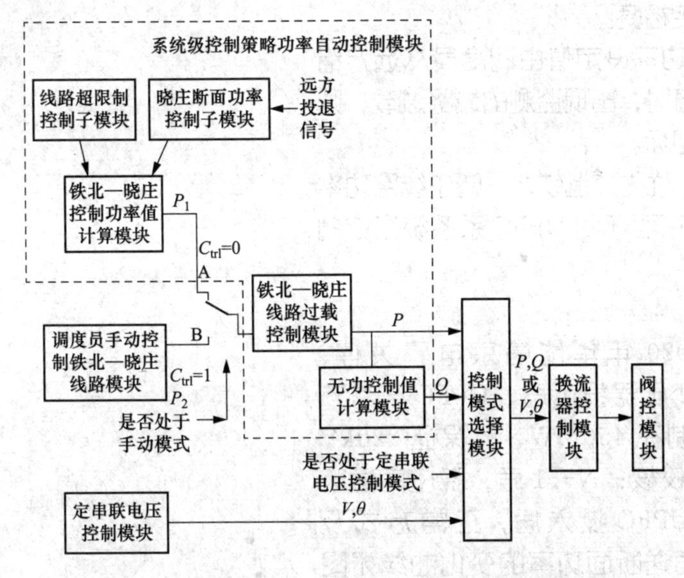

图 5-74　南京西环网 UPFC 系统级控制原理框架图

UPFC 在运行过程中，其系统级控制思路如下：

(1)系统正常运行状态下，如果监测的线路一直未过载，

笔记

则 UPFC 装置控制目标由断面功率控制模块产生，保证断面实际功率达到设定值。

（2）当监测到某条线过载后，越限控制模块自动投入，系统级控制策略根据过载线路的过载量，发送铁北—晓庄线路功率的目标值给换流器控制装置，降低或提升铁北—晓庄线路功率，通过实时闭环控制，将过载线路功率降至设定值。UPFC 装置控制目标由断面功率控制模块和越限控制模块共同产生。

（3）越限控制模块投入后，过载线路的功率将被固定在设定值，即使其自然潮流已经低于设定值，UPFC 也会调节该线路的功率至设定值，使得 UPFC 无法退出功率控制模式。对此，系统控制策略中增加了应对逻辑：实时监测断面实际功率，当断面设定功率减去实际功率小于设定死区（−20MW）且各监测线路功率限额减去线路实际功率大于设定死区（1MW）时，越限控制模块退出运行，UPFC 装置控制目标重新由断面功率控制模块产生。

（4）UPFC 将实时监测铁北站、晓庄站、尧化门站、秦淮站和绿博园站（远景）接入的线路，如果监测到任意一条线路因故障断开，则认为系统处于 $N-1$ 状态，否则认为系统处于正常运行状态。判断线路过载的功率限额，分为电网正常运行状态和 $N-1$ 状态 2 套定值。根据监测到的电网运行状态自动切换。

（5）越限控制模块留有一定的控制裕度，保证线路输送功率与线路功率限额之间存在一定裕度。

（6）系统控制策略中断面功率设定值由调度员从远方给出，当断面功率还未达到设定值时，出现监测的线路过载，则以监测线路不过载为优先控制目标。

（7）铁北—晓庄线路过载，优先控制铁北—晓庄线路功率不超过功率限额。图 5-75 为南京西环网 UPFC 系系统级控制策略图。

（三）仿真分析

根据潮流分析结果，2020 年华能南京电厂关停、500kV 秋藤变电站江南侧主变压器投运后，UPFC 正常方式下，晓庄南送断面功率控制在 450MW，以保证 220kV 绿博园—码头双线满足 $N-1$ 校核；$N-1$ 后，晓庄南送断面功率仍控制在 450MW。UPFC 投入后，正常方式及 $N-1$（无故障跳开）后晓庄南送断面功率的变化曲线如图 5-76 所示。由图 5-76 可知，UPFC 在 3s 开始调节线路功率，在正常方式下能够迅速将晓庄南送断面的功率控制到目标值（450MW）；10s 时晓庄—中央线路无故障跳开后，系统能够保持稳定，UPFC 能够将晓庄南送断面的功率控制到目标值(450MW)。

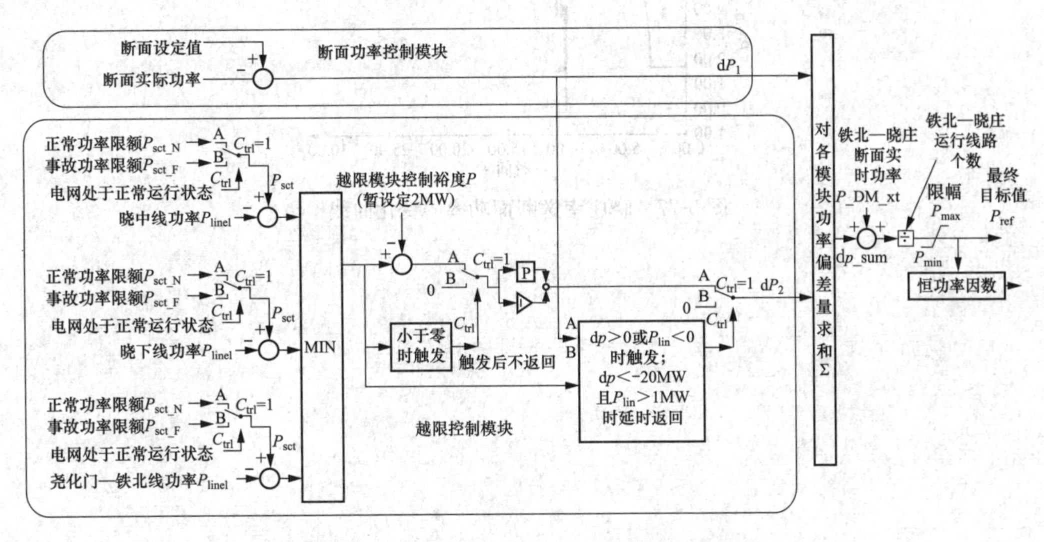

图 5-75　南京西环网 UPFC 系系统级控制策略

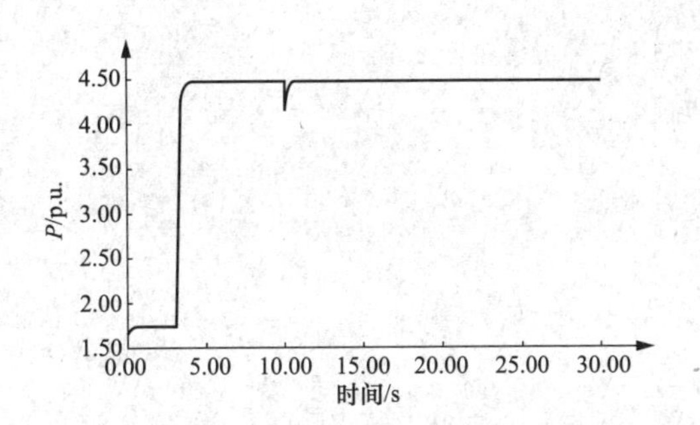

图 5-76　晓庄南送断面功率的变化曲线

当晓庄南送断面 1 回线发生三相永久故障时，为保证 UP-FC 装置安全，在故障切除前 UPFC 换流器会退出运行，在故障切除后，UPFC 将重新投入。在预定的控制策略下，晓庄南送断面 $N-1$（三相故障跳开）后断面功率变化曲线如图 5-77 所示。由图 5-77 可知，UPFC 在 3s 开始调节线路功率；9.88s 晓庄—中央线路发生三相永久故障，UPFC 退出；10s 故障切除，UPFC 重新投入。当 220kV 绿博园—码头 1 回线发生三相永久故障时，为保证 UPFC 装置安全，在故障切除前 UPFC 换流阀会退出运行，在故障切除后，UPFC 将重新投入。

UPFC 具有较好的暂态特性，不仅能够在系统未发生扰动时迅速实现功率控制目标；在系统发生较轻的大扰动（无故障跳线路）及较严重的大扰动（三相故障跳线路）后，均能保持系统稳定，并实现其潮流控制目标。

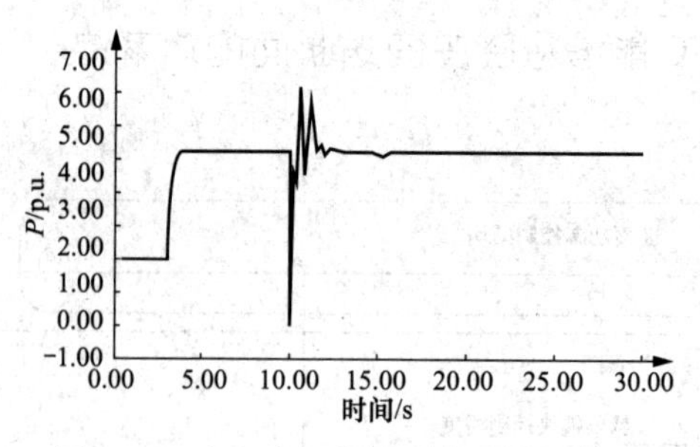

图 5-77 晓庄南送断面功率的变化曲线

参 考 文 献

[1] 熊信银. 电气工程基础 [M]. 武汉：华中科技大学出版社，2005.

[2] 何仰赞，温增银. 电力系统分析 [M]. 武汉：华中科技大学出版社，2002.

[3] 周孝信. 我国现代电力系统的发展前景：在“未来能源大会”的演讲 [EB/OL]. http://m.sohu.com/a/217295807_357198,2018-1-12.

[4] 周孝信，陈树勇，鲁宗相，等. 能源转型中我国现代电力系统的技术特征 [J]. 中国电机工程学报，2018，38 (7)：1893-1904.

[5] 姜齐荣，王亮，谢小荣. 电力电子化电力系统的振荡问题及其抑制措施研究 [J]. 高电压技术，2017，43 (4)：1057-1066.

[6] 汤广福，张文涛. 定制电力技术 [J]. 电力电子，2003，1 (6)：20-25.

[7] 周孝信，鲁宗相，刘应梅，等. 中国未来电网的发展模式和关键技术 [J]. 中国电机工程学报，2014，34 (29)：4999-5008.

[8] 鞠平，周孝信，陈维江，等.“智能电网+”研究综述 [J]. 电力自动化设备，2018，38 (5)：2-11.

[9] 张文亮，汤广福，查鲲鹏，等. 先进电力电子技术在智能电网中的应用 [J]. 中国电机工程学报，2010，30 (4)：1-7.

[10] 胡学浩. 智能电网：未来电网发展的态势 [J]. 电网技术，2009，33 (14)：1-5.

[11] 王兆安，黄俊. 电力电子技术 [M]. 4 版. 北京：机械工业出版社，2009.

[12] 陈坚. 柔性电力系统中的电力电子技术：电力电子技术在电力系统中的应用 [M]. 北京：机械工业出版社，2012.

[13] 徐德鸿. 电力电子系统建模及控制 [M]. 北京：机械工业出版社，2006.

[14] 戴卫力，费峻涛. 电力电子技术在电力系统中的应用 [M]. 北京：机械工业出版社，2015.

[15] 韩民晓，文俊，徐永海. 高压直流输电原理与运行 [M]. 2 版. 北京：机械工业出版社，2003.

[16] 谢小荣，姜齐荣. 柔性交流输电系统的原理与应用 [M]. 北京：清华大学出版社，2006.

[17] Seddik Bacha 等. 电力电子变换器的建模和控制 [M]. 袁敞等译. 北京：机械工业出版社，2017.

[18] Chan-Ki Kim 等. 高压直流输电：功率变换在电力系统中的应用 [M]. 徐政译. 北京：机械工业出版社，2014.

[19] 赵成勇，许建中，李探. 模块化多电平换流器直流输电建模技术 [M]. 北京：中国电力出版社，2017.

[20] 陈坚. 柔性电力系统中的电力电子技术：电力电子技术在电力系统中的应用 [M]. 北京：机械工业出版社，2012.

[21] 戴卫力，费峻涛. 电力电子技术在电力系统中的应用 [M]. 北京：机械工业出版社，2015.

[22] 孙云莲，杨成月，胡雯. 新能源及分布式发电技术 [M]. 北京：中国电力出版社，2015.

[23] 李练兵. 光伏发电并网逆变技术 [M]. 北京：化学工业出版社，2017.

[24] 王长贵，崔容强，周篁. 新能源发电技术 [M]. 北京：中国电力出版社，2003.

[25] 金新民等. 主动配电网中的电力电子技术 [M]. 北京：北京交通大学出版社，2015.

[26] 张超. 光伏并网发电机系统 MPPT 及孤岛检测新技术的研究 [D]. 杭州：浙江大学，2006.

[27] 赵争鸣，刘建政，孙晓瑛，等. 太阳能光伏发电及其应用 [M]. 北京：科学出版社，2005.

[28] 张剑云. 哈密并网风电场次同步振荡的机理研究 [J]. 中国电机工程学报，2018，38 (18)：5447-5460.

[29] 贺益康，胡家兵，徐烈. 并网双馈异步风力发电机运行控制 [M]. 北京：中国电力出版社，2012.

[30] 吴涛. 风电并网及运行技术 [M]. 北京：中国电力出版社，2013.

[31] 郭庆来，王彬，孙宏斌，等. 支撑大规模风电集中接入的自律协同电压控制技术［J］. 电力系统自动化，2015，39（1）：88-93.

[32] 丁涛，郭庆来，孙宏斌，等. 抑制大规模连锁脱网的风电汇集区域电压预防控制策略［J］. 电力系统自动化，2014，38（11）：7-12.

[33] 陈建业，蒋晓华，于歆杰，等. 电力电子技术在电力系统中的应用［M］. 北京：机械工业出版社，2008.

[34] 赵婉君. 高压直流输电工程技术［M］. 北京：中国电力出版社，2004.

[35] 李兴源. 高压直流输电系统［M］. 北京：科学出版社，2010.

[36] 马为民. 高压直流输电系统设计［M］. 北京：中国电力出版社，2015.

[37] 孙华东，王华伟，林伟芳，等. 多端高压直流输电系统［M］. 北京：中国电力出版社，2015.

[38] 贺家李，李永丽，李斌，等. 特高压交直流输电保护与控制技术［M］. 北京：中国电力出版社，2014.

[39] 王莹，刘兵，刘天斌，等. 特高压直流闭锁后省间紧急功率支援的协调优化调度策略［J］. 中国电机工程学报，2015，35（11）：2695-2702.

[40] 王钢，李志铿，黄敏，等. HVDC 输电系统换相失败的故障合闸角影响机理［J］. 电力系统自动化，2010，34（4）：49-54.

[41] 郑超. 直流逆变站电压稳定测度指标及紧急控制［J］. 中国电机工程学报，2015，35（2）：344-352.

[42] 李新年，陈树勇，庞广恒，等. 华东多直流馈入系统换相失败预防和自动恢复能力的优化［J］. 电力系统自动化，2015，39（6）：134-140.

[43] 李兴源，赵睿，刘天琪，等. 传统高压直流输电系统稳定性分析和控制综述［J］. 电工技术学报，2013，38（10）：288-300.

[44] 贾轩涛，严兵，张爱玲，等. 锦屏—苏南±800kV 特高压直流工程交流滤波器投入异常分析和应对措施［J］. 电力建设，2013，34（3）：92-97.

[45] 王建明，孙华东，张健，等. 锦屏—苏南特高压直流投运后电网的稳定特性及协调控制策略［J］. 电网技术，2012，36（12）：66-70.

[46] 邱伟，钟杰峰，伍文城. 800kV 云广直流换流站无功补偿与配置方案［J］. 电网技术，2010，34（6）：93-97.

[47] 肖遥. 三调谐滤波器的参数计算方法［J］. 南方电网技术研究，2005，1（3）：43-56.

[48] 舒印彪，刘泽洪，高理迎，等. ±800kV 6400MW 特高压直流输电工程设计［J］. 电网技术，2006，30（1）：1-8.

[49] 赵婉君. 高压直流输电工程技术［M］. 北京：中国电力出版社，2004.

[50] 谢小荣，姜齐荣. 柔性交流输电系统的原理与应用［M］. 北京：清华大学出版社，2011.

[51] 张帆，徐政. 静止同步串联补偿器控制方式及特性研究［J］. 中国电机工程学报，2008，28（19）：75-80.

[52] 周建丰，顾亚琴，韦寿祺. SVC 与 STATCOM 的综合比较分析［J］. 电力自动化设备，2007，27（12）：57-60.

[53] 宋珊，陈建业. 基于晶闸管的 STATCOM 原理和实现［J］. 电力系统自动化，2006，30（18）：49-54.

[54] 栗春，姜齐荣，王仲鸿. STATCOM 电压控制系统性能分析［J］. 中国电机工程学报，2000，20（8）：46-50.

[55] 杨欢，蔡云旖，屈子森，等. 配电网柔性开关设备关键技术及其发展趋势［J］. 电力系统自动化，2018，42（7）：1-13.

[56] 张文亮，汤广福，查鲲鹏，等. 先进电力电子技术在智能电网中的应用［J］. 中国电机工程学报，2010，30（4）：1-7.

[57] 祁万春，杨林，宋鹏程，等. 南京西环网 UPFC 示范工程系统级控制策略研究［J］. 电网技术，2016，40（1）：92-96.

[58] 任必兴，杜文娟，王海风，等. UPFC 接入对江苏特高压交直流混联电网的动态交互影响研究［J］电网技术，2016，40（9）：2654-2660.